计算机技术入门丛书·程序设计

U0384661

JSP基础入门

微课视频版

刘凡 ◎ 编著

清華大学出版社
北京

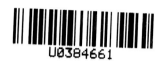

内容简介

本书通过精炼的语言将JSP基础知识呈现给读者，每章中含有众多案例，并且每章都配有漫画，通过这种方式不仅可以提升读者的编程能力，还可以极大地带动读者的阅读兴趣。在学习完每章之后，读者可以通过课后习题和上机案例加深对每章知识点的理解和记忆。

本书共分为11章，分别介绍了Web开发技术概述、JSP简介、JSP基本语法、JSP内置对象、JSP与JavaBean、Servlet、MVC模式、在JSP中使用数据库、JSP文件操作、在JSP中使用XML、SSM项目整合案例等内容。

本书可作为高等院校计算机相关专业的课程学习教材，也适合Java技术的爱好者参考学习。

图书在版编目(CIP)数据

JSP基础入门：微课视频版/刘凡编著. —北京：清华大学出版社，2021.8（2024.8重印）
（计算机技术入门丛书）
ISBN 978-7-302-57928-1

Ⅰ. ①J… Ⅱ. ①刘… Ⅲ. ①JAVA语言—网页制作工具—高等学校—教材 Ⅳ. ①TP312.8 ②TP393.092.2

中国版本图书馆CIP数据核字(2021)第061982号

策划编辑：魏江江
责任编辑：王冰飞　薛　阳
封面设计：刘　键
责任校对：徐俊伟
责任印制：杨　艳

出版发行：清华大学出版社
　　网　　址：https://www.tup.com.cn，https://www.wqxuetang.com
　　地　　址：北京清华大学学研大厦A座　　**邮　　编**：100084
　　社 总 机：010-83470000　　**邮　　购**：010-62786544
　　投稿与读者服务：010-62776969，c-service@tup.tsinghua.edu.cn
　　质量反馈：010-62772015，zhiliang@tup.tsinghua.edu.cn
　　课件下载：https://www.tup.com.cn，010-83470236
印 装 者：三河市龙大印装有限公司
经　　销：全国新华书店
开　　本：185mm×260mm　　**印　　张**：20.5　　**字　　数**：512千字
版　　次：2021年9月第1版　　**印　　次**：2024年8月第4次印刷
印　　数：4501～5700
定　　价：59.80元

产品编号：091325-01

前言

FOREWORD

随着中国互联网的飞速发展，人们的生活早已离不开互联网，而 Java Web 开发技术是互联网行业必备的开发技术。目前，我国对于该方向的人才仍处于需求量大的总体趋势，该行业拥有较高的就业率，目前越来越多的大学已经将 Java Web 方向的课程作为必修课，而学好 Java Web 程序设计就要有一定的基础和前沿知识。本书以 JSP 开发为主，涉及 Servlet 和 JSP 等基础的 Web 开发技术、数据库相关设计、HTML 网页设计和 SSM 框架等知识，便于学生更好地融入到项目开发中。学习该课程需要拥有一定的 Java 编程基础、面向对象的思维方式和勤于动手的能力。

在互联网飞速发展的过程中，学习编程最重要也是最基础的就是能动手编程，而不是通过阅读来提升自身的编程能力。通过实践的方式来学习相关知识点才能在编程的过程中融会贯通，为此，我们编写了这本着重讲解核心知识点，以案例开发为指引，以漫画图示加深读者印象的教材，皆在帮助读者在一开始就能被这本书所吸引，有兴趣上手写代码、学编程。另外，本书对每章的内容都配有相关习题和上机案例，读者在课余时间可以此来加深对知识点的掌握。

本书通过精炼的语言将 JSP 基础知识呈现给读者，每章中含有众多案例和微课视频讲解，并且对每章都配有漫画，通过这种方式不仅可以提升读者的编程能力，还可以极大地带动读者的阅读兴趣。此外，本书与其他书籍不同的是在最后一章通过讲解目前较为流行的 SSM 框架带动读者一起编程，方便读者在之后与企业项目完美对接，在读者和企业间起到桥梁的作用。

本书共分为 11 章。

第 1 章　Web 开发技术概述：介绍了计算机的发展、Web 的发展、HTML 基础、层叠样式表、软件开发模式。

第 2 章　JSP 简介：介绍了 JSP 的定义、JSP 环境安装、JSP 页面的布局、JSP 运行原理和 JSP 与 Servlet 的关系。

第 3 章　JSP 基本语法：介绍了 JSP 页面的基本结构、变量和方法的声明、Java 程序片段、Java 表达式、JSP 注释、JSP 指令标记和 JSP 动作标记。

第 4 章　JSP 内置对象：介绍了 request 对象、response 对象、session 对象、application 对象和 out 对象。

第 5 章　JSP 与 JavaBean：介绍了使用 JavaBean 的方式、获取和修改 Bean 的属性、Beans 辅助类定义和 JSP 与 Bean 结合案例。

第 6 章　Servlet：介绍了 Servlet 概述、Servlet 工作原理、Servlet 的部署与运行、通过

JSP 页面访问 Servlet、共享变量的使用、doGet()与 doPost()方法和重定向与转发。

第 7 章　MVC 模式：介绍了 MVC 模式概念、基于 JSP 的 MVC 模式和 MVC 模式的相关案例。

第 8 章　在 JSP 中使用数据库：介绍了数据库管理系统的概念、如何使用 MySQL 数据库、查询的方式、数据集操作数据库的方式、预处理语句、事务和数据库连接步骤等。

第 9 章　JSP 文件操作：介绍了 File 类、读写文件的常用流、文件的上传和下载。

第 10 章　在 JSP 中使用 XML：介绍了 XML 文件基本结构、XML 文件声明方式、XML 文件标记、XML 文件定义、DOM 解析器、SAX 解析器、DOM 与 SAX 解析器的区别以及 XML 和 CSS。

第 11 章　SSM 项目整合案例：介绍了项目需求分析、技术介绍、搭建 SSM 框架、主界面设计和数据库设计。

本书以 JSP 基础为出发点，旨在培养初学者的编程能力，使其更好地掌握相关技巧。目前该学科知识点仍然是在校师生需要作为预备知识点掌握的，其学科发展依然可观，具有良好的发展趋势。本书增添的漫画内容皆在帮助新手更好地掌握各个知识点模块，非常适合在校师生学习阅读，还可作为高等院校计算机及相关专业的教材使用。

希望本教材能对读者学习 JSP 有所帮助，由于作者能力和水平有限，书中难免存在不足和疏漏之处，请各位读者批评指正。

资源下载提示

课件等资源：扫描封底的“课件下载”二维码，在公众号“书圈”下载。

素材（源码）等资源：扫描目录上方的二维码下载。

视频资源：扫描封底刮刮卡中的二维码，再扫描书中相应章节中的二维码可以在线学习。

在线题库：扫描封底题库刮刮卡中的二维码，登录网站可以在线练习。

编　者

2021 年 8 月

目录

CONTENTS

随书资源

第1章

Web开发技术概述

Web的本意是网，在网页设计中称为网页，现被译作网络、互联网，表现为三种形式，即超文本、超媒体、超文本传输协议（HTTP）。Web技术是开发互联网应用的技术总称，一般包括Web服务端技术和Web客户端技术。我们说Web开发技术中的Web主要是指万维网WWW，但很多时候用Web来指代整个互联网，这是不准确的。

日常所说的Web开发实际上指的是狭义上的Web——World Wide Web（万维网），即万维网开发技术。Web是一种典型的分布式应用结构，Web应用中的每一次信息交换都要涉及客户端和服务端。因此，Web开发技术大体上也可以被分为客户端技术和服务端技术两大类。

从静态页面到动态页面，技术在不断更新，时至今日，Web发展从无到有，从简到繁，随着时间的推移，Web的发展也越来越快，在发展的过程中也诞生了很多实用的语言。随着动态页面技术的不断发展，后台代码变得庞大臃肿，后端逻辑也越来越复杂，逐渐难以维护。此时，后端的各种MVC框架逐渐发展起来，以JSP为例，Struts2、Spring等框架层出不穷，随着AJAX的出现以及配合着JSP框架的兴起，Web服务器进入新的阶段。

Web开发技术从大的方向来说，分为三个流派：Java Web、.NET、PHP。具体的技术就比较多了，前端的技术有JS、HTML、CSS、PS、Flash，还有一些主流技术，如AJAX、jQuery；后台的技术有Java、PHP、.NET、SQL、服务器等。要谈Web开发技术，首先得从计算机网络说起，这是Web开发技术存在的基础。

1.1 计算机网络

在线视频

1.1.1 计算机网络的定义

计算机网络是用通信线路和通信设备将分布在不同地点的具有独立功能的多个计算机系统连接起来，在网络软件的支持下，实现彼此之间数据通信和资源共享的系统。简单地说，即连接两台或多台计算机进行通信的系统。如图1-1所示为计算机网络的概念图。

1.1.2 计算机网络的分类

根据网络覆盖范围大小将网络划分为局域网、广域网和城域网。如图 1-2 所示为计算机网络分类图示。

图 1-1 计算机网络概念图

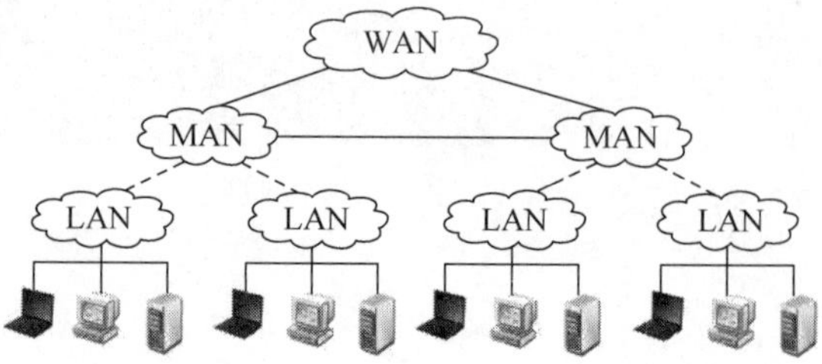

图 1-2 计算机网络分类

局域网(Local Area Network,LAN):连接近距离网,覆盖范围从几米到数千米。例如,办公室、实验室、一个建筑物、园区内等。

广域网(Wide Area Network,WAN):覆盖范围从几十千米到几千千米,可以连接若干个城市、地区、国家,甚至横跨几个洲覆盖全球,形成国际性的远程网络。

城域网(Metropolitan Area Network, MAN):是介于局域网和广域网之间的一种高速网络,覆盖范围为几十千米,其规模限于一个城市的范围。

1.2 Internet 及 Intranet

1974 年,"Internet"(互联网)一词首先出现在 *Internet Transmission Control Program*《互联网传输控制程序》一书中,如图 1-3 所示,以作为单词"inter networking"或"inter-system networking"的缩写。

图 1-3 *Internet Transmission Control Program* 图示

1.2.1 Internet 的定义

因特网是一个把世界范围内的众多计算机、人、数据库、软件和文件连接在一起,通过一个共同的通信协议(TCP/IP)相互会话的网络。Internet 半音译为因特网,就如国与国之间称为"国际"一般,网络与网络之间所串连成的庞大网络,则可译为"网际"网络,是指在

ARPA 网基础上发展出的世界上最大的全球性互联网络。而互联网可以是任何分离的物理网络之集合，这些网络以一组通用的协议相联，形成逻辑上的单一网络。这种将计算机网络互相联接在一起的方法称为“网络互联”。

不难发现，Internet 是通信网的通信网，是通信网的集成，它是一个体系，体系里涵盖了 WWW 和电邮系统等。通过如图 1-4 所示的概念图可以看出，该网汇集了全球的重要信息资源，是信息时代人们交流信息不可缺少的手段和途径。

图 1-4 Internet 概念图

1.2.2 Internet 主要技术

1. 公共语言——TCP/IP 通信协议

传输控制协议(Transmission Control Protocol，TCP)的作用是在发送与接收计算机系统之间维持连接，同时还要提供无差错的通信服务，将发送的数据报文还原并组装起来，自动根据计算机系统间的距离远近修改通信确认的超时值，从而利用确认和超时机制处理数据丢失问题，以保证数据传送的正确性。

网际协议(Internet Protocol，IP)的作用是控制网络上的数据传输。它可以定义数据的标准格式，并给多台计算机分配相应的 IP 地址，使互联的一组网络如同一个庞大的单一网络那样运行。IP 还包含路由选择协议，从而保证数据报文通过路由器传到接收方计算机中。

TCP/IP 概念图如图 1-5 所示。

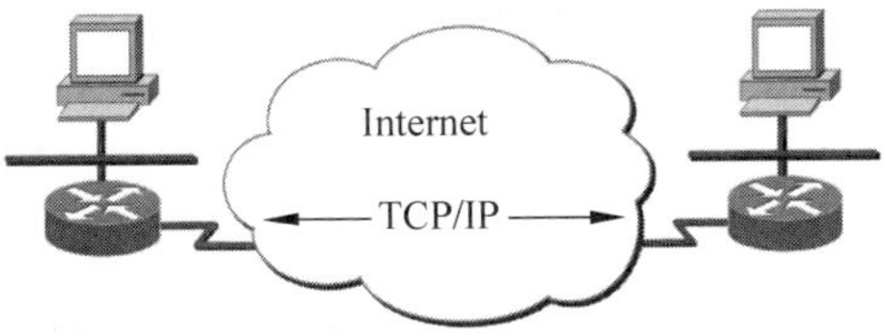

图 1-5 TCP/IP 通信协议

2. 路由器互联不同网络

路由器是互联网中执行路由选择任务的专用计算机，负责网络上的数据流动路线，防止通信线路发生阻塞，并在出现阻塞时调节数据流量。路由器连接网络的概念图示如图 1-6 所示。

3. WWW 浏览服务

WWW 浏览服务是建立在 TCP/IP 基础之上的。WWW 是环球信息网的缩写，英文全称为“World Wide Web”，中文名字为万维网。万维网的创始人是图灵奖获得者——蒂姆·伯纳斯·李(Tim Berners-Lee)爵士，他于 1989 年 3 月正式提出万维网的设想，1989 年仲夏之夜，成功开发出世界上第一个 Web 服务器和第一个 Web 客户机。WWW 浏览服务如图 1-7 所示。

图 1-6　路由器联接网络

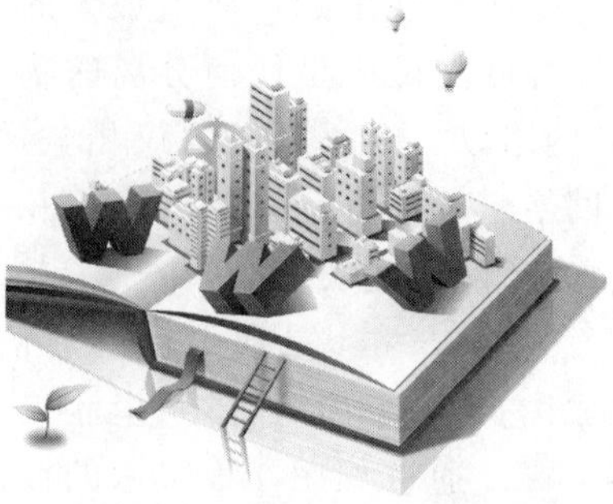

图 1-7　WWW 浏览服务

4. DNS 域名解析系统

DNS(Domain Name System，域名系统)在因特网上作为域名和 IP 地址相互映射的一个分布式数据库，能够使用户更方便地访问互联网，而不用去记住能够被机器直接读取的 IP 数串。通过主机名，最终得到该主机名对应的 IP 地址的过程叫作域名解析(或主机名解析)。DNS 域名解析系统如图 1-8 所示。

Internet 基本服务有 WWW(World Wide Web)浏览、E-mail 电子邮件、PPP(Point to Point Protocol)通信、BBS(Bulletin Board Service)广告牌、FTP(File Transfer Protocol)文件传输、网上聊天、E-Business 电子商务、电子政务、网上电话和网上视频等。

1.2.3　Intranet 的定义

Intranet 直译为"内联网"，也称为企业网。Intranet 是一种使用 Internet 技术和标准组建的企业内部计算机网络，它可以与 Internet 互联，也可以不与 Internet 互联。Intranet 广泛使用 WWW 技术和工具，客户端使用通用的浏览器，与 Internet 用户界面相同，双方用户可以很方便地相互访问。Intranet 概念图如图 1-9 所示。

图 1-8　DNS 域名解析系统

图 1-9　Intranet 概念图

技术特点：

(1) 容易实施，基本组成 Web 服务器和浏览器安装配置方便。信息内容开发的基础语言 HTML 容易掌握，有利于非专业人员开发自己的应用。

(2) 使用客户机/应用服务器/数据库服务器三层结构模型解决方案。

(3) 使用 Web、电子邮件、FTP 和 Telnet 等标准 Internet 服务。

(4) 采用开放标准，如 TCP/IP、HTTP、HTML/DHTML/XML 等，增加了系统的灵活性。

1.2.4 IP 地址与域名的概念

IP 地址被用来给 Internet 上的计算机一个编号。大家日常见到的情况是每台联网的计算机上都需要有 IP 地址，才能正常通信，我们可以把“个人计算机”比作“一台电话”，那么“IP 地址”就相当于“电话号码”，而 Internet 中的路由器，就相当于电信局的“程控式交换机”。

Internet 是基于 TCP/IP 建立的，依据该协议每一台连接在 Internet 上的主机都被分配了一个 IP 地址，作为这台计算机在网上的唯一标识。通常采用点分十进制表示法来表示 IP 地址，如图 1-10 所示。

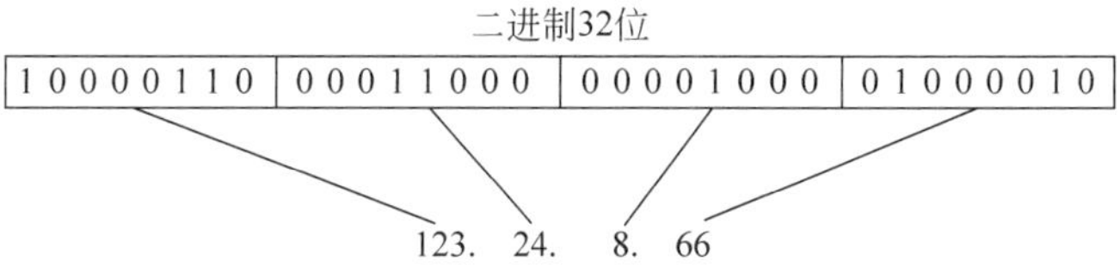

图 1-10 点分十进制表示法

1. IP 地址表示法示例

Internet 是一个数字世界，网上定位是由一长串数字(IP 地址)来实现的，由于 IP 地址不易记忆，人们使用域名解析系统，为每台主机指定一个易于记忆的名字(主机名/域名)与 IP 地址对应。也就是说，网上的主机既可以使用 IP 地址定位，也可以使用主机名/域名定位。

DNS(Domain Name System，域名系统)是因特网上作为域名和 IP 地址相互映射的一个分布式数据库，能够使用户更方便地访问互联网，而不用去记住能够被机器直接读取的 IP 数串。通过主机名，最终得到该主机名对应的 IP 地址的过程叫作域名解析(或主机名解析)。整个 DNS 是由许多域所组成，每个域下又细分更多的域，DNS 域构成了层次树状结构，自上而下分别是根域、顶级域名、二级域名、……，最后是主机名。

根域就是所谓的“.”，其实我们的网址如 www. baidu. com 在配置当中应该是 www. baidu. com.(最后有一个点)，一般我们在浏览器里输入时会省略后面的点，而这也已经成为习惯。有人说根域服务器有 13 台，这是错误的观点。根域服务器只是具有 13 个 IP 地址，但机器数量却不是 13 台，因为这些 IP 地址借助了任播的技术，所以可以在全球设立这些 IP 的镜像站点，你访问到的这个 IP 并不是唯一的那台主机。这些主机的内容都是一样的。

2. 域的划分

域的划分如图 1-11 所示，根域下来就是顶级域或者叫一级域，有两种划分方式，一种是互联网刚兴起时的按照行业性质划分的. com、. net、. edu、. gov、. cn 等，一种是按国家或地区划分的如 ac(科研机构)、com(商业组织)、edu(教育机构)、gov(政府部门)、net(互联网络、接入网络的信息中心和运行中心)、org(各种非盈利性组织)等。

3. 统一资源定位(URL)

URL(Uniform Resource Locator，统一资源定位符)以统一方式唯一确定某个网络资源，它的功能相当于通信地址，如图 1-12 所示。

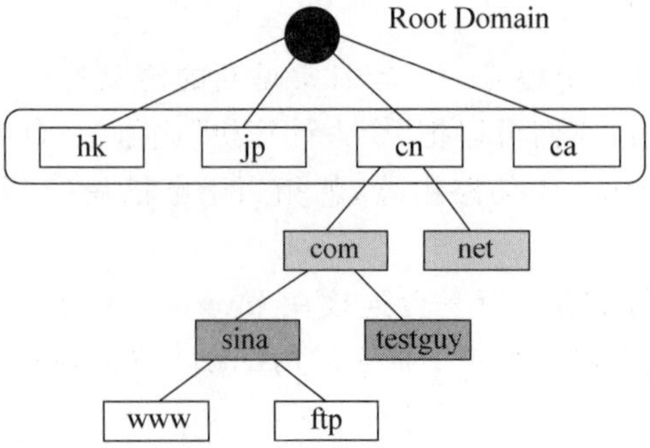

图 1-11　域的划分

图 1-12　统一资源定位(URL)

URL 格式：

<协议>:// <主机名><文件路径>
　(访问方法)　　　　(资源在何处)
　访问方法://主机地址/路径名/文件名

URL 示例：

http://www.bta.net.cn/software/home.html

1.3 Web

1.3.1 Web 的定义

万维网(也称 Web、WWW、W3,英文全称为 World Wide Web),是一个由许多互相链接的超文本文档组成的系统,通过互联网访问。在这个系统中,每个有用的事物,称为"资源",并且由一个全局"统一资源标识符"(URI)标识,这些资源通过超文本传输协议(Hypertext Transfer Protocol,HTTP)传送给用户,而后者通过单击链接来获得资源。

整个万维网曾经只是一台计算机。伯纳斯-李在 1989 年发明了万维网,他利用 NeXTcube 工作站(如图 1-13 所示为 NeXTcube 工作站)架设首个网络服务器,世界上首个万维网浏览器也是在上面写成的,它的目的在于使全球的科学家能够利用 Internet 交流自己的工作文档。这个新系统被设计为允许 Internet 上任意一个用户都可以从许多文档服务计算机的数据库中搜索和获取文档。1990 年年末,这个新系统的基本框架已经在 CERN 中的一台计算机中开发出来并实现了,1991 年该系统移植到了其他计算机平台,并正式发布。

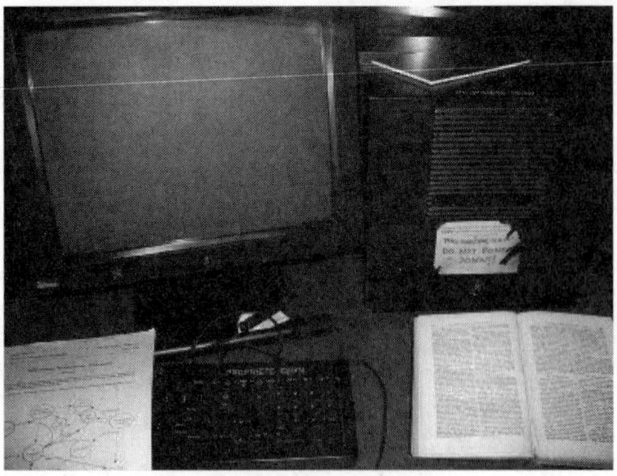

图 1-13　NeXTcube 工作站

1.3.2　Web 架构

从技术层面看，Web 架构的精华有三处：用超文本技术（HTML）实现信息与信息的连接，用统一资源定位技术（URI）实现全球信息的精确定位，用新的应用层协议（HTTP）实现分布式的信息共享。

这三个特点无一不与信息的分发、获取和利用有关。其实，Tim Berners-Lee 早就明确无误地告诉我们："Web 是一个抽象的（假想的）信息空间。"也就是说，作为 Internet 上的一种应用架构，Web 的首要任务就是向人们提供信息和信息服务。从这个角度来说，评价一种 Web 开发技术优劣的标准只有一个，那就是看这种技术能否在最恰当的时间和最恰当的地点，以最恰当的方式，为最需要信息的人提供最恰当的信息服务。

1.3.3　Web 体系结构

网络看上去是将一个很庞大的世界关联成了一个整体，实际上，网络让这个世界变得又似乎很小。因为通过计算机网络，原来根本不认识的人可能认识了，原来不了解不懂的问题现在也明白了。人与人之间可以通过计算机网络进行交流和沟通。科学技术是第一生产力，科学生产技术催生了网络的成长，同样，网络也促进科学技术的进步，可谓是相辅相成。网络的出现促进了经济方式和社会的改变，但是同样也对网络的发展提出更加严格的要求，网络在社会不断的促进中不断地发展。

Internet 连接了成千上万的计算机，这些计算机扮演的角色和所起的作用各不相同。有的计算机可以收发电子邮件，有的可以为用户传输文件，有的负责对域名进行解析，更多的机器则用于组织并展示相关的信息资源，方便用户获取。所有这些承担服务任务的计算机统称为服务器。根据服务的特点，又可分为邮件服务器、文件传输服务器、域名服务器（DNS）和 WWW 服务器等。互联网发展初期，互联网的大部分应用都基于网页（这也正是很多人将 Internet 与 Web 弄混淆的原因），如图 1-14 所示为 Web 体系结构。

1.3.4　Web 网站体系三层结构

Web 网站体系分为浏览器/应用服务器/数据库服务器三层结构。

（1）将应用系统处理逻辑与数据库系统分开，数据库系统的更新不影响应用系统处理逻辑。

（2）用专门的应用服务器处理客户请求，并与数据库通信，提高了数据库的访问效率。

（3）将部分任务处理和数据操作移到后台，简化了客户机的设计。

网页分为静态页面（HTML）和动态页面（ASP、PHP、JSP），其区别在于是否存在与服务器的交互。通过 Java、JavaScript、ActiveX、VBScript 等技术可以将一些客户端本地执行的业务嵌入到静态和动态页面中，返回到客户端解释执行；通过 ASP、PHP、JSP、CGI 等技术可以实现动态页面以及对数据库的访问。静态页面是不存在对数据库的访问的。Web 网站体系三层结构如图 1-15 所示。

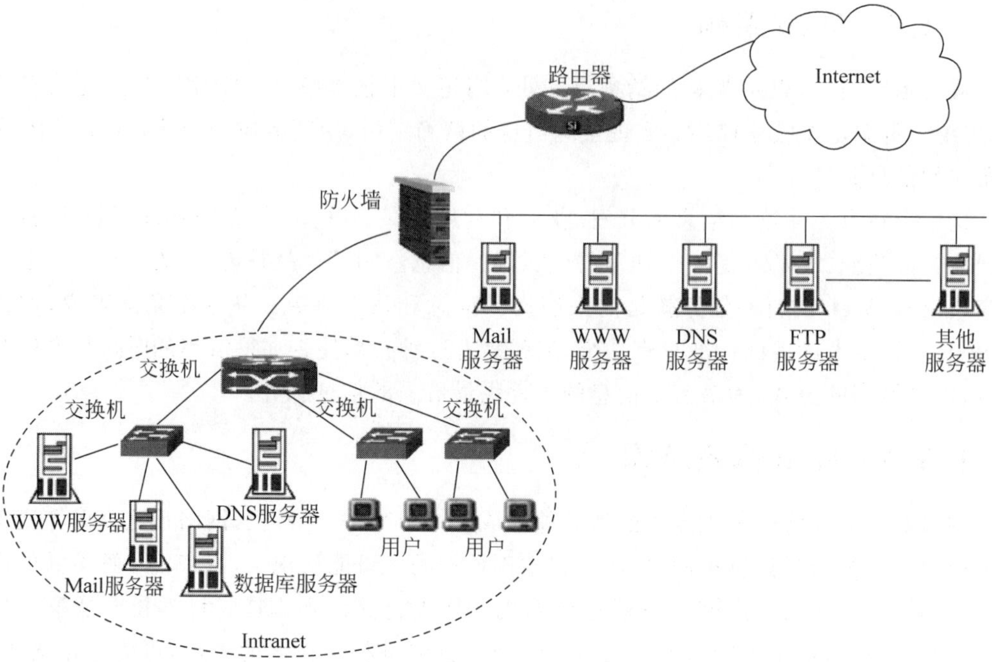

图 1-14 Web 体系结构

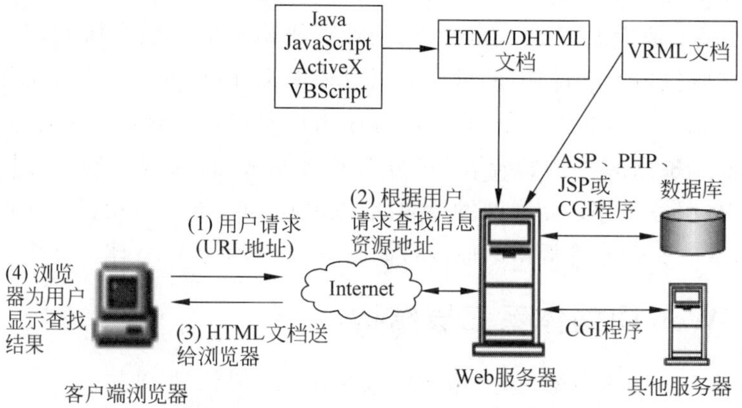

图 1-15 Web 网站体系三层结构

1.4 Web 数据库访问技术

在线视频

1.4.1 Web 数据库访问的概念

数据库技术是管理信息系统的核心技术和基础技术，也是 Web 技术的一个重要组成。数据库是存放数据的仓库，数据库管理系统是一个系统软件，它的主要作用是：科学地组织和存储信息，高效地获取和维护信息。数据库系统是指在计算机系统中引入数据库后的系统，一般由数据库、数据库管理系统、应用系统、数据库管理员和用户组成。

通过 Web 方式访问数据库具有以下特点。

(1) 客户端统一的界面。

(2) 统一的开发标准。通过 Web 来访问数据库,开发者需要掌握的技术标准是 HTML。HTML 是 Web 信息的组织方式,Web 服务器与浏览器都遵循该标准,这在很大程度上降低了开发难度,同时也减少了开发成本。

(3) 跨平台运行:由于采用了统一的标准,用 HTML 标准开发的数据库应用,可以跨平台运行,减少了开发的工作量。

1.4.2 Web 数据库访问技术

1. CGI 技术

CGI(Common Gateway Interface)是 WWW 技术中最重要的技术之一,有着不可替代的重要地位。CGI 是外部应用程序(CGI 程序)与 Web 服务器之间的接口标准,是在 CGI 程序和 Web 服务器之间传递信息的规程。CGI 技术是第一种真正使服务器能根据运行时的具体情况,动态生成 HTML 页面的技术。CGI 技术允许服务端的应用程序根据客户端的请求,动态生成 HTML 页面,这使客户端和服务端的动态信息交换成为可能。

CGI 在物理上是一段程序,运行在服务器上,提供同客户端 HTML 页面的接口。这样说大概还不好理解,下面看一个实际例子——现在的个人主页上大部分都有一个留言本,留言本的工作是这样的:先由用户在客户端输入一些信息,如名字,接着用户单击"留言"按钮(到目前为止工作都在客户端),浏览器把这些信息传送到服务器的 CGI 目录下特定的 CGI 程序中,于是 CGI 程序在服务器上按照预定的方法进行处理。

2. ASP 技术

早期的 Web 程序开发是十分复杂的,以至于要制作一个简单的动态页面需要编写大量的 C 语言代码才能完成,于是 Microsoft 公司于 1996 年推出一种 Web 应用开发技术 ASP,用于取代对 Web 服务器进行可编程扩展的 CGI 标准。

ASP(Active Server Page,动态服务器页面)是微软公司开发的代替 CGI 脚本程序的一种应用,ASP 的网页文件格式是 .asp,现在常用于各种动态网站中。ASP 的主要功能是将脚本语言、HTML、组件和 Web 数据库访问功能有机地结合在一起,形成一个能在服务器端运行的应用程序,该应用程序可根据来自浏览器端的请求生成相应的 HTML 文档并回送给浏览器。ASP 技术概念图如图 1-16 所示。

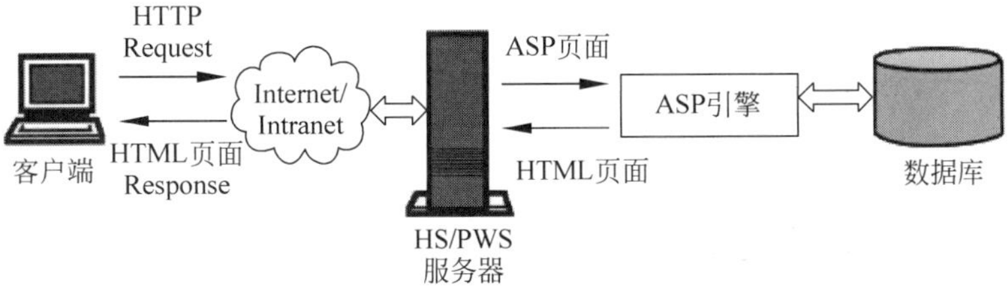

图 1-16 ASP 技术概念图

3. PHP 技术

PHP(Hypertext Preprocessor,超文本预处理器,也称 Personal Home Page)是一种通

用开源脚本语言，将程序嵌入到 HTML 文档中去执行，运行效率和开发效率上比 CGI、ASP 要好，并且免费。PHP 也是一种跨平台的软件，在大多数 UNIX 平台、GNU/Linux 和微软 Windows 平台上均可以运行。它提供与多种数据库直接互连的能力，包括 MySQL、SQL Server、Sybase、Informix、Oracle 等，还能支持 ODBC 数据库连接方式。其语法吸收了 C 语言、Java 和 Perl 的特点，利于学习，使用广泛，主要适用于 Web 开发领域。PHP 技术概念图如图 1-17 所示。

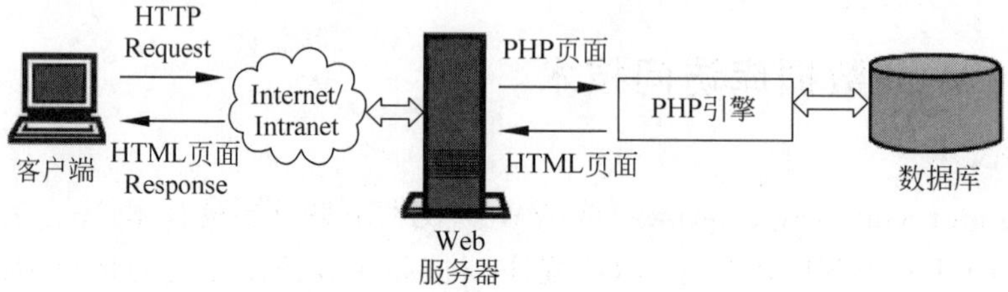

图 1-17 PHP 技术概念图

4. JSP 技术

JSP(Java Server Pages，Java 服务器页面)是一个简化的 Servlet 设计，它是由 Sun 公司倡导、许多公司参与一起建立的一种动态网页技术标准。JSP 技术有点儿类似 ASP 技术，它是在传统的网页 HTML 文件中插入 Java 程序段和 JSP 标记，从而形成 JSP 文件，后缀名为.jsp。用 JSP 开发的 Web 应用是跨平台的，既能在 Linux 下运行，也能在其他操作系统上运行。

所有的 JSP 文件都要实现转换为一个 Servlet 才能运行。Servlet 是用 Java 编写的 Server 端程序，它与协议和平台无关。Java Servlet 可以动态地扩展 Server，并采用请求-响应模式提供 Web 服务。JSP 技术概念图如图 1-18 所示。

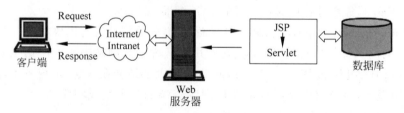

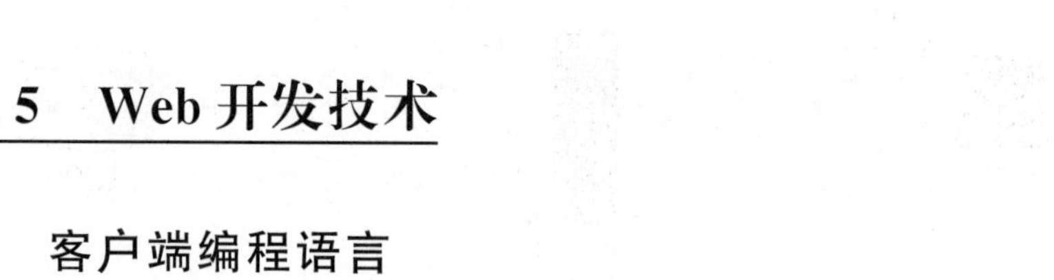

图 1-18 JSP 技术概念图

1.5 Web 开发技术

1.5.1 客户端编程语言

服务器端的编程语言除现在一般较少采用的 CGI 程序外，常使用 ASP/ASP. NET、JSP、Perl、PHP。客户端的编程语言有 HTML、DHTML、XML、Java Applet、JavaScript、VBScript、ActiveX、AJAX。

1. HTML 技术

HTML(HyperText Markup Language,超文本标记语言)是一种用来制作超文本文档的简单标记语言,它实际上是标准通用标记语言(Standard Generalized Markup Language, SGML)的一个子集。HTML 文件是一种纯文本文件,通常它带有.htm 或.html 的文件扩展名。HTML 技术网络图如图 1-19 所示。

图 1-19 HTML 技术网络图

2. DHTML 技术

DHTML 即动态的 HTML 语言(Dynamic HTML)。DHTML 并不是一门新的语言,它是以下技术、标准或规范的一种集成:HTML 4.0,CSS(Cascading Style Sheets,层叠样式单),CSSL(Client-Side Scripting Language,客户端脚本语言),HTML DOM(Document Object Model,HTML 文档对象模型)。

除了具有 HTML 的一切性质外,其最大的突破就是可以实现在下载网页后仍然能实时变换页面元素效果,使人们在浏览 Web 页面时看到五彩缤纷、绚丽夺目的动态效果。

3. Java Applet

Java 小应用程序即 Java Applet,是指用 Java 编写的能够在 Web 网页中运行的应用程序,它的可执行代码为 class 文件。它具有安全、功能强和跨平台等特性。IE、Netscape 等主流浏览器都能显示包含 Applet 的页面。Java Applet 可提供动画、音频和音乐等多媒体服务,并能产生原本只有 CGI(公共网关接口)才能实现的功能。因此 Java Applet 已经成为 Web 技术的重要组成部分。JavaApplet 主要运行于各种网页文件中,是增强网页的人机交互、动画显示、声音播放等功能的程序。Applet 与 Application 的区别如图 1-20 所示。

4. JavaScript 与 VBScript

JavaScript 是目前使用最广泛的脚本语言,它是由 Netscape 公司开发并随 Navigator 浏览器一起发布的,是一种介于 Java 与 HTML 之间、基于对象的事件驱动的编程语言。使用 JavaScript,不需要 Java 编译器,而是直接在 Web 浏览器中解释执行。

VBScript 是 Visual BASIC Script 的简称,它是 Microsoft Visual BASIC 的一个子集,即可以看作 VB 语言的简化版。VBScript 和 JavaScript 一样都是用于创建客户端的脚本程序,并处理页面上的事件及生成动态内容。

5. ActiveX 控件

ActiveX 控件是由软件提供商开发的可重用的软件组件,它是微软公司提出的一种软件技术。ActiveX 控件可用于拓展 Web 页面的功能,创建丰富的 Internet 应用程序。开发人员可直接使用已有大量商用或免费的 ActiveX 控件,也可通过各种编程工具如 VC、VB、Delphi 等根据控件所要实现的功能进行组件开发。Web 开发者无须知道这些组件是如何开发的,一般情况下不需要自己编程,就可完成使用 ActiveX 控件的网页设计。

6. ASP. NET

ASP. NET 完全基于模块与组件,具有更好的可扩展性与可定制性,数据处理方面更是引

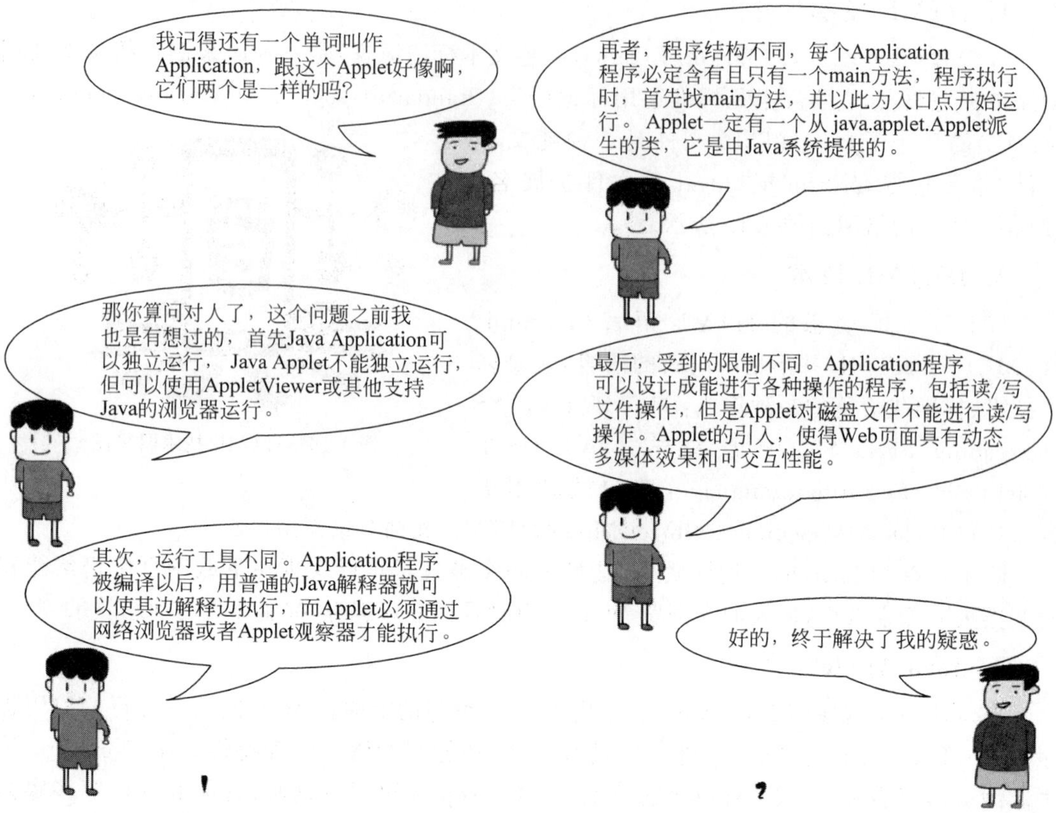

图 1-20　Applet 与 Application 的区别

入了许多激动人心的新技术。正是这些具有革命性意义的新特性，让 ASP.NET 远远超越了 ASP，同时也提供给 Web 开发人员更好的灵活性，有效缩短了 Web 应用程序的开发周期。

7. AJAX

AJAX(Asynchronous JavaScript And XML，异步 JavaScript 和 XML)不是新的编程语言，而是一种使用现有标准的新技术。AJAX 是在不重新加载整个页面的情况下，与服务器交换数据并异步更新部分网页的技术。区别于传统的 Web 应用，AJAX 应用的主要目的就是提高用户体验。

(1) 不刷新整个页面，在页面内与服务器通信。

(2) 使用异步方式与服务器通信，不需要打断用户的操作，具有更加迅速的响应能力。

(3) 应用系统不需要由大量页面组成。

(4) 大部分交互在页面内完成，不需要切换整个页面。

由此可见，AJAX 使得 Web 应用更加动态，带来了更高的智能，并且可以提供表现能力丰富的 AJAX UI 组件。

1.5.2 Web 开发平台

1. .NET 开发平台

2000 年 6 月，微软公司宣布其.NET 战略。2001 年，ECMA 通过了 Microsoft 提交的

C#语言和CLI标准,这两个技术标准构成了.NET平台的基石。2002年,Microsoft正式发布.NET Framework和Visual Studio .NET开发工具。

微软公司的.NET战略揭示了一个全新的境界,提供了一个新的软件开发模型。.NET战略的一个关键特性在于它独立于任何特定的语言或平台。它不要求程序员使用一种特定的程序语言。相反,开发者可使用多种.NET兼容语言的任意组合来创建一个.NET应用程序。多个程序员可致力于同一个软件项目,但分别采用自己最精通的.NET语言编写代码。

2. Java EE开发平台

Java EE是纯粹基于Java的解决方案,之前较低版本叫作J2EE。1998年,Sun发布了EJB 1.0标准,EJB为企业级应用中必不可少的数据封装、事务处理、交易控制等功能提供了良好的技术基础。J2EE平台的三大核心技术Servlet、JSP和EJB都已先后问世。1999年,Sun正式发布了J2EE的第一个版本。紧接着,遵循J2EE标准,为企业级应用提供支撑平台的各类应用服务软件争先恐后地涌现了出来。

1.5.3 Web技术发展史

中国互联网诞生于1994年,历经三次大浪潮发展,现在Web技术已经让整个中国的老百姓个人生活、商业形态发生了翻天覆地的变化,几乎彻底改变了每个人的生活、消费、沟通以及出行的方式,不妨看看如图1-21所示的漫画了解Web技术在中国的发展历程。

图1-21　Web技术发展

1. 第一阶段——静态页面技术

从服务器端来看，每一个 Web 站点由一台主机、Web 服务器及许多 Web 页所组成，以一个主页为首，其他的 Web 页为支点，形成一个树状的结构。每一个 Web 页都是以 HTML 的格式编写的。静态页面技术架构图如图 1-22 所示。

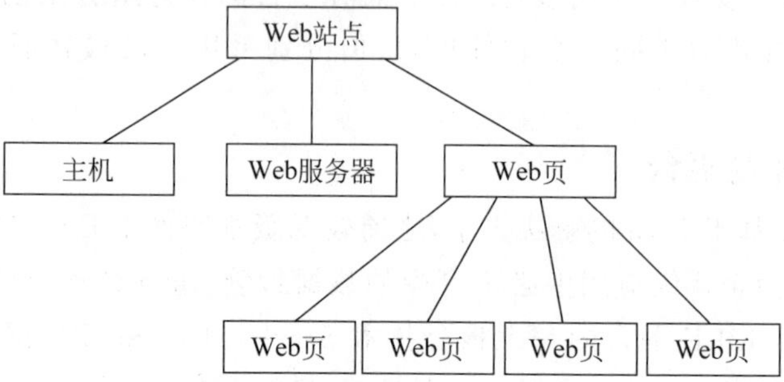

图 1-22 静态页面技术架构图

2. Web 技术发展第二阶段——动态网页

为了克服静态页面的不足，人们将传统单机环境下的编程技术引入互联网与 Web 技术相结合，从而形成新的网络编程技术。网络编程技术通过在传统的静态页面中加入各种程序和逻辑控制，在网络的客户端和服务端实现了动态和个性化的交流与互动。这种使用网络编程技术创建的页面称为动态页面。动态网页与静态网页是相对应的，静态网页 URL 的后缀是 .htm、.html、.shtml、.xml 等，而动态网页 URL 是以 .asp、.jsp、.php、.perl、.cgi 等为后缀。

不过这里说的动态网页，与网页上的各种动画、滚动字幕等视觉上的“动态效果”没有直接关系，动态网页可以是纯文字内容的，也可以是包含各种动画的内容，这些只是网页具体内容的表现形式，无论网页是否具有动态效果，采用动态网站技术生成的网页都称为动态网页。

3. Web 技术发展第三阶段——Web 2.0 时代

我们可以把第一阶段的静态文档的 WWW 时代称为 Web 1.0，而把第二阶段的动态页面时代划为 Web 1.0 的升级 Web 1.5。Web 2.0 是以 Flickr、43Things.com 等网站为代表，以 Blog、TAG、SNS、RSS、Wiki 等社会软件的应用为核心，依据六度分隔、XML、AJAX 等新理论和技术实现的互联网新一代模式。

六度分隔(Six Degrees of Separation)现象(又称为“小世界现象”)可通俗地阐述为：“你和任何一个陌生人之间所间隔的人不会超过六个，也就是说，最多通过六个人你就能够认识任何一个陌生人。”六度分离理论的最初假设是由匈牙利作家考林西(FrigyesKarinthy)在小说《枷锁》中提出的。

图 1-23 六度分隔理论概述图

Web 2.0 其实不是一个具体的事物，而是一个阶段，是促成这个阶段的各种技术和相关产品服务的一个称呼。Web 2.0 的基本特征如下：网站能够让用户将数据在网站系统内外交换；用户在网站系统内拥有自己的数据；完全基于 Web，所有功能都能通过浏览器完成。六度分隔理论概述如图 1-23 所示。

4. Web 3.0 时代

Web 3.0 只是由业内人员制造出来的概念词语，其最常见的解释是，网站内的信息可以直接和其他网站相关信息进行交互，能通过第三方信息平台同时对多家网站的信息进行整合使用；用户在互联网上拥有自己的数据，并能在不同网站上使用；完全基于 Web，用浏览器即可实现复杂系统程序才能实现的系统功能。用户数据审计后，同步于网络数据。

随着用户需求的变化和 Web 技术的发展与进步，Web 必将由 2.0 时代跨入 3.0 时代。简单来说，网络上只有两个概念：用户和围绕话题的内容。Web 3.0 跟 Web 2.0 一样，仍然不是技术的创新，而是思想的创新，进而指导技术的发展和应用，将会是互联网发展中由技术创新走向用户理念创新的关键一步。如图 1-24 所示是 Web 时代发展历程图。

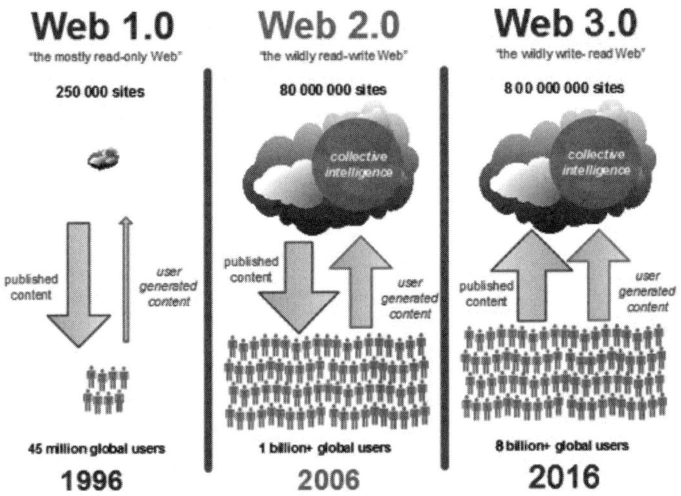

图 1-24 Web 时代发展历程图

Web 1.0：内容为王，只是单向信息并且是可读的。

Web 2.0：主要以人为中心，关系为王，以网络为沟通渠道进行人与人的沟通。

Web 3.0：大互联网，将一切事物进行互联，让网络能思考有智能，比如语义网、物联网、随着移动互联网的发展成为可能。

可以通过一个具体的实例来模拟 Web 技术的发展历程，可以想象下，Web 1.0 时代相当于来到一个餐馆，老板给你上了一盘番茄炒蛋；Web 2.0 时代相当于来到一个餐馆，你跟老板主动点了一份番茄炒蛋；Web 3.0 时代相当于来到一个餐馆，老板见到你就问："老规矩，还要番茄炒蛋?"

从中可以体会到 Web 1.0 体现一种被动接受，Web 2.0 体现一种主动表达，Web 3.0 体现个性化推荐。

1.6 HTML

在线视频

1.6.1 HTML 概述

HTML 的英文全称是 Hypertext Marked Language，即超文本标记语言。HTML 是

Web 客户端信息展现的最有效载体之一，是用于描述网页文档的标记语言。它包括一系列标签，通过这些标签可以将网络上的文档格式统一，使分散的 Internet 资源连接为一个逻辑整体。HTML 如图 1-25 所示。

图 1-25 HTML

1.6.2 HTML 发展史

HTML 是由 Web 的发明者 Tim Berners-Lee 和同事 Daniel W. Connolly 于 1990 年创立的一种标记语言，它是标准通用化标记语言(SGML)的应用。我们习惯用数字描述 HTML 的版本，HTML 1.0 是 IETF 的一个草案，1995 年有了 HTML 2.0，接下来，HTML 3.2、4.0 和 4.01 相继成为 W3C 的推荐标准。HTML 4.01 后的第一个修订版本是 XHTML 1.0，该版本的区别在于要求 XML 般严格的语法。W3C 希望通过 XHTML 2 将 Web 带向 XML 的光明未来，但 XHTML 2 不向前兼容，被视为一场灾难。W3C 闭门造车的作风催生了超文本应用技术工作组，该组织初期工作有 Web Forms 2.0 和 Web Apps 1.0 两部分，后合并为 HTML 5 规范。HTML 的发展历程如图 1-26 所示。

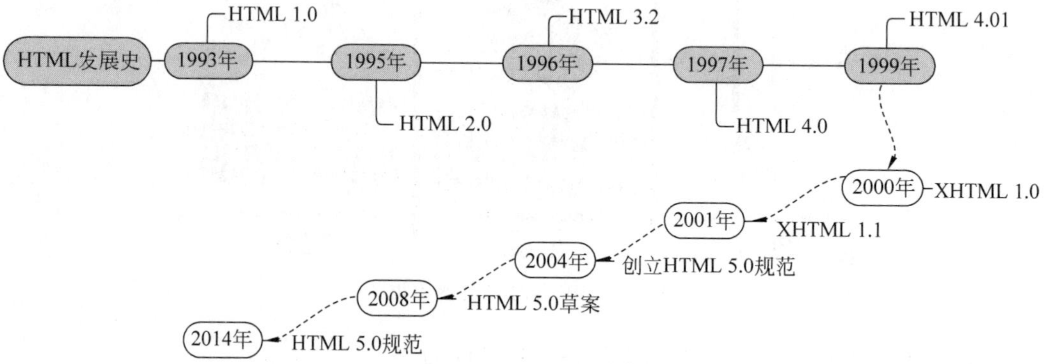

图 1-26 HTML 的发展历程

1.6.3 HTML 的主要特征与文件结构

超文本标记语言的特征主要有以下五点。

(1) 格式化的标记语言。

(2) 文档=控制标记+显示内容。

(3) 简易性。

(4) 可拓展性。

(5) 与平台无关性。

HTML 的结构分为文件头和文件体两部分，文件头是关于文件的说明信息，不和文件一起显示，而文件体则是文件要显示的内容。

超文本标记语言的文件结构如图 1-27 所示。

HTML 标签是文档总标记，HEAD 标签是文件头的标记，BODY 标签是文件体的标记。TITLE 标签作为标题标记，必须出现在 HEAD 标签内部。

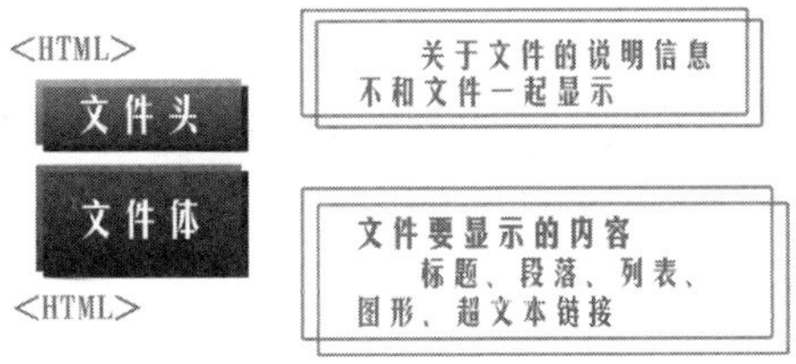

图 1-27　HTML 结构

主页文档部分结构如图 1-28 所示。

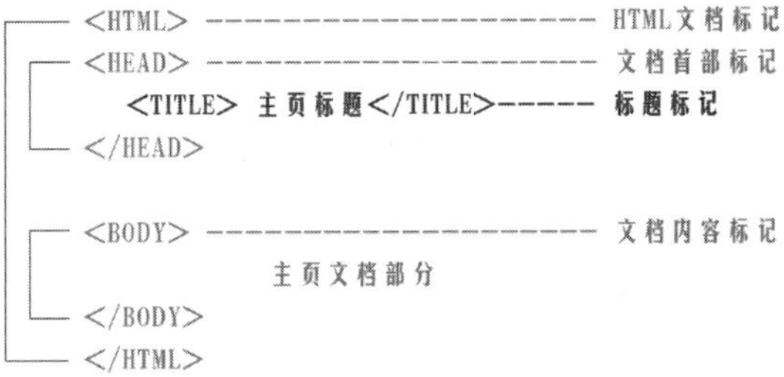

图 1-28　HTML 主页文档部分结构图

书写并运行一个 HTML 文件的步骤如下。

(1) 使用简单的文字编辑器在编辑器中输入 HTML 文件的代码。

(2) 以扩展名“. html”保存文件。

(3) 在浏览器地址栏中输入文件名,显示页面。

1.6.4　HTML 页面修饰标记

控制语句称为标记,格式如下。

```
<标记> HTML 元素 </标记>
```

例如:

```
< H2 > 你好!</H2 >
```

标记大多成对出现,由<始标记>和</尾标记>组成。始标记通知浏览器开始执行该标记指示的功能,尾标记说明该功能到此结束。

1. HTML 的标记和元素

(1) 标记与大小写无关。

(2) 标记可以联合使用,也可以嵌套使用。

(3) 标记可以带有一个或多个属性参数,格式为:

```
<标记 属性 1 = "属性值 1" 属性 2 = "属性值 2" …>
```

(4) 注释标记<! --注释内容-->不在浏览器中显示,只供阅读页面代码帮助理解使用。

2. 页面结构标记

1) < html >标记

在 HTML 文档最外层,表示 HTML 文件开始与结束。

2) <head>文件头标记

在文件头标记<head>与</head>之间保存说明整个文件的综合信息。

3) <title>标题标记

<title>标题</title>

4) <body>文件体标记

标明文档主体,是 HTML 文档主要部分。<body>表示文档的开始,</body>表示文档的结束。<body>标记可以使用属性使页面带有背景颜色或背景图案,主要属性如下。

background:背景图案或图像文件的 URL。

bgcolor:背景颜色,用 6 位十六进制的红-绿-蓝(Red-Green-Blue,RGB)值表示,例如:♯ff0000 表示红色,♯00ff00 表示绿色,♯0000ff 表示蓝色。

3. 页面修饰标记

页面修饰标记控制页面的段落,显示字符的大小、颜色、字体和属性。

(1) 字体标记定义了六级标题:<h1>、<h2>、…、<h6>。<h1>字体最大最黑。

(2) <font>标记,可以描述字体的颜色、大小和字体,其常用属性如下。

color:定义字体颜色,如<font color="red">。

face:定义字体类型,如<font face="宋体">。

size:字体大小,如<font size="n">,n 从 1 到 7,7 号最大。

(3) 段落标记,由于 HTML 文档中的空格、Tab 符、回车换行符等在浏览器中不起作用,必须使用标记,使文章分出段落,显出层次。主要有下面几种标记。

<p>分段标记:表示新一段开始,段落间有一空行。

换行标记:另起一行,中间不插入空行。

<hr>水平线标记:在页面上画出一条水平线。

<hr color="♯rrggbb" size="n">:宽度为 n 像素的直线。

<pre>预格式化标记:使 HTML 文档中的空格、Tab 符、回车、换行符起作用,与尾标记</pre>一起使用。

(4) 文字对齐标记,主要包括下面几种。

 … :文字居中。

<left> … </left>:文字左对齐。

<right>…</right>:文字右对齐。

这些标记可以复合使用。

1.6.5 网页的基本元素

文本:在网页上的文字信息。

表格:把信息分类显示,使大量信息一目了然。

表单:提供用户与页面交互的功能。

框架:把浏览器窗口分成不同帧,显示不同页。

图像:网页中图像可增加页面表现力,但过多的图像会影响页面浏览速度。

超链接：超链接可以是图像或文字。

动态元素：使网页生动富有动感，常用的有 GIF 动画、滚动字幕、网站计数、动态视频等。

1.6.6　网页多媒体技术

1. <img>图像标记

使用<img>可以把图像嵌入 HTML 文档，其常用属性如下。

src：必选项，指定图像文件的 url。

alt：定义一个文本串，浏览器尚未完全读入图像或因故不能显示图像时，在图像位置使用文本串代替图像的显示。当浏览器可以显示图像时，alt 属性不起作用。

align：文本与图像的对齐方式，取值为 left、middle、right、top 和 bottom。align＝bottom 表示图像底部与文本对齐。

border：图像边框的宽度（以像素为单位），如 border＝1。特别地 border＝0 则取消边框。

width、height：定义图像高和宽的像素数。

2. <bgsound>背景音乐标记

使用<bgsound>可在展示页面的同时播放音乐，其常用属性如下。

src：音乐文件的 URL。

loop：音乐的播放次数，loop＝－1 时音乐不断循环播放。

例如：

```
<bgsound src="9.mid" loop="-1">
```

Example1_1_img.html 中通过<img>标记，将图像嵌入到 HTML 页面中。其中，src 的路径为图片的相对路径，即当前页面所在文件夹中的 java.jpg，设置其边框为 1px，高度和宽度均为 300px，alt 表示当图片不存在或图片被删除后显示的文本信息。

```
Example1_1_img.html

<!DOCTYPE html>
<html>
    <head>
            <meta charset="utf-8">
            <title></title>
    </head>
    <body>
            <img border="1" src="./java.jpg" alt="JavaJPG" width="300" height="300">
    </body>
</html>
```

页面的显示效果如图 1-29 所示，在页面的上方出现了长度和宽度均为 300px 的图片且有一个黑色的边框。

图 1-29 Example1_1_img 页面显示

1.6.7 表格与列表标记

1. 表格标记

（1）＜table＞标记用于建立表格。

＜table＞与＜/table＞之间为表格标题、表头及单元格中的内容。

border 属性：表格边框宽度，以像素为单位。

（2）＜caption＞与＜/caption＞：定义表格标题。

（3）＜tr＞与＜/tr＞：定义表格中的一行。

（4）＜th＞与＜/th＞：定义表头元素，表头显示成黑体。

（5）＜td＞与＜/td＞：定义单元格内容。

Example1_2_table.html 中，使用＜table＞标签在页面中显示表格的内容，并且设置了表格的表头以及表格的边框宽度为 1px，具体代码和显示内容如下。

```
Example1_2_table.html

<!DOCTYPE html >
< html >
    < head >
        <title>表格标记应用</title>
    </head >
    < body >
        < table border = "1">
            <caption>课表</caption>
            < tr >
                < th>节次</th>
                < th>星期一</th>
                < th>星期二</th>
                < th>星期三</th>
                < th>星期四</th>
                < th>星期五</th>
            </tr >
            < tr >
                < td >1、2</td>
                < td >基础英语</td>
                < td >操作系统</td>
                < td >网络基础</td>
```

```
                    <td>基础英语</td>
                    <td>数据库</td>
                </tr>
                <tr>
                    <td>3、4</td>
                    <td>Java</td>
                    <td>数据库</td>
                    <td>实验</td>
                    <td>Java</td>
                    <td>操作系统</td>
                </tr>
                <tr>
                    <td>5、6</td>
                    <td>网络基础</td>
                    <td>实验</td>
                    <td>实验</td>
                    <td>实验</td>
                </tr>
            </table>
        </body>
</html>
```

页面的显示效果如图 1-30 所示，通过表格可以清晰地看出每周的课表安排情况，可以根据需要进行相应的添加或修改。

课表

节次	星期一	星期二	星期三	星期四	星期五
1、2	基础英语	操作系统	网络基础	基础英语	数据库
3、4	Java	数据库	实验	Java	操作系统
5、6	网络基础	实验	实验	实验	

图 1-30　Example1_2_table 页面显示

2. 列表标记

1）无序列表（Unordered List）

无序列表<ul>具有 type 属性，其 type 取值如下。

```
type = disk        加重符号是实心圆点(默认)
type = circle      加重符号是空心圆点
type = square      加重符号是实心方块
```

2）有序列表（Ordered List）

有序列表标记<ol>中的序列号由浏览器自动给出。

① type 属性：

type = 1，默认值，用数字 1，2，3…标识各项。

type = A，用大写字母 A，B，C…标识各项。

type = a，用小写字母 a，b，c…标识各项。

type = I，用大写罗马字母标识各项。

type = i,用小写罗马字母标识各项。

② start 属性:指定列表开头数字。

例如,type = A , start = 3,表示列表的第一项从 C 开始。

< li >标记可以具有属性 value,将列表编号指定为特定值。

3) 定义列表(Description List)

定义列表标记< dl >

    ① 组成。

      术语: < dt >标记描述

      术语的定义: < dd >标记描述

    ② 格式如下。

      < dl >

        < dt >术语

        < dd >术语的定义 1

        < dd >术语的定义 2

        < dt >术语

        < dd >术语的定义

      </dl >

Example1_3_list. html 中实现了表格、有序列表和无序列表的显示。关于表格的属性、有序列表的属性和无序列表的属性可以参考上面的介绍。其中,表格标记设置了表格的标题和宽度值,无序列表根据其 type 属性设置列表排序为空心圆圈,有序列表根据其 type 属性设置列表的排序为大写罗马数字。

```
Example1_3_list.html

<! DOCTYPE html >
< html >
    < head >
            < meta charset = "utf - 8">
            < title ></title >
    </head >
    < body >
            < h4 >无序列表:</h4 >
            < ul type = "circle">
                    < li > Java </li >
                    < li > JSP </li >
                    < li >数据结构</li >
            </ul >
            < h4 >有序列表:</h4 >

            < ol type = "I">
                    < li > Java </li >
                    < li > JSP </li >
                    < li >数据结构</li >
            </ol >
    </body >
</html >
```

页面的显示效果如图 1-31 所示，页面中含有无序列表和有序列表标记，并且通过代码可以看出，有序列表的 type 属性为大写罗马数字。

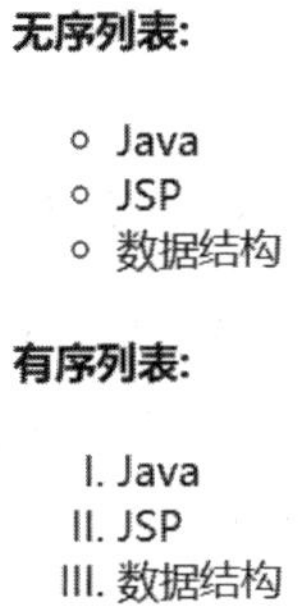

图 1-31　Example1_3_list 页面显示

1.6.8　超链接标记

(1) 超链接标记是超文本的基本结构，可以把不连续的文字或文件连接起来。网页上的超链接一般指同一网页和不同网页之间的链接。例如：

```
<a href = "URL">链接文本或图像</a>
```

href 属性：指明所要链接资源的 URL，<a>和</a>之间的内容是链接点，单击链接点网页将转跳至 href 指明的资源处。

(2) 锚可以实现同一网页内部的链接，指向同一网页的特定位置，相当于提供了一个屏幕滚动功能。格式为：

```
<a href = "#锚名">链接文本</a>
<a name = "锚名">"锚"文本</a>
```

锚名是网页中特定位置的名称。

(3) 链接电子信箱。

语法规则：

```
<a href  =  "mailto:电子信箱地址">电子信箱地址</a>
```

例如：

```
<a href = "mailto:libadmin@mail.nnb.edu.cn"> libadmin@mail.nnb.edu.cn </a>
```

建立了系统管理员电子信箱超链接，单击信箱地址，将向系统管理员发信。

Example1_4_a_href.html 中实现了<a>标记的第一种使用方法，使用该标记可以在页面中设置预先定义的文字，通过单击文字可以跳转到 href 属性对应的内容。

Example1_4_a_href.html

```
<!DOCTYPE html>
<html>
        <head>
                <meta charset = "utf - 8">
                <title></title>
        </head>
        <body>
                <a href = "./java.jpg">查看图片</a>
        </body>
</html>
```

单击初始化页面中的“查看图片”文字可以跳转到新的页面中，并且在新的页面中显示了 href 属性的内容，即一幅图片信息。本案例页面显示如图 1-32 所示。

图 1-32 Example1_4_a_href 页面显示

1.6.9 表单标记

1. 表单的作用

提供图形用户界面和用户输入数据的元素，基本元素有按钮、文本框、单选按钮、复选框等，是实现交互功能的主要接口。

用户通过表单向服务器提交信息，表单接收用户信息，并把信息提交给服务器，由服务器端的应用程序处理用户信息，再把处理结果返给用户并显示。

2. 表单标记

例如：

```
< form method = "post/get" action = "URL" enctype = "application/
    x - www - form - urlencoded"></form >
```

其常用属性如下。

action：完成表单信息处理任务服务器程序的完整 URL。

method：表单中输入数据的传输方法，默认值为 get。

enctype：指定表单中输入数据的编码方法。

3. < input >输入标记

定义输入控件，类型由 type 属性确定。

button：定义可单击按钮。

checkbox：定义复选框。

file：定义输入字段和“浏览”按钮，供文件上传。

hidden：定义隐藏的输入字段。

image：定义图像形式的提交按钮。

password：定义密码字段，该字段中的字符被掩码。

radio：定义单选按钮。

reset：定义重置按钮，清除表单中的所有数据。

submit：定义提交按钮，把表单数据发送到服务器。

text：定义单行的输入字段，默认宽度为 20 个字符。

其常用属性如下。

type：控件类型，默认值是 text。

name：控件标识。

value：控件输入域的初始值。

maxlength：控件输入域允许输入最多字符数。

size：控件输入域大小。

checked：复选框和单选按钮初始状态。

url：图像按钮使用图像位置（URL）。

align：图像的对齐方式。

Example1_5_form.html 中使用< form >标记嵌入到页面中，在处理一般登录或者注册的相关需求时都会采用 form 表单的方式，针对不同的输入数据采用对应的标记进行处理。案例中使用了输入文本、密码输入、按钮和提交的标记。

```
Example1_5_form.html

<!DOCTYPE html >
< html >
    < head >
                < meta charset = "utf - 8">
                < title ></title >
    </head >
    < body >
                < form action = "" method = "post">
                        输入文本:< input type = "text"><br >
                        输入密码:< input type = "password"><br >
                        按钮: < input type = "button" value = "按钮"><br >
                        < input type = "submit" value = "提交文本">
                </form >
    </body >
</html >
```

页面的显示效果如图 1-33 所示，在处理关于登录或者注册问题时时常会添加一些样式进行修饰，美化页面的布局。

4. 列表框

1) < select >标记

定义下拉式列表框和滚动式列表框，其常用属性如下。

name：列表框名字。

size：列表框大小，用户一次可见的列表项数目。

multiple：允许用户进行多项选择。

2) < option >标记

< select >标记所定义的列表框中的各个选项，其常用属性如下。

selected：表示该项预先选定。

value：指定控件初始值。

Example1_6_select. html 中使用 select 标记显示出选择下拉框，select 标记的 name 属性为 subject，在 request 请求中通过获取该属性名后可以获得选择的选项。

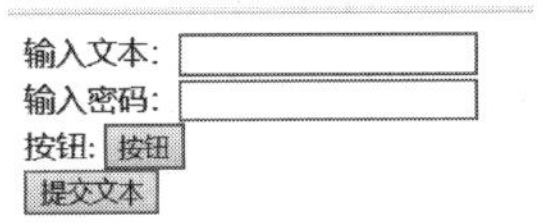

图 1-33　Example1_5_form
页面显示

```
Example1_6_select.html

<!DOCTYPE html >
```

```
< html >
    < head >
            < meta charset = "utf - 8">
            < title ></title >
    </head >
    < body >
            < select name = "subject">
                        < option value = "math">高数</option >
                        < option value = "english">英语</option >
                        < option value = "compute">计算机</option >
            </select >
    </body >
</html >
```

页面的显示效果如图 1-34 所示,通过单击下拉框可以查看
当前选框中的内容,根据需求可以选择相应的选项。

1.6.10　窗口框架标记

图 1-34　Example1_6_select
页面显示

1. 帧

可用来将浏览器窗口划分为多个区域(子窗口),每个子窗口中装载一个 HTML 文件,
即每个 HTML 文件占据一个帧,而多个帧可以同时显示在同一个浏览器窗口中,这样的
Web 页面称为框架网页。

2. < frameset >标记

(1) 用来定义主文档中有几个帧并且各个帧是如何排列的。

(2) 具有 rows 和 cols 属性,使用< frameset >标记时这两个属性至少必须选择一个,否
则浏览器只显示第一个定义的帧。rows 用来规定主文档中各个帧的行定位;cols 用来规定
主文档中各个帧的列定位。这两个属性的取值可以是百分数、绝对像素值或星号(" ＊ "),其
中,星号代表那些未被说明的空间。如果同一个属性中出现多个星号则将剩下的未被说明
的空间平均分配。所有的帧按照 rows 和 cols 的值从左到右,从上到下排列。

(3) 放在帧的主文档的< body ></body >标记对的外边。

(4) 可以嵌在其他帧文档中,并可嵌套使用。

3. < frame >标记

放在< frameset >…</frameset >之间,定义具体的帧。

具有 src 和 name 属性,这两个属性都是必须赋值的。src 是此帧的源 HTML 文件名
(包括网络路径,即相对路径或网址),浏览器将会在此帧中显示 src 指定的 HTML 文件。
name 是此帧的名字,这个名字用来供超文本链接标识< a href = ""target = "">中的 target
属性指定链接的 HTML 文件将显示在哪一个帧中。

4. < noframes >标记

有的浏览器不支持框架网页,此时需要使用< noframes ></noframes >标记对,用来在
那些不支持帧的浏览器中书写传统的< body >…</body >部分。

5. 文件头及子标记

< head >与</ head >标记对之间的部分称为文件头,用来告诉浏览器如何显示页面和为搜索引擎提供支持。

子标记:

< title ></ title >标记,用来说明页面的用途,它显示在浏览器的标题栏中。

< meta >标记,被用于规定页面的描述、关键词、文档的作者、最后修改时间以及其他元数据。

< base >标记,为页面上的所有链接规定默认地址或默认目标。

< link >标记,定义文档与外部资源之间的关系,最常用于连接样式表。

6. < meta >标记

它是 HTML 文档文件头< head >…</ head >标记内的一个辅助性标记,往往不引起用户的注意,但是它对于网页是否能够被搜索引擎检索、提高网页在搜索列表中的排序名次起着关键的作用。

< meta >标记为单标记,没有尾标记。共有两个属性:http-equiv 属性和 name 属性。

7. < base >标记

(1) href 属性:指定文档的基础 URL 地址。

(2) target 属性:同框架一起使用,它定义了当文档中的链接被单击后,在哪一个框架中展开页面。取值如下。

① _blank:表明在新窗口中打开链接指向的页面。

② _self:在当前文档的框架中打开页面。

③ _parent:在当前文档的父窗口中打开页面。

④ _top:在链接所在的完整窗口中展开页面。

8. < link >标记

定义了文档之间的链接关系:

< link href = "url" rel = "relationship">

(1) href 属性:指向链接资源所在的 URL。

(2) rel 属性:定义了文档和所链接资源的链接关系。可能的值包括:alternate,stylesheet, start, next, prev, contents, index, glossary, copyright, chapter, section, subsection,appendix,help,bookmark 等。

9. < isindex >标记

< isindex prompt = "输入搜索内容">

在 Web 页面的开始出现"输入搜索内容",后面有一个文本框,用于输入搜索的内容。

< isindex >标记并不是只能用于 HTML 文档头部,还可以用于表单(form)内。

Example1_7_frame. html 中,通过设置窗口的布局使得页面在不同区域分配不同的内容,显示的效果根据其页面所指向的页面或者设置的页面大小而定。通过窗口框架分为各个部分的需求可以高效地完成项目,将项目分给不同的开发者进行编写,最后将所编写的内

容链接到窗口框架中完成整体项目开发。本案例中将窗口分为四个部分,分别为顶部、中部分为左右两个部分和底部,每个部分所指向的链接不同带来的效果也不同。

```
Example1_7_frame.html
< html >
    < head >
    </head >
    < frameset rows = "64, * ,64">
    < frame name = "top" src = "img_Example1.html">
    < frameset cols = "150, * ">
                < frame name = "contents" src = "list_Example3.html">
                < frame name = "main" src = "form_Example5.html">
                            </frameset >
                < frame name = "bottom" src = "select_Example6.html">
    < noframes >
    < body >
    <p>此网页使用了框架,但您的浏览器不支持框架.</p>
    </body >
    </noframes >
    </frameset >
</html >
```

案例的页面显示效果如图 1-35 所示,根据图示可以看出当前页面被分为上下左右四个部分。在上部分也就是顶部显示了一张图片,而这个图片来自于图片案例 1 中,中间的部分分为左右两边,显示为列表和表单,来自于列表案例 3 和表单案例 5 中,下部分也就是底部显示选择框,其来自于选择框案例 6,综合各个部分可以显示出完整的页面。

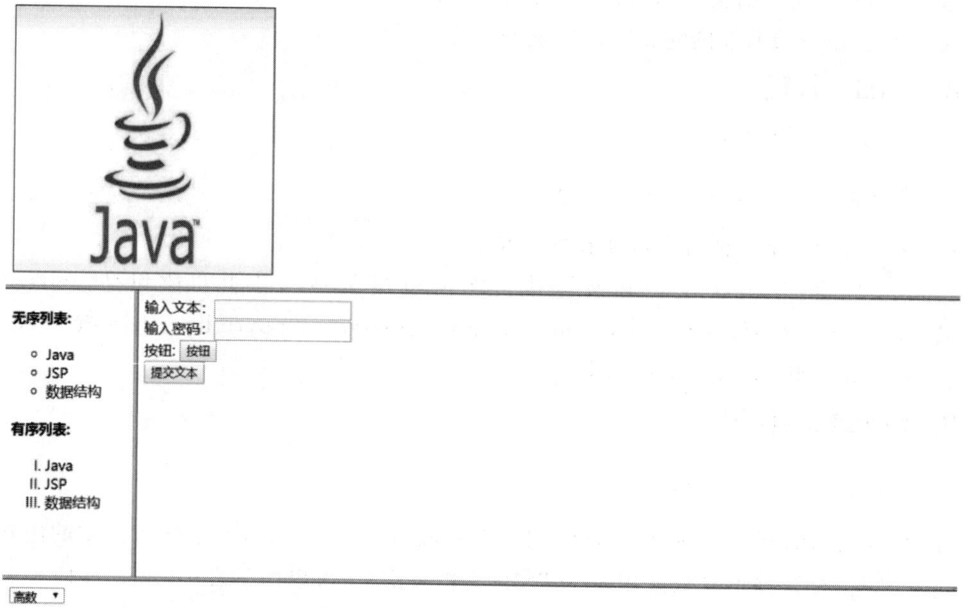

图 1-35   Example1_7_frame 页面显示

通过如图 1-36 所示漫画检验一下对于本节知识点你掌握了多少吧!

根据这一部分的窗口框架你有什么收获吗?
淘宝网
当然有收获了，在日常训练或者是项目实践过程中，我们可以根据每个人的特长分配不同的任务，如果需要设计一个网页，我们可以将人员进行合理分工，可以大大提高开发的速度。
哎呦不错哦，看来学得不错，那你能找个页面来具体解释下吗?
当然可以啦，我就以淘宝的网页为例吧，可以看下上面的图片，我将网页分为三个部分，上面的紫色区域为网站的Logo、广告等内容，中间的绿色区域为淘宝的主要界面，含有大量商品的信息，下面的红色区域为网站的版权、登记号等信息

图 1-36　frame 标记总结

1.7　CSS 与 DHTML

在线视频

1.7.1　CSS

1. CSS 的基本概念

CSS 的全称是 Cascading Style Sheets，层叠样式表，用来控制 HTML 标签样式，在美化网页中起到非常重要的作用，主要是用于定义 HTML 内容在浏览器内的显示样式，如文字大小、颜色、字体加粗等。

2. CSS 样式表的使用方式

页面样式设定与页面内容分离，把 CSS 样式信息存成独立文件，使多个网页文件共享样式文件。

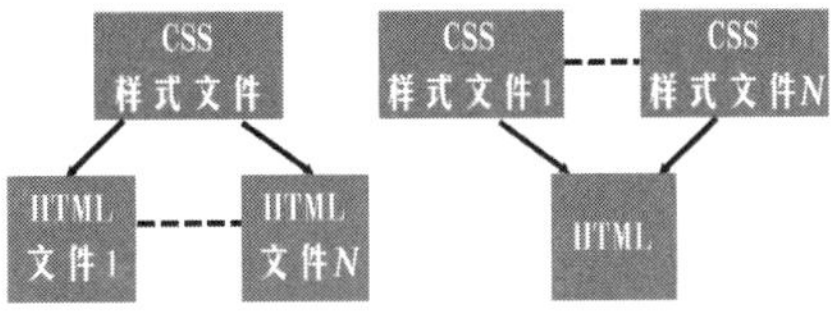

图 1-37　CSS 样式分类

CSS 把样式分类，分存于不同的文件，如分为编排样式文件、字体样式文件、颜色样式文件等，把多个样式文件套用在一个网页文件上。CSS 样式分类如图 1-37 所示。

3. 定义样式

样式定义的格式如下。

选择器{规则}

例如：h1{color:blue;}

选择器(Selector)：样式要套用的对象，一般是 HTML 标记，如 h1。在< h1 >…</h1 >标记之间的内容将继承 h1 的全部规则。

规则(Rule)：样式设定的内容，如{color:blue;}。

4. 样式表的应用

从 CSS 样式代码插入的形式来看 CSS 样式表可以分为内联式样式表、嵌入式样式表、外部(链接)样式表。

1) 内联式样式表

内联式样式表就是把 CSS 代码直接写在现有的 HTML 标记中，例如：

```
< h1 style = "color:green;text - align:center;font - style:italic;
font - size:x - large">样式表的应用,应用样式 h1 </h1 >
```

缺点：

(1) 内容和显示混杂。

(2) 内联样式只针对当前标记，对页面上其他任何同名标记不起作用，如果多个标记使用同样的样式显示时需要为每个标记添加 style 属性。

2) 嵌入式样式表

嵌入式样式表是把样式定义放在文档头部，在< style ></style >标记之间定义，整个页面都以该样式显示。

Example1_8_css. html 使用 CSS 样式修饰 h1 标题，给定其样式颜色为绿色，在页面中居中显示，以斜体并楷体的方式且用最大字号显示文本内容。

Example1_8_css.html

```
< html >
    < head >
        < title >样式表 css 的应用</title >
    < style type = "text/css"> / * 定义样式 * /
                h1{
            color:green;
      text - align:center;
      font - style:italic;
      font - family:楷体;
      font - size:x - large;
        }
    </style >
    </head >
    < body >
        < h1 >样式表的应用,应用样式 h1 </h1 >
    </body >
</html >
```

显示效果如图 1-38 所示。

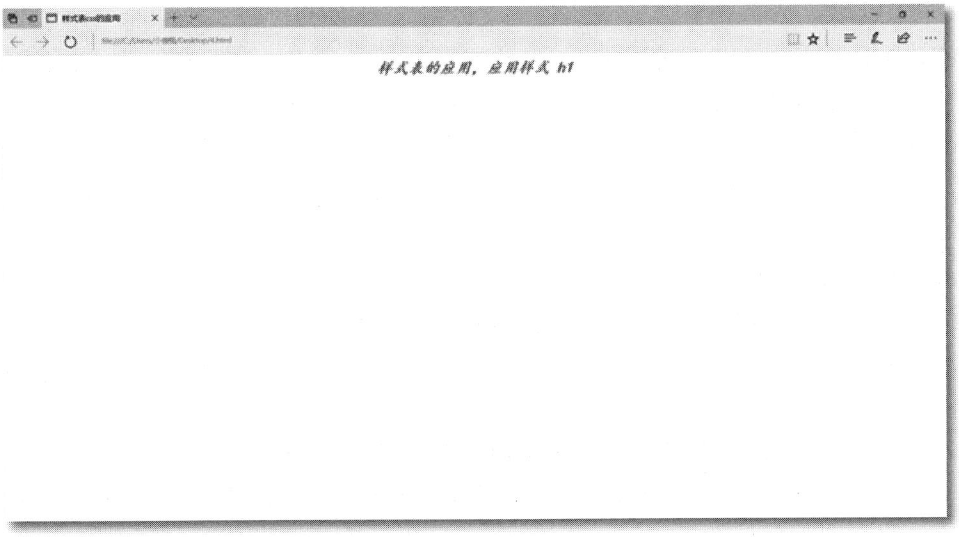

图 1-38 Example1_8_css 页面样式显示

3）外部（链接）样式表

当多个网页具有相同样式时，可以使用样式文件（后缀是.css）把设定的样式集中起来，使多个网页共享该样式文件。也可以将样式分类，使一个网页套用多个样式文件。

在 HTML 文档的文件头中加入语句，可建立与外部样式文件的链接。例如：

```
< link rel = stylesheet type = "text/css" href = "样式文件的 URL">
```

链接外部样式文件的 HTML 文件的页面代码：

```
< html >
    < head >
        < title >样式表 CSS 应用</title >
        < link rel = stylesheet type = "text/css" href = "ex05 - 010_1.css">
        < link rel = stylesheet type = "text/css" href = "ex05 - 010_2.css">
    </head >
    < body >
        < h1 >样式表的应用,应用样式 h1 </h1 >
    </body >
</html >
```

1.7.2 DHTML

1. DHTML 技术

DHTML 即动态的 HTML（Dynamic HTML）。DHTML 并不是一门新的语言，它是以下技术、标准或规范的一种集成，HTML 4.0，CSS（Cascading Style Sheets，层叠样式表），CSSL（Client-Side Scripting Language，客户端脚本语言），HTML DOM（Document Object Model，HTML 文档对象模型）。

2. DHTML 基本结构

DHTML 基于 HTML，通过 CSS 技术扩展 HTML 在样式编排上的不足，使用脚本程序调用或控制浏览器对象和网页对象，使页面具有动态效果和交互功能。DHTML 基本结构如图 1-39 所示。

图 1-39　DHTML 基本结构

3. DHTML 的特点

（1）将页面内容对象化，把网页上的图像和文字看作对象。

（2）通常使用 VBScript 或 JavaScript 脚本程序把这些对象组装到一起，实现其动态和交互性。

（3）网页无须重新下载，即可动态更新网页内容和显示式样。

（4）所有的功能都是在用户的计算机上实现并完成的，因此提高了响应速度，突破了传统的静态 Web 页面的局限。

在线视频

1.8　J2EE

J2EE 体系结构如图 1-40 所示。

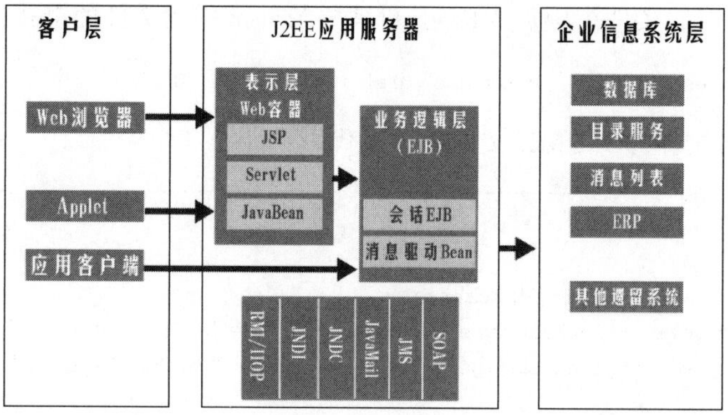

图 1-40　J2EE 体系结构

1.8.1　J2EE 组件

1. J2EE 组件概念

J2EE 组件是一个由 Java 语言编写、封装了功能的软件单元，能够与相关的一些类和文件一起组成 J2EE 应用程序，可简化且规范应用系统的开发与部署，进而提高可移植性、安全性与再用价值。J2EE 组件和“标准的”Java 类的不同点在于：它被装配在一个 J2EE 应用程序中，具有固定的格式并遵守 J2EE 规范，由 J2EE 服务器对其进行管理。

J2EE 规范是这样定义 J2EE 组件的：

（1）客户端应用程序和 Applet 是运行在客户端的组件。

（2）Java Servlet 和 Java Server Pages(JSP)是运行在服务器端的 Web 组件。

(3) Enterprise JavaBean(EJB)组件是运行在服务器端的业务组件。

2. J2EE 客户端组件

Applets(客户端小应用程序):从 Web 层接收的一个 Web 页面可以包含内嵌的 Applet,需要运行在客户端安装了 Java 虚拟机的 Web 浏览器上。

客户端应用程序:运行在客户机上,能提供强大而灵活易用的用户界面。应用程序可直接访问运行在业务层的 EJB,如果需求允许,也可以打开 HTTP 连接来建立与运行在 Web 层上的 Servlet 之间的通信。

3. Web 组件

Web 组件既可以是 Servlet 也可以是 JSP 页面。Servlet 是一个 Java 类,它可以动态地处理请求并做出响应;JSP 页面是一个基于文本的文档,它以 Servlet 的方式执行,但是它可以更方便地建立动态内容。

4. 业务组件

J2EE 将业务逻辑从客户端软件中抽取出来,封装在 EJB(Enterprise JavaBean)组件中。客户端软件通过网络调用组件提供的服务以实现业务逻辑,而客户端软件的功能单纯到只负责发送调用请求和显示处理结果。

有三种类型的 Enterprise JavaBeans(EJB):会话 EJB,实体 EJB,消息驱动 EJB。

1.8.2 J2EE 容器

J2EE 服务器以容器的形式为每一个组件类型提供底层服务(如事务处理、状态管理、多线程、资源池等),因此不需要自己开发这些服务,从而使我们可以全力以赴地着手处理业务问题。

主要包括:

(1) EJB 容器。

(2) Web 容器。

(3) 客户端应用程序容器。

(4) Applet 容器。

1.8.3 Java Servlet 技术

1. Java Servlet 技术的概念

Servlet 是用 Java 编写的 Server 端程序,与协议和平台无关,采用请求-响应模式提供 Web 服务,可完成以下任务。

(1) 获取客户端浏览器通过 HTML 表单提交的数据及相关信息。

(2) 创建并返回对客户端的动态响应页面。

(3) 访问服务器端资源,如文件、数据库。

(4) 为 JSP 页面准备动态数据,与 JSP 一起协作创建响应的页面。

2. Java Servlet 特点

(1) Web 浏览器并不直接和 Servlet 通信,Servlet 是由 Web 服务器加载和执行的。

(2) Servlet 是用 Java 编写的,所以一开始就是平台无关的,编写一次就可以在任何平台运行。

(3) Servlet 是持久的,只需 Web 服务器加载一次,而且可以在不同请求之间保持服务(例如一次数据库连接)。

(4) 为 JSP 页面准备动态数据,与 JSP 一起协作创建响应的页面。

1.8.4 Java Server Pages 技术

1. JSP 技术的概念

JSP 技术在传统的网页 HTML 文件中插入 Java 程序段和 JSP 标记,从而形成 JSP 文件,进而生成页面上的动态内容,简化了 Java 和 Servlet 的使用难度,同时通过扩展 JSP 标记(TAG)提供了网页动态执行的能力。JSP 仍未超出 Java 和 Servlet 的范围,不仅 JSP 页面上可直接写 Java 代码,而且 JSP 是先被译成 Servlet 之后才实际运行的。

2. Servlet 和 JSP 关系

(1) JSP 修改后可以立即看到结果,不需要手工编译,JSP 引擎会来做这些工作;而 Servlet 需要编译,重新启动 Servlet 引擎等一系列动作。

(2) JSP 提供了一套简单的标签,和 HTML 融合得比较好,可以使不了解 Servlet 的人也能作出动态网页来。对于 Java 语言不熟悉的人,会觉得 JSP 开发比较方便。

(3) 一个 HTML 中嵌套 Java,一个 Java 中嵌套 HTML。两者关系如图 1-41 所示。

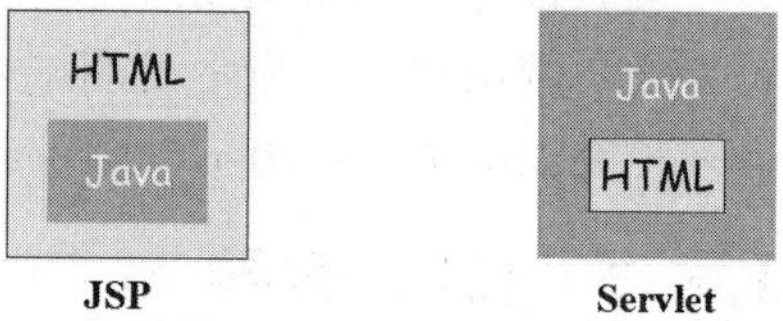

图 1-41 Servlet 和 JSP

在线视频

1.9 软件开发模式

1.9.1 集中式计算模式

在计算机诞生和应用的初期,计算所需要的数据和程序都是集中在一台计算机上进行的,用户通过终端登录到主机进行操作,通常被称为主机/终端模式,也叫集中式计算模式,如图 1-42 所示。集中式计算模式是以一台计算机为中心的多用户系统,利用主机的能力运行应用程序,利用不具备资源的终端来对应用进行控制。

集中式计算模式的优势是数据存储管理方便、安全性好;计算能力和数据存储能力强;系统维护和管理的费用较低。但是大型计算机的初始投资较大、可移植性差、资源利用率低、网络负载大。

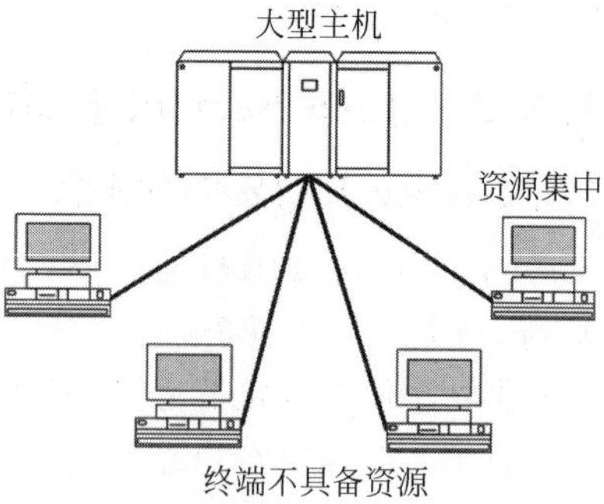

图 1-42 集中式计算模式

1.9.2 客户/服务器(C/S)模式

由于个人计算机的软硬件技术飞速发展,用户计算机具有了 CPU 和数据存储能力,随之出现了 C/S 模式。C/S 模式中几乎所有的应用逻辑都在客户端进行和表达，客户机完成与用户的交互任务，具有强壮的数据操纵和事务处理能力；服务器负责数据管理，提供数据库的查询和管理、大规模的计算等服务。

C/S 模式将应用一分为二：前端是客户机，一般使用微型机算机，几乎所有的应用逻辑都在客户端进行和表达，客户机完成与用户的交互任务，具有强壮的数据操纵和事务处理能力。后端是服务器，可以使用各种类型的主机，服务器负责数据管理，提供数据库的查询和管理、大规模的计算等服务。客户/服务器模式如图 1-43 所示。

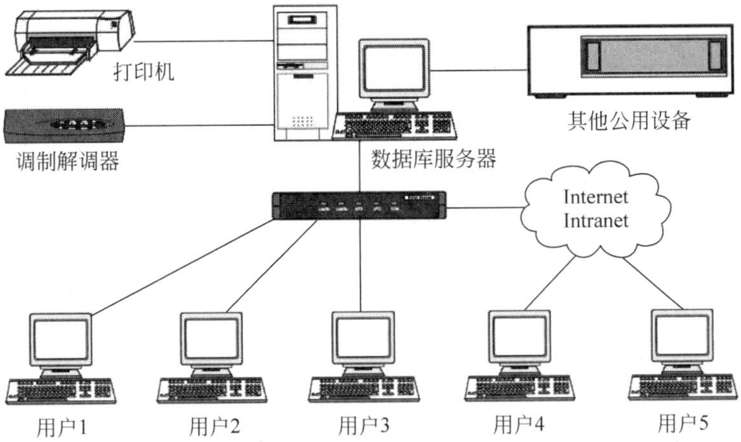

图 1-43　客户/服务器(C/S)模式

1. C/S 模式的优点

(1) 充分利用两端硬件环境优势，将任务合理分配到客户端与服务端，降低系统通信开销。

(2) 充分发挥客户端 PC 的处理能力，服务器运行数据负荷较轻。

(3) 通过异种平台集成，能够协调现有的各种 IT 基础结构。

(4) 安全、稳定、速度快，且可脱机操作。

2. C/S 模式的缺点

(1) 必须在客户端安装大量的应用程序(客户端软件)。

(2) 主要业务逻辑在客户端，增加了安全隐患。

(3) 开发成本较高，移植困难。

(4) 网络管理工作人员既要对服务器维护管理，又要对客户端维护和管理，维护成本很高，维护任务量大。

1.9.3　浏览器/服务器(B/S)模式

随着 Internet 技术的兴起出现了 B/S 模式，在这种模式下，用户工作界面是通过浏览器来实现的，极少部分事务逻辑在前端(Browser)实现，主要事务逻辑在服务器端(Server)实现。这样就大大简化了客户端计算机载荷，减轻了系统维护与升级的成本和工作量，降低了用户的总体成本。

浏览器/服务器(B/S)模式是一种基于 Web 的协同计算，是一种三层架构的客户/服务器模式，第一层为客户端表示层，第二层是应用服务器层，第三层是数据中心层，主要由数据库系统组成。浏览器/服务器模式如图 1-44 所示。

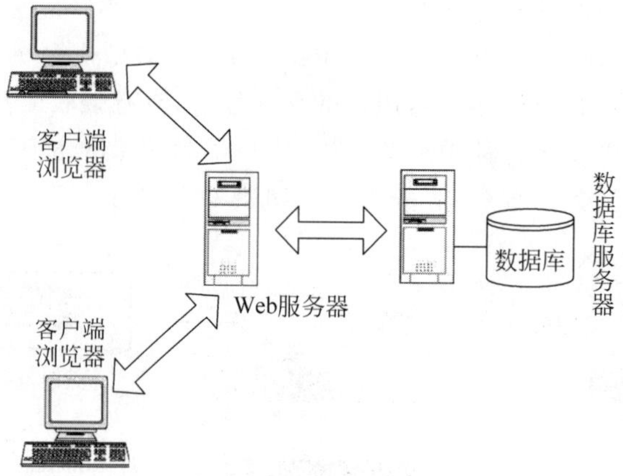

图 1-44　浏览器/服务器(B/S)模式

1. B/S 模式的优点

1）方便、快捷、高效

B/S 是一次性到位的开发，能实现不同的人员从不同的地点以不同的接入方式（如 LAN、WAN、Internet/Intranet 等）访问和操作共同的数据库；它能有效地保护数据平台和管理访问权限，服务器数据库也很安全。特别是在 Java 这样的跨平台语言出现之后，B/S 架构管理软件更加方便、快捷、高效。

2）维护和升级方式简单

目前，软件系统的改进和升级越来越频繁，B/S 架构的产品明显体现着更为方便的特性。对一个稍微大一点儿的单位来说，系统管理人员如果需要在几百甚至上千部计算机之间来回奔跑，效率和工作量是可想而知的，但 B/S 架构的软件只需要管理服务器就行了，所有的客户端只是浏览器，根本不需要做任何的维护。无论用户的规模有多大，有多少分支机构都不会增加任何维护升级的工作量，所有的操作只需要针对服务器进行。

3）成本降低，选择更多

大家都知道 Windows 在 PC 上几乎一统天下，浏览器成为标准配置，但在服务器操作系统上 Windows 并不是处于绝对的统治地位。现在的趋势是凡使用 B/S 架构的应用管理软件，只需安装在 Linux 服务器上即可，而且安全性高。所以服务器操作系统的选择是很多的，这就使得免费的 Linux 操作系统快速发展起来。Linux 除了操作系统是免费的以外，连数据库也是免费的，这种选择非常盛行。

2. B/S 模式的缺点

(1) 应用服务器运行数据负荷较重。

(2) 由于 B/S 架构管理软件只安装在服务器端(Server)，网络管理人员只需要管理服务器就行了，主要事务逻辑在服务器端，极少部分事务逻辑在前端(Browser)实现。但是，应用服务器运行数据负荷较重，一旦发生服务器“崩溃”等问题，后果不堪设想。因此，许多单位都有数据库备份服务器，以防万一。

1.9.4　富客户端模式

传统的 C/S 模式客户端集中了大部分的应用逻辑，也被称为胖客户端模式；B/S 模式可以看作是对 C/S 模式的一种变化或者改进，客户端只有一个浏览器，应用逻辑集中在服务器上，也被称为瘦客户端模式。富客户端模式概念图如图 1-45 所示。

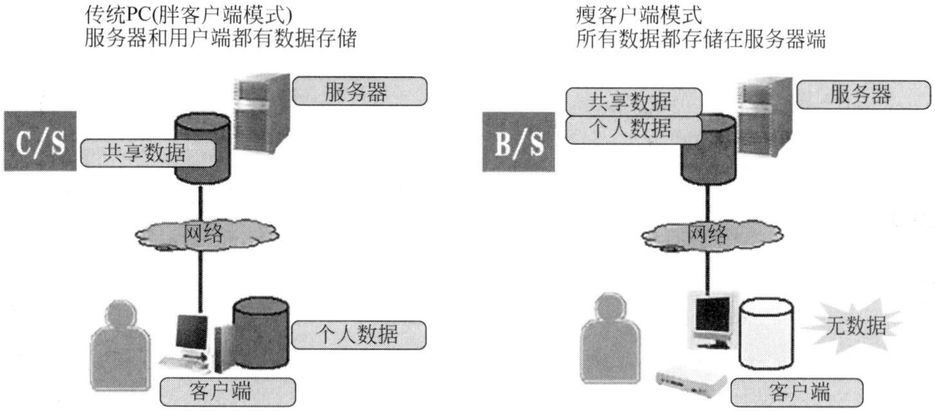

图 1-45　富客户端模式

C/S 架构的缺点主要是部署、更新的问题；B/S 架构的缺点主要是受制于 HTML 的限制，无法像 C/S 那样使用丰富的效果来展示数据，用户体验比较糟糕。另外，稳定的客户/服务器连接，也是必要条件，网络中断将使 B/S 程序无法运行。

从 C/S 到 B/S，这两者受限于技术本身分别发展成了重客户端和重服务器端的模式，因此产生了富客户端模式(Rich Client)，结合胖客户端和瘦客户端的各自优势并克服其固有缺点。“富客户端”对应用程序提出了新的要求——富因特网应用程序(Rich Internet Applications，RIA)。利用富客户端技术 RIA 集成了桌面应用的交互性和传统 Web 应用的部署灵活性。富客户端提供可承载已编译客户端应用程序(以文件形式，用 HTTP 传递)的运行环境，客户端应用程序使用异步客户/服务器架构连接现有的后端应用服务器，这是一种安全、可升级、具有良好适应性的新的面向服务模型。

RIA 实现必须有一组简单而高效的开发工具，如果没有一组简单而高效的开发工具，那么富客户端技术与服务器技术是毫无意义的。正是由于 RIA 的 C/S 结构，所以需要一组开发工具协同工作才可以完成。

富客户端是相对于胖客户端及瘦客户端而言的，富客户端与以上两种客户端的区别就在于“富”字，而“富”的含义主要包含以下两方面的内容。

(1) 丰富的用户界面。富客户端必须能够给用户带来丰富的界面体验。在富客户端模型中将界面分解成许多既可以和用户直接交互又可以和服务器进行通信的小单元模块。这将应用程序的设计从以一个个相对独立的页面为中心转移到以组件为中心，使客户层的设计提升到一个新的层次，并且会使客户层变得更加灵活。

(2) 丰富的数据模型。富客户端可接受或处理不同类型的数据，包括图像、语音、文本、视频等格式，异步客户/服务器架构使用户使用的感觉就好像程序不需要和服务器进行通信或者只是偶尔才需要进行通信。

富客户端技术正在不断地完善中，但并不意味着会取代 HTML。相反，将进一步扩展浏览器功能，使之提供更加高效和友好的用户接口。许多 RIA 都在浏览器中运行，甚至它本身就是 HTML 的一部分，所以 HTML 将继续保持其原有的角色。另外，由于富客户端技术可以支持运动的图像、视频、音频、双向的数据通信和创建复杂的窗体，为创建应用程序用户接口提供了一个高效而完善的开发环境。

如果面试中出现了关于 B/S、C/S 模式的问题时，应该如何进行回答呢？看看下面的图 1-46 的回答，妥妥的满分！

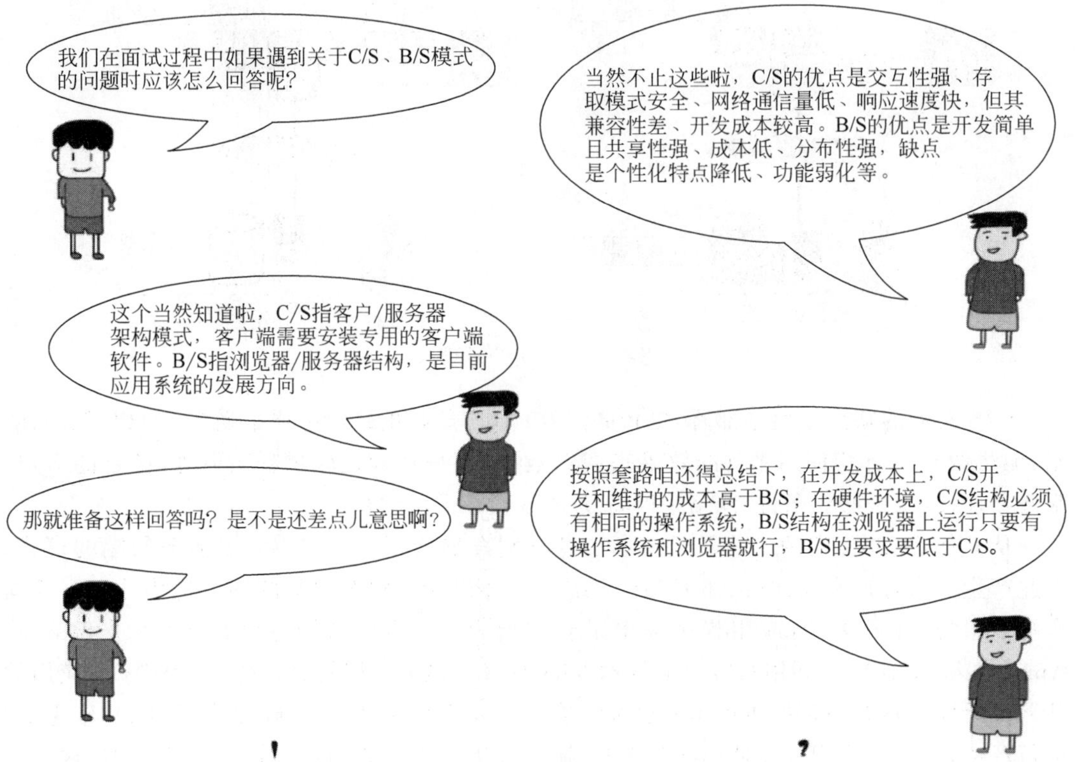

图 1-46　C/S 与 B/S 模式区别

小结

(1) 计算机网络是连接两台或多台计算机进行通信的系统。

(2) Web 是在 HTTP 基础之上，利用浏览器进行访问的网站。Web Page 指网站内的网页。我们常说的 WWW(World Wide Web，万维网)就是这个概念下的内容。

(3) Internet(互联网)是一个更大的概念，Internet 上不只有 Web，还有 FTP，P2P，E-mail 或者 APP 等其他多种不同的互联网应用方式。Web 只是其中最广泛的一种，Internet 的概念要大于 Web。

(4) "Web 已死，Internet 永生"，意思是传统网站的重要性可能会降低，新生的互联网服务可能会取代其重要性，Web 可能仍是最重要的互联网载体。

(5) HTML 的英文全称是 Hypertext Marked Language，即超文本标记语言。HTML

是 Web 客户端信息展现的最有效载体之一,是用于描述网页文档的标记语言。

(6) CSS 指层叠样式表,用于修饰 HTML 的标签；DHTML 不是一种技术、标准或规范,只是一种将目前已有的网页技术、语言标准整合运用,制作出能在下载后仍然能实时变换页面元素效果的网页设计概念；XML 是可扩展的标记语言,是可以定义其他语言的语言。

(7) J2EE 组件是一个由 Java 语言编写、封装了功能的软件单元,能够与相关的一些类和文件一起组成 J2EE 应用程序。

本章的小结如图 1-47 所示。

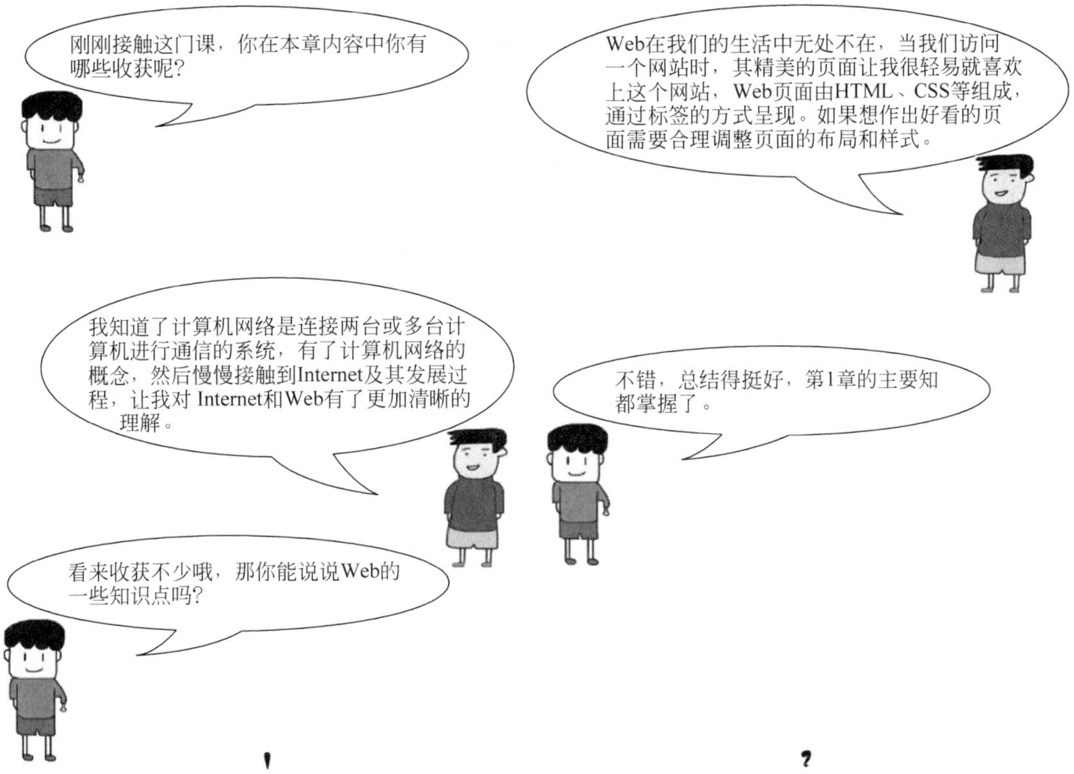

图 1-47 第 1 章小结

习题

1. 计算机网络的概念是什么？目前已知的计算机网络分类有哪些？

2. 网络中常用的协议有哪些？其作用又是什么呢？

3. HTML 源程序文件必须使用_____或者_____作为拓展名。

4. 在网页中,必须使用(   )标记来完成超级链接。

    A. ＜a＞…＜/a＞　　　　　　　　B. ＜p＞…＜/p＞

    C. ＜link＞…＜/link＞　　　　　　D. ＜href＞…＜/href＞

5. 现要求将页面中的第一个大标题设置为红色,第一个段落设置为绿色,则下列代码正确的是(　　)。

A. <h1 style="color: red;">第一个大标题</h1>
<p style="color: green;">第一个段落</p>

B. <h1 id="red;">第一个大标题</h1>
<p id="green;">第一个段落</p>

C. <h1 color ="red;">第一个大标题</h1>
<p color ="green;">第一个段落</p>

D. <h1 style="red;">第一个大标题</h1>
<p style="green;">第一个段落</p>

6. 当多个不同的计算机网络相互联接起来就构成了一个________。

7. 在 HTML 中,使用转义字符   来表示________。

8. Internet 采用的通信协议是________。

9. ________协议是在 Internet 中进行信息传送的协议,是万维网客户端与服务端交互遵守的协议,是一个________层协议。

10. 引用外部样式表的元素应该放在________元素中。

第2章

JSP简介

JSP全称为Java Server Pages，是一种动态网页开发技术。它使用JSP标签在HTML网页中插入Java代码。标签通常以<%开头以%>结束。同时也是一种Java Servlet，主要用于实现Java Web应用程序的用户界面部分。网页开发者们通过结合HTML代码以及嵌入JSP操作和命令来编写JSP。

JSP通过网页表单获取用户输入数据、访问数据库及其他数据源，然后动态地创建网页。JSP标签有多种功能，如访问数据库、记录用户选择信息、访问JavaBeans组件等，还可以在不同的网页中传递控制信息和共享信息。

2.1 JSP的定义

在线视频

JSP是Java Server Page的缩写，其根本上是一个简化的Servlet设计，如图2-1所示。

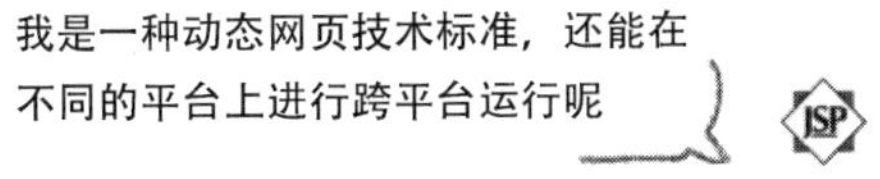
我是一种动态网页技术标准，还能在
不同的平台上进行跨平台运行呢
JSP

图2-1 JSP定义

(1) 它是由Sun公司倡导、许多公司参与一起建立的一种动态网页技术标准。

(2) 用JSP开发的Web应用是跨平台的，既能在Linux下运行，也能在其他操作系统上运行。

服务上必须有Web应用程序来响应用户的请求，基于该模式的网络程序核心就是Web应用程序的设计。

一个服务器上可以有很多基于JSP的Web应用程序，以满足各种用户需求。这些Web应用程序必须由一个软件来统一管理和运行，这样的软件被称作JSP引擎或JSP容器，而安装JSP引擎的计算机被称作一个支持JSP的Web服务器。

Tomcat是一个免费的开源JSP引擎，安装了Tomcat的计算机称作一个Tomcat服务器。B/S模式定义如图2-2所示。

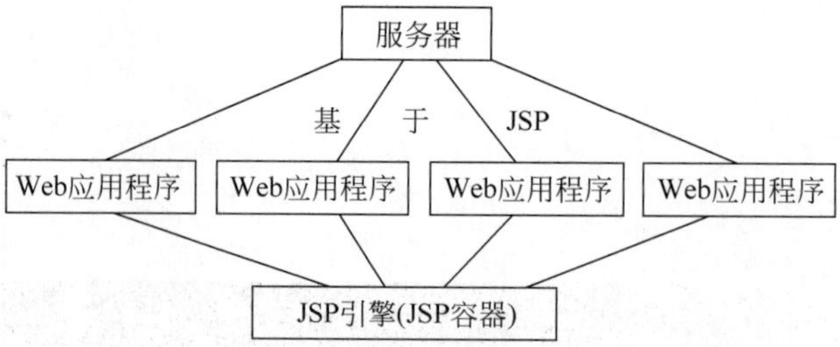

图 2-2 B/S 模式

2.2 安装配置 JSP 环境

第一步：下载 Java 开发工具。

下载 Java 标准平台提供的 Java 开发工具，下载地址为 https://www.oracle.com/java/technologies/javase-downloads.html。

第二步：配置环境变量。

这里以 Java 7 为例，安装的目录为 D 盘，具体配置如下。

(1) 新建变量名 JAVA_HOME，变量值设置为 D:\jdk1.7，如图 2-3 所示。

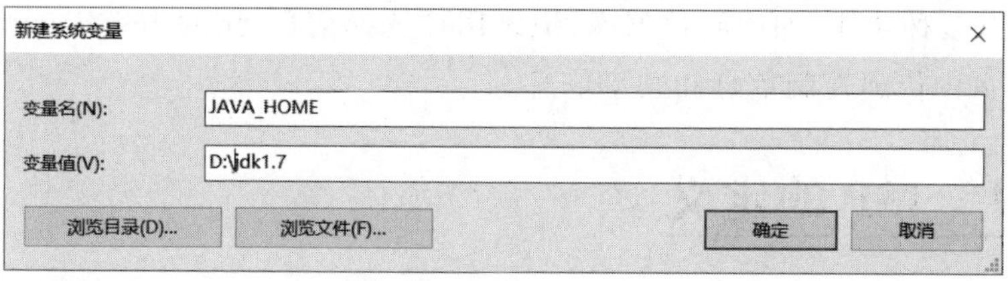

图 2-3 JAVA_HOME 环境配置

(2) 编辑变量名 PATH，添加新变量值 D:\jdk1.7\bin，如图 2-4 所示。

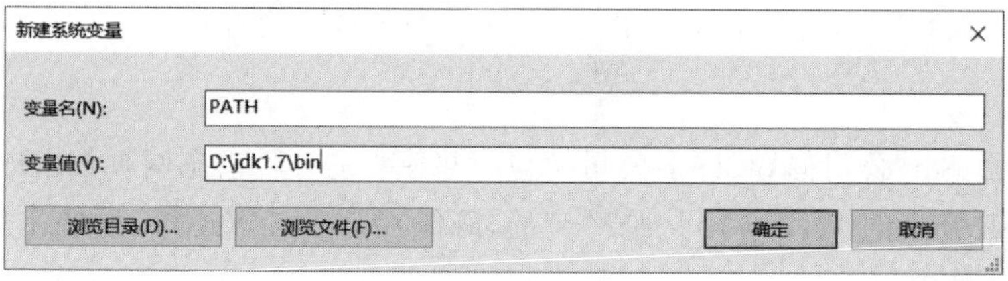

图 2-4 PATH 环境配置

(3) 编辑变量名 CLASSPATH，添加新变量值 D:\jdk1.7\lib，如图 2-5 所示。

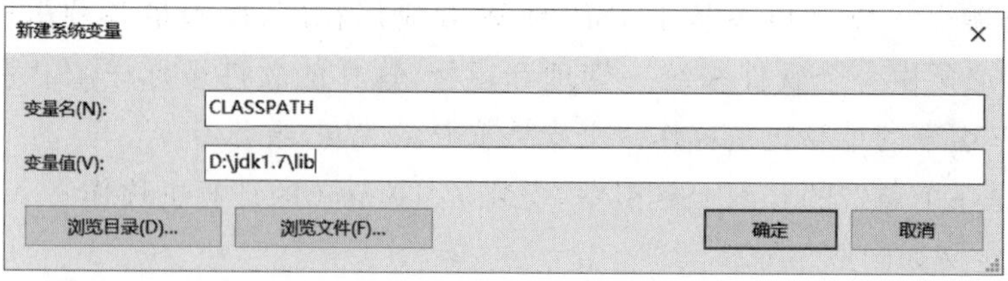

图 2-5 CLASSPATH 环境配置

配置环境变量 JAVA_HOME 的意义在于使其他相关环境变量的配置更加方便简洁，配置环境变量 PATH 的意义在于帮助系统操作 Java，配置环境变量 CLASSPATH 的意义在于告诉 Java 虚拟机所有可执行的.class 文件所在目录。

上述步骤中，所谓环境变量就是一个路径，让程序在编译时能够通过这一变量找到 Java 存在的路径。

第三步：安装和启动 Tomcat 服务器。

如果下载的是 zip 文件，那么只需将该 zip 文件解压到磁盘某个分区中即可。执行 Tomcat 安装根目录中 bin 文件夹中的 startup.bat 来启动 Tomcat 服务器。

如果下载的是 exe 文件，双击后将出现“安装向导”界面，然后根据安装提示进行安装。

两种启动方式的总结如图 2-6 所示。

启动我的方式有两种
(1) 如果你安装的是zip压缩包的文件，只需要双击安装目录下的startup.bat
(2) 如果你下载的是exe文件，只需运行exe文件

Tomcat

图 2-6 启动 Tomcat 方式

安装版与解压版 Tomcat 服务器的区别有如下三点。

(1) 安装版的 Tomcat 文件双击后选择路径和 JDK 配合安装，启动的时候在 services.msc 服务中启动。

(2) 解压版的 Tomcat 文件直接解压后在 bin 目录中有 startup.bat 和 startup.sh 启动，在程序运行过程中它们分别运行获取的路径是有差别的。

(3) 在 bin 目录下启动起来，如果关闭运行窗口，Tomcat 会自动停止运行，而在服务中不会。

Tomcat 的目录结构如图 2-7 所示。

/bin	存放启动、关闭和监控Tomcat的命令文件
/conf	存放Tomcat服务器的各种配置文件，其中最重要的是 server.xml文件
/server/lib	存放Tomcat服务器所需的各种JAR文件
/server/webapps	存放Tomcat自带的两个Web应用：admin应用和manager应用
/shared/lib	存放所有Web应用都可以访问的JAR文件
/common/lib	存放Tomcat服务器以及所有Web应用都可以访问的JAR文件
/webapps	当发布Web应用时，默认情况下把Web应用文件存放在此目录下
/work	Tomcat把由JSP生成的Servlet放于此目录下
/logs	存放Tomcat服务器的日志文件

图 2-7 Tomcat 目录

第四步：测试 Tomcat 服务器。

如果在浏览器的地址栏中输入“http://localhost:8080”或“http://127.0.0.1:8080”，会出现 Tomcat 服务器的测试界面。

第五步：配置端口。

8080 是 Tomcat 服务器默认占用的端口，可以通过修改 Tomcat 服务器安装目录中 conf 文件下的主配置文件 server.xml 来更改端口号。用记事本打开 server.xml 文件，找到如下代码段。

```
< Connector port = "8080" maxThreads = "150" minSpareThreads = "25" maxSpareThreads = "75"
enableLookups = " true " redirectPort = " 8433 " acceptCount = " 100 " debug = " 0 "
connetcionTimeout = "2000" disableUploadTimeout = "true" URLEncoding = "GBK" />
```

其中，port 定义 TCP/IP 端口号；maxThreads 设定处理客户请求的线程的最大数目；enableLookups 如果为 true，则表示支持域名解析；redirectPort 指定转发端口；acceptCount 设定在监听端口队列中的最大客户请求数；connectionTimeout 定义建立客户连接超时的时间。其总结如图 2-8 所示。

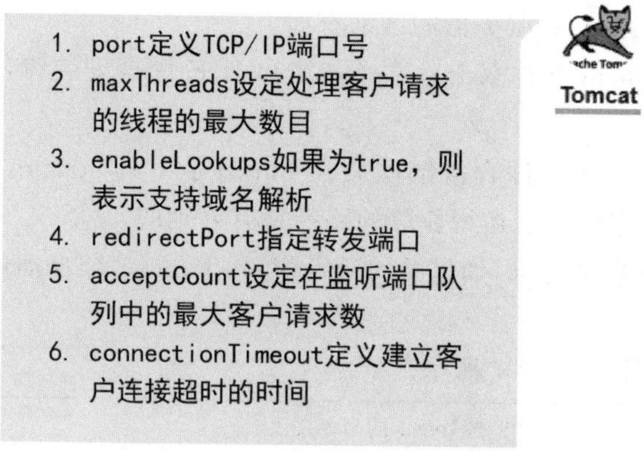
1. port定义TCP/IP端口号
2. maxThreads设定处理客户请求的线程的最大数目
3. enableLookups如果为true，则表示支持域名解析
4. redirectPort指定转发端口
5. acceptCount设定在监听端口队列中的最大客户请求数
6. connectionTimeout定义建立客户连接超时的时间
Tomcat

图 2-8 配置端口详细信息

第六步：设置 Tomcat 的环境变量。

TOMCAT_HOME 的值为 Tomcat 的安装目录，如 D:\apache-tomcat-8.0.30。

CLASSPATH 添加新变量：%TOMCAT_HOME%\lib。

PATH 添加新变量：%PATH%;%TOMCAT_HOME%;%TOMCAT_HOME%\bin。

2.3 JSP 页面

2.3.1 JSP 页面内容

JSP 页面的内容包括指令标识、HTML 代码、JavaScript 代码、嵌入的 Java 代码、注释和 JSP 动作标识等内容。

```
<%-- JSP 标记 --%>
<%@ page contentType="text/html; charset=UTF-8" pageEncoding="UTF-8" %>
<%-- HTML 标记 --%>
<html>
  <head>
    <title>JSP 程序</title>

<%-- Java 程序片段 --%>
<%
    out.print("Java 程序片段");
 %>
<%-- HTML 标记 --%>
  </head>
</html>
```

2.3.2　JSP 存储格式

(1) 扩展名为.jsp。

(2) 文件名必须符合标识符的规定。

(3) 文件名区分大小写。

2.3.3　设置 Web 服务目录

将编写好的 JSP 页面文件保存到 Tomcat 服务器的某个 Web 服务目录中，远程用户才可以通过浏览器访问该 Tomcat 服务器上的 JSP 页面。而我们在访问某个网站时，实际上就是一个 Web 服务目录。

1. 根目录

用户如果准备访问根目录中的 JSP 页面，可以在浏览器地址栏中输入 Tomcat 服务器的 IP 地址(或域名)、端口号和 JSP 页面的名字即可。

```
例如: http://127.0.0.1:8080/test.jsp
```

2. Webapps 下的 Web 服务目录

Tomcat 服务器安装目录的 Webapps 目录下的任何一个子目录都可以作为一个 Web 服务目录。如果将 JSP 页面文件 test.jsp 保存到 Webapps 下的 Web 服务目录 service 中，那么应当在浏览器的地址栏中输入 Tomcat 服务器的 IP 地址(或域名)、端口号、Web 服务目录和 JSP 页面的名字。

```
例如: http://127.0.0.1:8080/service/test.jsp
```

3. 虚拟 Web 服务目录

将 Tomcat 服务器所在计算机的某个目录设置成一个 Web 服务目录，并为该 Web 服务目录指定虚拟目录，即隐藏 Web 服务目录的实际位置，用户只能通过虚拟目录访问 Web 服务目录中的 JSP 页面。

```
<Context path = "/jsp_one" docBase = "D:\programs\jspCode" debug = "0"
reloadable = "true"/>
<Context path = "jsp_sec" docBase = "C:\myCode" debug = "0"
reloadable = "true"/>

例如:http://127.0.0.1:8080/jsp_one/test.jsp 或
http://127.0.0.1:8080/jsp_sec/test.jsp
```

4. 相对目录

Web 服务目录下的目录称为该 Web 服务目录下的相对 Web 服务目录。

例如，在 Web 服务目录 D:\programs\jspCode 下再建立一个子目录 image，将 test.jsp 文件保存到 image 中，可在浏览器中输入 http://127.0.0.1:8080/jsp_one/image/test.jsp，这里的 jsp_one 是上述 3 中新建 Web 服务目录中对应的虚拟目录，用于访问 Web 服务目录。

2.3.4 Web 应用目录结构

Java Web 应用是由一组静态 HTML 页、Servlet、JSP、JavaBean 和其他相关的 class 组成。

首次创建 test_jsp 项目时，开发工具将自动创建目录结构，如表 2-1 所示。开发工具中的目录结构如图 2-9 所示。

表 2-1 Web 应用目录结构表

目　　录	描　　述
/test_jsp/web	Web 应用的根目录，所有的 JSP 和 HTML 文都存放在此目录下
/test_jsp/src	存放各种 class 文件，Servlet 类文件也存放在此目录下
/test_jsp/web/WEB-INF	存放 Web 应用的描述文件 web.xml
/test_jsp/web/WEB-INF/lib	存放 Web 应用所需的各种 JAR 文件

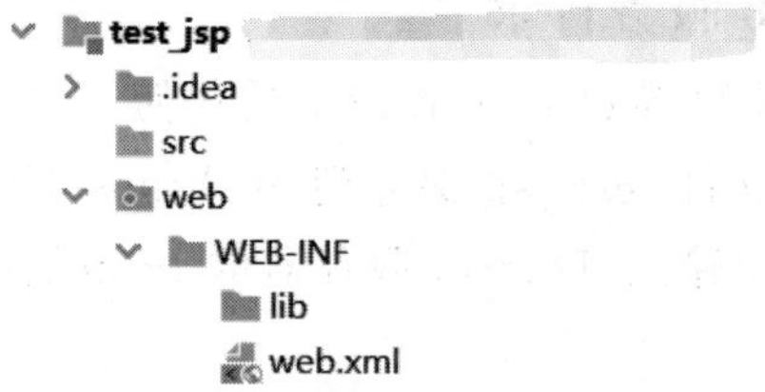

图 2-9 开发工具中的目录结构

2.4 JSP运行原理

在线视频

当服务器上的一个JSP页面被第一次请求执行时，服务器上的JSP引擎首先将JSP页面文件转译成一个Java文件，并编译这个Java文件生成字节码文件，然后执行字节码文件响应客户的请求，交互的过程解释如图2-10所示。

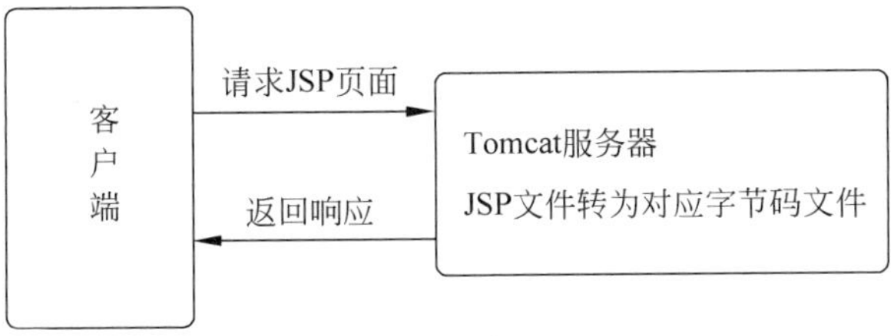

图2-10 JSP运行原理

字节码文件的主要工作是：

(1) 把JSP页面中的HTML标记符号交给客户的浏览器负责显示。

(2) 负责处理JSP标记，并将有关的处理结果发送到客户的浏览器。

(3) 执行“<%”和“%>”之间的Java程序片段，把执行结果交给客户的浏览器显示。

2.5 JSP与Servlet的关系

Java Servlet是Java语言的一部分，提供了用于服务器编程的API。当客户请求一个JSP页面时，Tomcat服务器自动生成Java文件、编译Java文件，并用编译得到的字节码文件在服务器端创建一个Servlet。

因此，Java Servlet就是编写在服务器端创建对象的Java类；JSP技术就是以Java Servlet为基础，提供了Java Servlet的几乎所有好处；对于某些Web应用，可能需要JSP+JavaBean+Servlet来共同完成，它们的关系如图2-11所示。

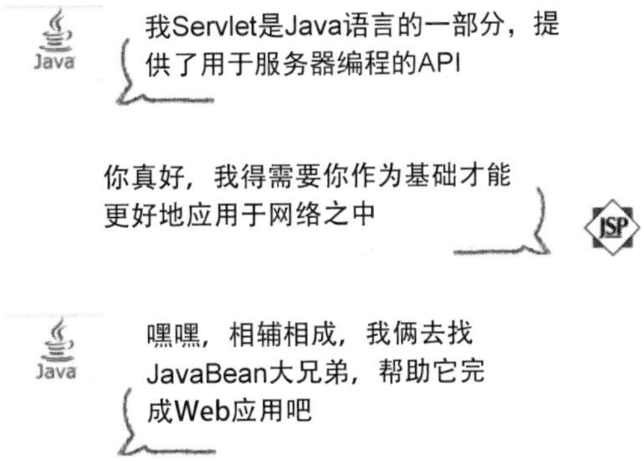

图2-11 JSP与Servlet的关系

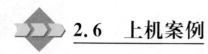 **2.6 上机案例**

在本节中需要熟悉 JSP 环境的配置,结合相应的开发工具能实现简单页面的展示,在本节案例中能运行自己的代码即可。Example2_1_helloworld.jsp 代码如下。

```
Example2_1_helloworld.jsp

<%@ page language = "java" contentType = "text/html; charset = UTF - 8"
         pageEncoding = "UTF - 8" %>
<!DOCTYPE html >
<html >
<head >
<meta charset = "UTF - 8">
<title>上机案例</title>
</head><body >
欢迎访问本网站!<br>
<%
  out.print("hello world!");
%>
</body >
</html >
```

 小结

(1) JSP 引擎是支持 JSP 程序的 Web 容器,负责运行 JSP,并将有关结果发送到客户端。目前流行的 JSP 引擎之一是 Tomcat。

(2) 安装 Tomcat 服务器,首先要安装 JDK,并需要设置 JAVA_HOME 环境变量。

(3) JSP 页面必须保存在 Web 服务目录中。Tomcat 服务器的 Webapps 下的目录都可以作为 Web 服务目录。

(4) 当服务器上的一个 JSP 页面被第一次请求执行时,服务器上的 JSP 引擎首先将 JSP 页面文件转译成一个 Java 文件,再将这个 Java 文件编译生成字节码文件,然后通过执行字节码文件响应客户的请求。

(5) 当多个客户请求一个 JSP 页面时,Tomcat 服务器为每个客户启动一个线程,该线程负责执行常驻内存的字节码文件来响应相应客户的请求。

本章小结可参考漫画图 2-12。

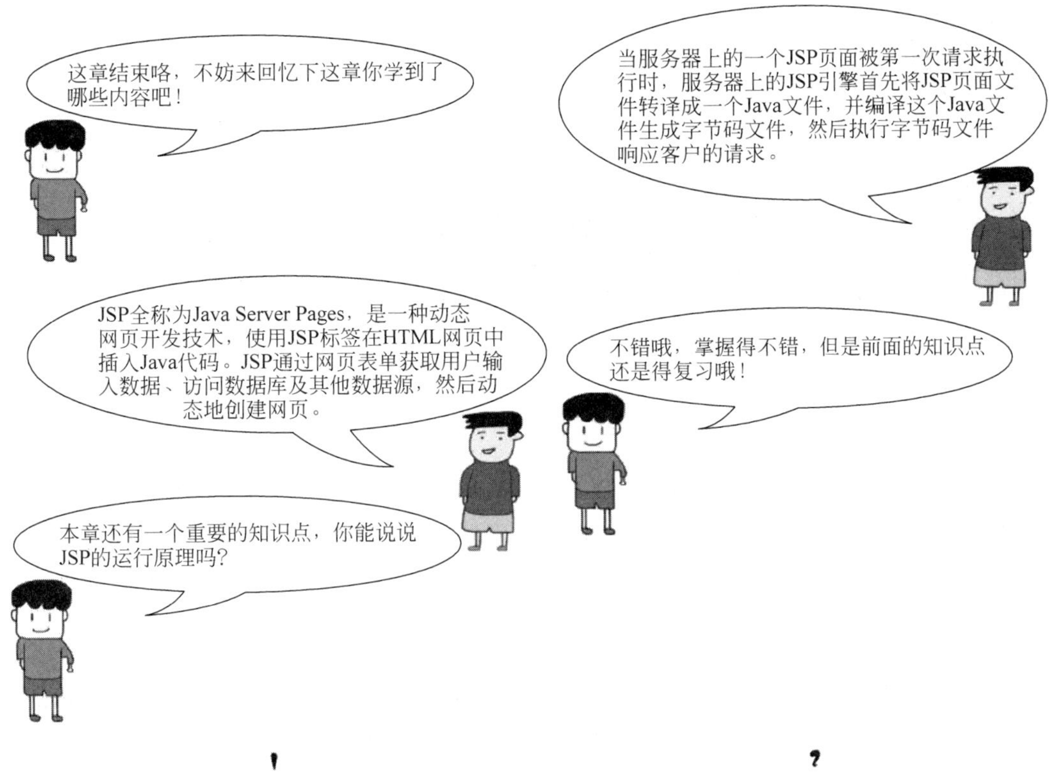
这章结束咯，不妨来回忆下这章你学到了哪些内容吧！
当服务器上的一个JSP页面被第一次请求执行时，服务器上的JSP引擎首先将JSP页面文件转译成一个Java文件，并编译这个Java文件生成字节码文件，然后执行字节码文件响应客户的请求。
JSP全称为Java Server Pages，是一种动态网页开发技术，使用JSP标签在HTML网页中插入Java代码。JSP通过网页表单获取用户输入数据、访问数据库及其他数据源，然后动态地创建网页。
不错哦，掌握得不错，但是前面的知识点还是得复习哦！
本章还有一个重要的知识点，你能说说JSP的运行原理吗？

图 2-12　第 2 章小结

习题

1. JSP 的全称是什么？JSP 有什么优点？它与 ASP、PHP 的相同点是什么？
2. 开发 JSP 程序需要具备哪些开发环境？
3. 简述 JSP 的工作原理。
4. 简述 JSP 开发 Web 站点的主要方式。
5. 当多个用户请求同一个 JSP 页面时，Tomcat 服务器为每个客户启动一个（　　）。

   A. 进程　　　B. 线程　　　C. 程序　　　D. 服务

6. JSP 的指令描述________转换成 JSP 服务器所能执行的 Java 代码的控制信息，用于指定整个 JSP 页面的相关信息，并设置 JSP 页面的相关属性。
7. JSP 和 Servlet 有何区别？
8. JSP 页面内容的组成包括哪几个部分？
9. JSP 在存储过程中需要注意什么？
10. 字节码文件是怎么产生的？其主要工作是什么？

第3章

JSP基本语法

JSP 页面可以嵌入 HTML 标签、指令、动作、脚本、扩展标签等,这些内容可以分成元素和模板数据。元素是在 JSP 基本语法中定义的内容,JSP 容器在转换阶段将元素翻译成相应的 Java 代码。JSP 页面中其他的所有内容都是模板数据。JSP 容器对模板数据不做处理。

JSP 定义的元素有 4 种类型:①指令,用于设置整个页面属性;②脚本,JSP 中嵌入的 Java 代码;③动作,利用 XML 语法格式的标记来控制 JSP 容器的行为;④表达式语言(EL),$(表达式),计算表达式括号内的表达式的值,将其转换为 String 类型并显示。

在线视频

3.1　JSP 页面的基本结构

在传统的 HTML 页面文件中加入 Java 程序片段和 JSP 标记就构成了一个 JSP 页面。一个 JSP 页面可由以下 5 种元素组合而成。

(1) 普通的 HTML 标记符。

(2) JSP 标记,如指令标记、动作标记。

(3) 变量和方法的声明。

(4) Java 程序片段。

(5) Java 表达式。

```
<% -- JSP 指令标记 -- %>
<%@ page import = "java.util.Date" %>
<%@ page language = "java" contentType = "text/html; charset = UTF - 8"
        pageEncoding = "UTF - 8" %>
<% -- 普通 HTML 标记 -- %>
<!DOCTYPE html>
< html >
< head >
< meta charset = "UTF - 8">
< title >JSP 元素组成</title>
</head>
< body >
```

```
<p>用户信息</p>
<%--Java 程序片段--%>
<%
  String userid = (String) session.getAttribute("userID");
  UserDao userDao = new UserDao();
  Users users = userDao.getUsersByName(userid);
%><%--变量和方法声明--%>
<%!
  SimpleDateFormat df = new SimpleDateFormat("yyyy-MM-dd HH:ss:mm");
  String start_time = "2020-09-17 00:00:00";
  String end_time = "2022-06-31 00:00:00"
  Date d_start_time = df.parse(start_time);
  Date d_end_time = df.parse(end_time);
  public void sub(Date d_start_time, Date d_end_time) {
    System.out.println(d_end_time.getTime() - d_start_time.getTime());
  }
%>
<%--Java 表达式--%>
<ul class="reg_ul">
<li>
<span>姓名:</span>
<span><%=users.getUsername()%></span>
</li>
<li>
<span style="margin-right: 20px;">邮箱:</span>
<span><%=users.getEmail()%></span>
</li>
</ul>
</body>
</html>
```

当多个用户请求一个 JSP 页面时,JSP 引擎为每个用户启动一个线程,该线程负责执行常驻内存的字节码文件来响应相应用户的请求。这些线程由 Tomcat 服务器来管理,将 CPU 的使用权在各个线程之间快速切换,以保证每个线程都有机会执行字节码文件。

字节码文件的任务如下。

(1) JSP 页面中普通的 HTML 标记符号,交给客户的浏览器执行显示。

(2) JSP 标记、变量和方法声明、Java 程序片段由 Tomcat 服务器负责执行,将需要显示的结果发送给客户的浏览器。

(3) Java 表达式由 Tomcat 服务器负责计算,将结果转换为字符串,交给客户的浏览器负责显示。

3.2 变量和方法的声明

3.2.1 变量声明

在"<%!"和"%>"标记符之间声明变量,变量的类型可以是 Java 语言允许的任何数据结构类型,这些变量称为 JSP 页面的成员变量。

```
<%!
  Date date = new Date();
  String username = "Jack";
%>
```

"<%!"和"%>"之间声明的变量在整个 JSP 页面内都有效,与"<%!""%>"标记符在 JSP 页面中所在的书写位置无关。当多个用户请求一个 JSP 页面时,JSP 引擎为每个用户启动一个线程,这些线程由 JSP 引擎来管理,这些线程共享 JSP 页面的成员变量,因此任何一个用户对 JSP 页面成员变量操作的结果,都会影响到其他用户。共享变量的概念如图 3-1 所示。

Example3_1_accumulative_counter.jsp 中通过具体事例对成员变量这一特性做详细的介绍,实现一个简单的累计计数器,比较成员变量和局部变量的区别。

你知道什么是线程吗?

知道啊,线程是操作系统进行运算调度的最小单位。它被包含在进程之中,一条线程指的是进程中一个单一顺序的控制流,一个进程中可以并发多个线程,每条线程并行执行不同的任务。

原来是这样啊,那共享资源是它其中一个特性咯?可以共享哪些资源啊?

那你算问对人了,它可以共享堆、全局变量、静态变量、文件等公用资源、栈和寄存器。

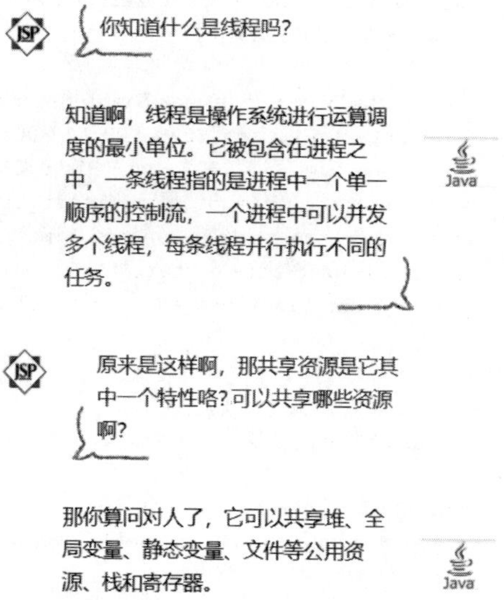

图 3-1 共享变量的概念

```
Example3_1_accumulative_counter.jsp

<%@ page language = "java" contentType = "text/html; charset = UTF - 8"
        pageEncoding = "UTF - 8" %>
<!DOCTYPE html>
<html>
<head>
<meta charset = "UTF - 8">
<title>累计计数器</title>
</head>
<body>
欢迎使用累计计数器,带你了解成员变量的概念!<br>
<%! int i_member = 0; %>
<% int i_local = 0; %>
<%
out.print("刷新之后,成员变量的值为" + this.i_member++ + ",成员变量 i_member 的值发生改变
<br>");
out.print("刷新之后,局部变量的值为" + i_local++ + ",局部变量的 i_local 的值不变");
%>
</body>
</html>
```

第一次加载该案例时,成员变量和局部变量均为初始值 0,实现效果如图 3-2 所示。

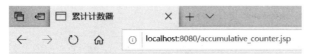

图 3-2　初次加载效果

每次刷新当前页面,成员变量的值将发生改变,执行＋1操作,而局部变量的值保持不变,刷新3次后实现效果如图3-3所示。

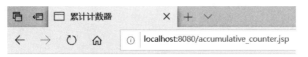

图 3-3　累计计数器刷新3次实现效果

3.2.2　方法声明

在"<%!"和"%>"标记符号之间定义方法,所定义的方法在整个JSP页面有效,可以在Java程序片段中被调用。

```
<%!
  public long getDate() throws ParseException {
    SimpleDateFormat df = new SimpleDateFormat("yyyy－MM－dd HH:ss:mm");
    String time = "2020－09－17 00:00:00";
    Date d_time = df.parse(time);
    return d_time.getTime();
  }
%>
```

方法内声明的变量只在该方法内有效,当方法被调用时,方法内声明的变量被分配内存,方法被调用完毕即可释放这些变量所占的内存。变量存储概念解释如图 3-4 所示。

Example3_2_method_statement.jsp 中通过具体事例对方法声明做了详细的介绍和了解,在"<%!"和"%>"之间定义了 add() 和 sub() 两个方法,分别为自增和自减,然后在程序片段中调用这两个方法。

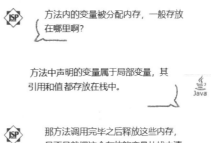

图 3-4　变量存储概念

```
Example3_2_method_statement.jsp

<%@ page language = "java" contentType = "text/html; charset = UTF - 8"
        pageEncoding = "UTF - 8" %>
<!DOCTYPE html >
< html >
< head >
< meta charset = "UTF - 8">
< title >方法声明之自增自减</title>
</head >
< body >
<%!
    int add( int i) {
        return ++i;
    }

    int sub( int i) {
        return -- i;
    }
%>
<% int i = 0;
    out.print("变量" + i + "的原值为:" + i + ",调用自增方法计算变量" + i + "的之后值为:
" + add(i) + "<br>");
    out.print("变量" + i + "的原值为:" + i + ",调用自减方法计算变量" + i + "的之后值为:
" + sub(i));
%>
</body >
</html >
```

在案例中分别调用了自增和自减两种方法,在调用前后比较变量的变化,效果显示如图 3-5 所示。

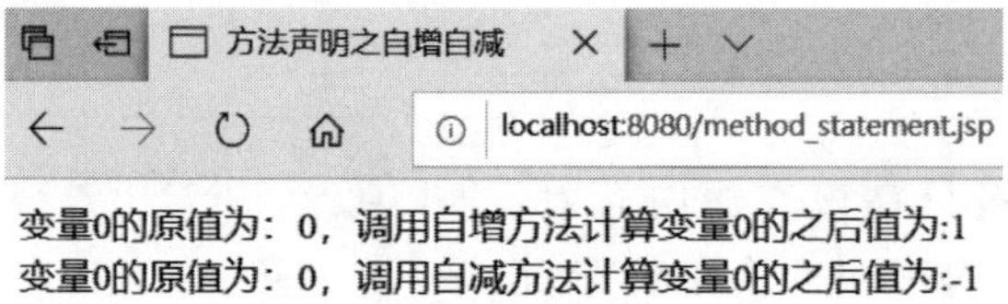

图 3-5 页面效果

3.3 Java 程序片段

3.3.1 程序片段定义

(1) 在"<%"和"%>"之间插入 Java 程序片段。一个 JSP 页面可以有许多程序片段,这些程序片段将被 JSP 引擎按顺序执行。

(2) 在 Web 容器处理 JSP 页面时执行,Java 程序片段通常会产生输出,并将输出发送到客户的输出流里。

(3) 当多个客户请求一个 JSP 页面时,Java 程序片段将被执行多次,分别在不同的线程中执行,互不干扰。

3.3.2 程序片段的变量

(1) 因为 JSP 页面实际上是被编译成 Servlet 类执行的,所以声明中定义的变量是 Servlet 类的成员变量,各个用户共享成员变量,必须同步。

(2) 程序片段中定义的变量是局部变量,用户之间没有联系,每次调用页面,局部变量都被重新初始化。

程序片段定义的逻辑图如图 3-6 所示。

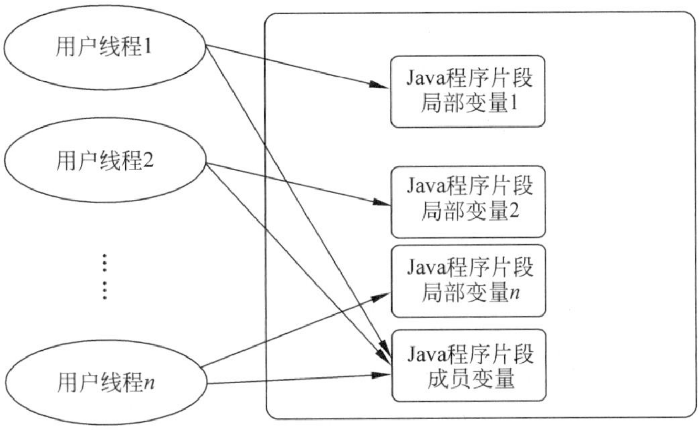

图 3-6 程序片段定义的逻辑图

Example3_3_share_member.jsp 中,使用一段简易计数器的代码来模拟 Java 程序片段中的各个用户共享成员变量,其中需要注意同步。

```
Example3_3_share_member.jsp

<%@ page import = "java.util.Date" %>
<%@ page language = "java" contentType = "text/html; charset = UTF - 8"
pageEncoding = "UTF - 8" %>
<!DOCTYPE html>
<html>
<head>
<meta charset = "UTF - 8">
<title>用户共享成员变量</title>
</head>
<body>
带你了解多个用户共享成员变量的概念!
<%!
  int i_shareMember = 0;

  synchronized void add() {
```

```
    i_shareMember++;
  }
 %>
<%
  Date date = new Date();
  add();
  out.print(date + "当前时间段用户访问<br>");
  out.print("刷新之后,共享变量的值为" + this.i_shareMember + ".多个用户访问时其结果不
同<br>");
 %>
</body>
</html>
```

实现的效果为多个用户在访问该变量时,保持各个用户之间的共享,即在第一个用户对成员变量进行有关操作后,影响后面用户对其调用的结果,通过时间的变化和共享变量的变化可以看出其区别。其页面显示效果如图 3-7 所示。

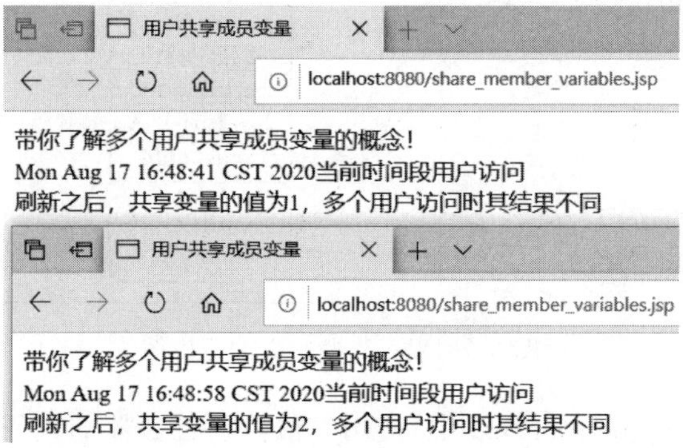

图 3-7　多用户共享成员变量案例页面显示

3.3.3　程序片段执行

一个 JSP 页面中的 Java 程序片段会按其在页面中的顺序被执行,而且某个 Java 程序片段中声明的局部变量在其后继的所有 Java 程序片段以及表达式内都有效。

可以将一个 Java 程序片段分割成几个 Java 程序片段,然后在这些 Java 程序片段之间再插入其他标记元素。程序片段的执行过程如图 3-8 所示。

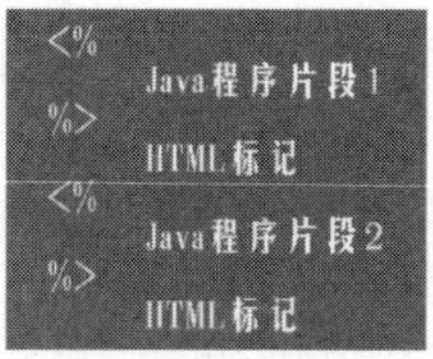

图 3-8　程序片段执行过程

通过 Example3_4_forward_code.jsp 了解分割的 Java 程序片段如何使用。案例使用 switch 选择语句对该模块进行介绍。

```
Example3_4_forward_code.jsp

<%@ page language="java" contentType="text/html; charset=UTF-8" pageEncoding="UTF-
8" %>
```

```
<html>
<head>
<title>Java 程序片段分割</title>
</head>
<body>
<% //Math.random()是(0,1)的随机数
    int grade = (int) (Math.random() * 100);
    switch (grade/10){
        case 10:
        case 9:
%>
<jsp:forward page = "Example16_2_forward_excellent.jsp">
<jsp:param name = "number" value = "<% = grade %>"/>
</jsp:forward>
<%              break;
    case 8:
    case 7:
    case 6:
%>
<jsp:forward page = "Example16_3_forward_qualified.jsp">
<jsp:param name = "number" value = "<% = grade %>"/>
</jsp:forward>
<%              break;
    default:
%>
<jsp:forward page = " Example16_4_forward_fail.jsp">
<jsp:param name = "number" value = "<% = grade %>"/>
</jsp:forward>
<% }
%>
</body>
</html>
```

实现效果为产生一个 0~100 的随机数,通过 switch 选择语句判断该随机数的范围,效果如图 3-9 所示。

成绩为优秀等次,为91

图 3-9 分割的 Java 程序片段案例页面展示

 ## 3.4 Java 表达式

在"<%="和"%>"之间插入一个表达式,这个表达式必须能求值。表达式的值由服务器负责计算,并将计算结果用字符串形式发送到用户端显示。

例如,获取时间的表达式

```
<% = getDate() %>
```

其中需要注意"<％＝"是一个完整的符号,"<％"和"＝"之间不要有空格。

Example3_5_java_expression.jsp 运用表达式实现关于时间的类的运用手法。

Example3_5_java_expression.jsp

```
<% @ page import = "java.util.Calendar" %>
<% @ page language = "java" contentType = "text/html; charset = UTF - 8"
        pageEncoding = "UTF - 8" %>
<!DOCTYPE html >
< html >
< head >
< meta charset = "UTF - 8">
< title > Java 表达式</title>
</head >
< body >
<%
    Calendar calendar = Calendar.getInstance();
%>
现在是<% = calendar.get(Calendar.YEAR) %>年
<% = calendar.get(Calendar.MONTH) + 1 %>月
< br >当前时间为<% = calendar.get(Calendar.HOUR_OF_DAY) %>:<% = calendar.get(Calendar.
MINUTE) %>
</body >
</html >
```

页面的实现效果如图 3-10 所示。

图 3-10　Java 表达式案例页面显示

 3.5　JSP 注释

(1) HTML 注释格式:

```
<!-- 注释内容 -->
```

(2) JSP 注释格式:

```
<% -- 注释内容 -- %>
```

JSP 注释写在 JSP 程序中,但不发送给客户。

(3) Scriptlets 中的注释。由于 Scriptlets 包含的是 Java 代码,所以 Java 中的注释规则在 Scriptlets 中也适用,常用的 Java 注释使用//表示单行注释,使用/＊＊/表示多行注释。

3.6 JSP 指令标记

在线视频

3.6.1 标记的种类

JSP 中主要有两种指令标记：page 指令标记和 include 指令标记。

3.6.2 page 指令标记

1. page 标记

(1) page 指令与其书写的位置无关，习惯上把 page 指令写在 JSP 页面的最前面。

(2) 可以用一个 page 指令指定多个属性的值，也可以使用多个 page 指令分别为每个属性指定值。

```
<%@ page 属性 1 = "属性 1 的值" 属性 2 = "属性 2 的 值" …… %>
```

或

```
<%@ page 属性 1 = "属性 1 的值" %>
<%@ page 属性 2 = "属性 2 的值" %>
```

2. page 指令标记：contentType 属性

(1) contentType 属性值确定 JSP 页面响应的 MIME 类型和 JSP 页面字符的编码。属性值的一般形式是“MIME 类型”或“MIME 类型;charset=编码”。

例如：

```
<%@ page contentType = "application/msword" %>
```

(2) 如果不使用 page 指令为 contentType 指定一个值，那么 contentType 默认值是“text/html;charset=ISO-8859-1”。

(3) 通常把 contentType 属性设置为"text/html;charset=UTF-8"，设置 charset=UTF-8 的作用是指定生成的 HTML 内容的字符编码为 UTF-8，遵循 JSP 规范。注意 charset=UTF-8 是在 contentType 属性里的，使用时先声明这个文档是 html 文档，再声明文档的字符编码使用 UTF-8。

通常也可以看到在 HTML 文档的 head 标签中有这行代码< meta charset="utf-8"/>，它的作用也是指定 HTML 文档的字符编码集，遵循 HTML 规范。

这两种设置实现的效果相同，只不过遵循不同语言的规范。

另外 pageEncoding="UTF-8"用于指定 JSP 页面本身的字符编码为 UTF-8，遵循 JSP 语法规范，可以确保 JSP 页面在处理输入和输出时使用相同的字符编码。

注意：

不允许两次使用 page 指令给 contentType 属性指定不同的属性值。

3. page 指令标记：language 属性

language 属性定义 JSP 页面使用的脚本语言，该属性的值目前只能取“java”。

例如：

```
<%@ page language = "java" %>
```

4. page 指令标记：import 属性

目的是为 JSP 页面引入 Java 运行环境提供的包中的类，这样就可以在 JSP 页面的程序片段部分、变量及函数声明部分、表达式部分使用包中的类。

```
<%@ page import = "java.io.*", "java.util.Date" %>
```

注意：

JSP 页面默认 import 属性已经有 java.lang.*、javax.Servlet.*、javax.Servlet.jsp.*、javax.Servlet.http.* 等值。

5. page 指令标记：session 属性

session 属性用于设置是否需要使用内置的 session 对象。

session 的属性值可以是 true 或 false。session 属性默认的属性值是 true。

6. page 指令标记：buffer 属性

内置输出流对象 out 负责将服务器的某些信息或运行结果发送到用户端显示。buffer 属性用来指定 out 设置的缓冲区的大小或不使用缓冲区。

例如：

```
<%@ page buffer = "24kb" %>
```

注意：

buffer 属性的默认值是 8kb。buffer 属性可以取值“none”，即设置 out 不使用缓冲区。

7. page 指令标记：autoFlush 属性

(1) autoFlush 属性指定 out 的缓冲区被填满时，缓冲区是否自动刷新。

(2) autoFlush 属性的默认值是 true。

(3) 当 autoFlush 属性取值 false 时，如果 out 的缓冲区填满，就会出现缓存溢出异常。当 buffer 的值是“none”时，autoFlush 的值就不能设置成 false。

8. page 指令标记：isThreadSafe 属性

(1) isThreadSafe 属性用来设置 JSP 页面是否可多线程访问。

(2) 当 isThreadSafe 属性值设置为 true 时，JSP 页面能同时响应多个用户的请求；当 isThreadSafe 属性值设置成 false 时，JSP 页面同一时刻只能响应一个用户的请求，其他用户须排队等待。

注意：

isThreadSafe 属性的默认值是 true。

9. page 指令标记：info 属性

info 属性的属性值是一个字符串，其目的是为 JSP 页面准备一个常用且可能要经常修改的字符串。

例如：

```
<%@ page info = "we are students" %>
```

注意：

(1) 可以在 JSP 页面中使用方法 getServletInfo();获取 info 属性的属性值。

(2) 当 JSP 页面被转译成 Java 文件时，转译成的类是 Servlet 的一个子类，所以在 JSP 页面中可以使用 Servlet 类的方法 getServletInfo()。

图 3-11 为 page 标记各个属性的详细介绍。

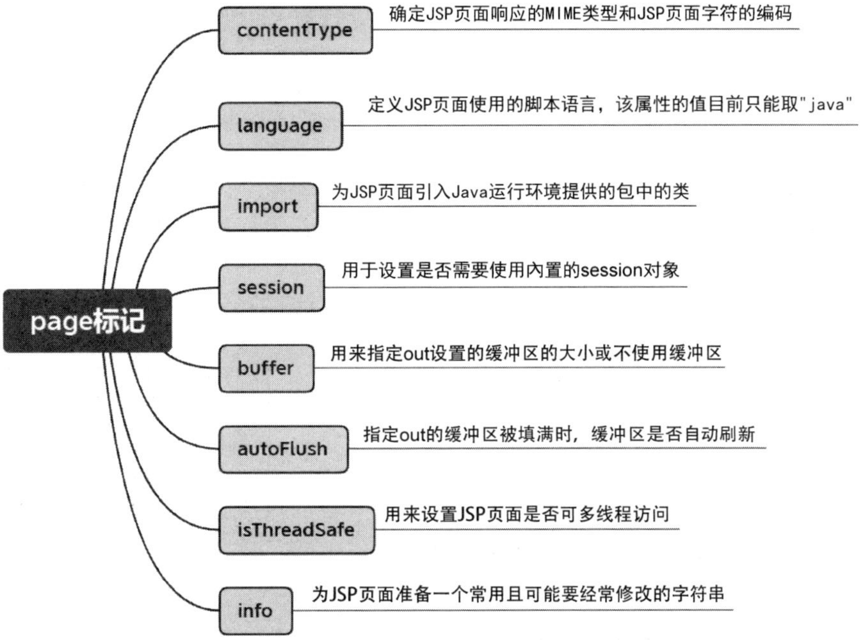

图 3-11 page 标记各属性介绍

3.6.3 include 指令标记

(1) include 指令标记的作用是在 JSP 页面出现该指令的位置处静态插入一个文件，实现代码的复用。

例如：

```
<%@ include file="文件相对地址" %>
```

(2) 一个 JSP 页面中的 include 指令的数量不受限制。

(3) 静态插入，就是当前 JSP 页面和插入的文件合并成一个新的 JSP 页面，然后 JSP 引擎再将这个新的 JSP 页面转译成 Java 文件。

下面通过 Example3_6_include_code.jsp 了解其使用方法。

Example3_6_include_code.jsp

```
<%@ page language="java" contentType="text/html; charset=UTF-8"
        pageEncoding="UTF-8" %>
<!DOCTYPE html>
<html>
<head>
<meta charset="UTF-8">
<title>include 动作案例</title>
```

```
</head>
< body >
使用 include 引入同级目录下的文件 Java 表达式,即引入 Example3_5_java_expression.jsp!< br >
<%! int i_shareMember = 0;    //共享变量%>
<%
    out.print("刷新之后,成员变量的值为" + this.i_shareMember++ + ",其结果发生改变< br >");
%>
<p>以下是引入 include 命令后的页面内容</p>
<%@ include file = " Example3_5_java_expression. jsp" %>
</body >
</html >
```

实现效果如图 3-12 所示,引入同级目录下的文件 Example3_5_java_expression.jsp。

使用 include 指令可以把一个复杂的 JSP 页面分成若干简单的部分,如要更改页面时,只需更改对应的部分就行了,页面布局如图 3-13 所示。

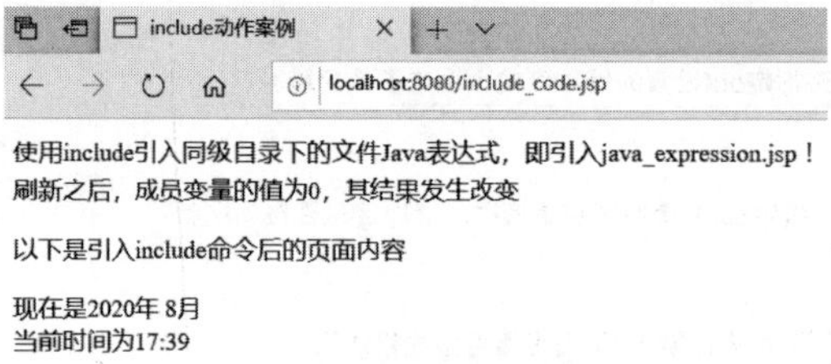

图 3-12　include 动作标记案例页面显示

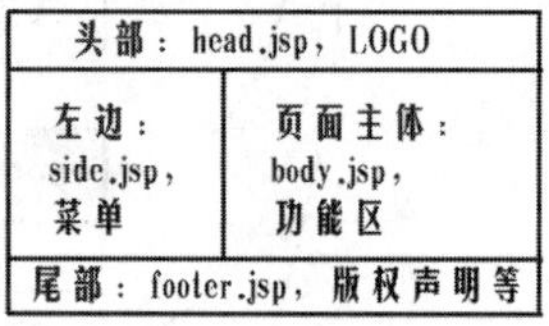

图 3-13　页面布局

 ## 3.7　JSP 动作标记

3.7.1　标记的种类

JSP 动作标记类型如图 3-14 所示,具体的动作标记的作用和定义在后面的内容有具体介绍。

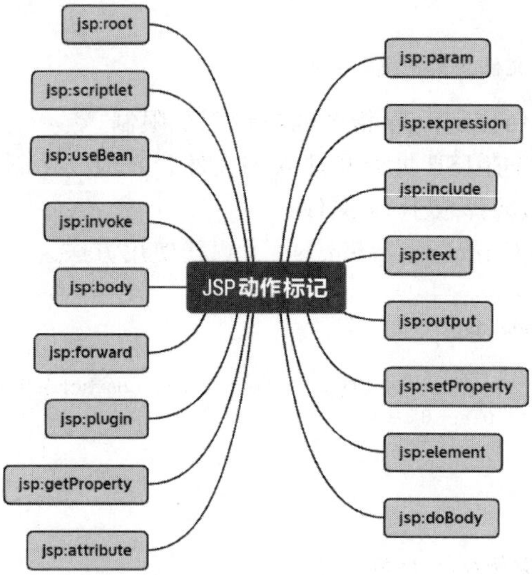

图 3-14　JSP 动作标记

3.7.2　include 动作标记

（1）include 动作标记告诉 JSP 页面动态包含一个文件，即 JSP 页面运行时才将文件加入。

< jsp:include page = "文件的 URL"/>

或

< jsp:include page = "文件的 URL">
　　param 子标记
</jsp:include >

（2）如果是普通的文本文件，就将文件的内容发送到用户端，由浏览器负责显示；如果是 JSP 文件，JSP 引擎就执行这个文件，然后将执行的结果发送到用户端浏览器显示。

3.7.3　param 动作标记

（1）param 标记以"名字-值"对的形式为其他标记提供附加信息。

（2）param 动作标记语法格式为

< jsp:param name = "名字" value = "指定给 param 的值">

注意：

param 标记不能独立使用，需作为 jsp:include、jsp:forward、jsp:plugin 标记的子标记来使用。

（3）当该标记与 jsp:include 动作标记一起使用时，可以将 param 标记中的值传递到 include 动作标记要加载的文件中去，被加载的 JSP 文件可以使用 Tomcat 服务器提供的 request 内置对象获取 include 动作标记的 param 子标记中 name 属性所提供的值。

param 标记的逻辑图如图 3-15 所示。

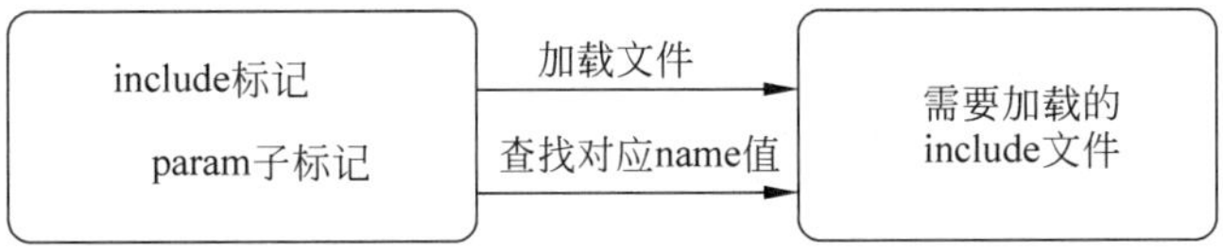

图 3-15　逻辑图

Example3_7_a_param.jsp 和 Example3_7_b_param_pythagorean.jsp 代码如下。

```
Example3_7_a_param.jsp

<% @ page language = "java" contentType = "text/html; charset = UTF - 8"
                pageEncoding = "UTF - 8" % >
<!DOCTYPE html >
< html >
< head >
< meta charset = "UTF - 8">
< title>判断勾股定理</title>
</head >
```

```
< body >
< % double a = 4, b = 4, c = 5;
 % >
< br >判断三边为< % = a % >,< % = b % >,< % = c % >的三角形是否满足勾股定理.
< jsp:include page = "Example3_7_b_param_pythagorean.jsp">
< jsp:param name = "sideA" value = "< % = a % >"/>
< jsp:param name = "sideB" value = "< % = b % >"/>
< jsp:param name = "sideC" value = "< % = c % >"/>
</ jsp:include >
</body >
</html >
```

Example3_7_b_param_pythagorean.jsp

```
< % @ page language = "java" contentType = "text/html; charset = UTF - 8"
        pageEncoding = "UTF - 8" % >
<!DOCTYPE html >
< html >
< head >
</head >
< body >
< % ! public boolean getArea(double a, double b, double c) {
    if (a * a + b * b == c * c || a * a + c * c == b * b || b * b + c * c == a * a) {
        return true;
    } else {
        return false;
    }
}
% >
< %
    String sideA = request.getParameter("sideA");
    String sideB = request.getParameter("sideB");
    String sideC = request.getParameter("sideC");
    double a = Double.parseDouble(sideA);
    double b = Double.parseDouble(sideB);
    double c = Double.parseDouble(sideC);
% >
< br >< b >我是被加载的文件,负责计算三角形是否满足勾股定理< br >
    三角形:< % if(getArea(a,b,c)){
% >
< h4 >满足勾股定理</h4 >
< % } else {
% >< h4 >不满足勾股定理</h4 >
< % }
% >
</body >
</html >
```

param 动作标记案例的页面显示效果如图 3-16 所示。

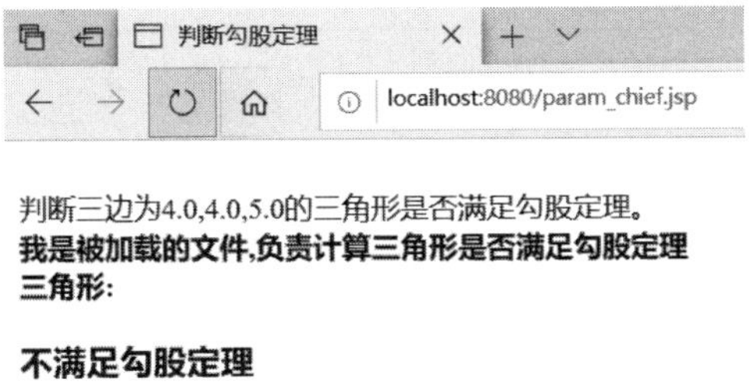
判断勾股定理
localhost:8080/param_chief.jsp
判断三边为4.0,4.0,5.0的三角形是否满足勾股定理。
我是被加载的文件,负责计算三角形是否满足勾股定理
三角形:
不满足勾股定理

图 3-16 param 动作标记案例页面展示

3.7.4 forward 动作标记

```
<jsp:forward page = "要转向的页面" />
```

或

```
<jsp:forward page = "要转向的页面">
    param 子标记
</jsp:forward>
```

该指令的作用是：从该指令处停止当前页面的执行，而转向执行 page 属性指定的 JSP 页面。

也可以使用 param 动作标记作为子标记传送信息，要转向的 JSP 页面用 request 内置对象获取 param 子标记中 name 属性所提供的值。

注意：

(1) 当 forward 动作标记不需要 param 子标记时，必须使用第一种形式。

(2) 当前页面使用 forward 动作标记转向后，尽管用户看到了转向后的页面的效果，但浏览器地址栏中显示的仍然是转向前的 JSP 页面的 URL 地址。因此，如果刷新浏览器的显示，将再次执行当前浏览器地址栏中显示的 JSP 页面。

Example3_8_a_forward_code.jsp 等代码如下。

Example3_8_a_forward_code.jsp

```
<%@ page language = "java" contentType = "text/html; charset = UTF - 8" pageEncoding = "UTF -
8" %>
<html>
<head>
<title>Java 程序片段分割</title>
</head>
<body>
<% //Math.random()是(0,1)的随机数
    int grade = (int) (Math.random() * 100);
    switch (grade/10){
        case 10:
        case 9:
%>
<jsp:forward page = "Example3_8_b_forward_excellent.jsp">
<jsp:param name = "number" value = "<% = grade %>"/>
```

```
</jsp:forward>
<%                break;
     case 8:
     case 7:
     case 6:
%>
<jsp:forward page = "Example3_8_c_forward_qualified.jsp">
<jsp:param name = "number" value = "<% = grade %>"/>
</jsp:forward>
<%                break;
     default:
%>
<jsp:forward page = "Example3_8_d_forward_fail.jsp">
<jsp:param name = "number" value = "<% = grade %>"/>
</jsp:forward>
<%  }
%>
</body>
</html>
```

Example3_8_b_forward_excellent.jsp

```
<%@ page contentType = "text/html;charset = UTF - 8" language = "java" %>
<html>
<head>
<title>成绩优秀等次</title>
</head>
<body>
<%
     String appraise = request.getParameter("number");
%>
<h4>你的成绩为:<% = appraise %></h4>
<h4>你真优秀,希望你继续保持哦!</h4>
</body>
</html>
```

Example3_8_c_forward_qualified.jsp

```
<%@ page contentType = "text/html;charset = UTF - 8" language = "java" %>
<html>
<head>
<title>成绩合格等次</title>
</head>
<body>
<%
     String appraise = request.getParameter("number");
%>
<h4>你的成绩为:<% = appraise %></h4>
<h4>你真棒,希望你继续努力哦!加油～</h4>
```

```
</body>
</html>


Example3_8_d_forward_fail.jsp

<%@ page contentType = "text/html;charset = UTF - 8" language = "java" %>
<html>
<head>
<title>成绩不合格等次</title>
</head>
<body>
<%
    String appraise = request.getParameter("number");
%>
<h4>你的成绩为:<% = appraise %></h4>
<h4>不要灰心,相信自己,继续加油!</h4>
</body>
</html>
```

forward 动作标记案例的页面显示如图 3-17 所示。

图 3-17　forward 动作标记案例页面展示

3.7.5　useBean 动作标记

该标签用于设置 JSP 使用的 JavaBean 的属性。

`< jsp:useBean id = "id" scope = "page|request|session|application" typeSpec/>`

其中,id 表示实例,scope 表示此对象可以使用的范围。

3.7.6　setProperty 动作标记

此操作与 useBean 协作,用来设置 Bean 的简单属性和索引属性。
`< jsp:setProperty >`标签使用 Bean 给定的 setXXX()方法,在 Bean 中设置一个或多个属性值。利用`< jsp:setProperty >`设置属性值有多种方法。

```
< jsp:setProperty name = "Bean 的变量名" property = "Bean 的属性名" value = "Bean 的属性值" />
<!-- 或者将 setProperty 放在 useBean 的标签体中 -->
< jsp:useBean id = "user" class = "model.User">
< jsp:setProperty name = "user" property = "name" value = "Bob"/>
</jsp:useBean >
```

3.7.7　getProperty 动作标记

jsp:getProperty 的操作是对 jsp:setProperty 操作的补充,它用来访问一个 Bean 的属性。

`< jsp:getProperty name = "userSession" property = "name"/>`

3.8　上机案例

本章的知识点已全部结束,读者在学习本章内容时是否遇到了难以解决的问题呢？本节通过结合上机案例对本章知识点做针对性复习和补充,在课余时间也不要忘了回顾本章内容,在项目开发过程中本章内容也是至关重要的。

在本章上机案例中使用 JSP 动作标记完成一个网站主界面的部分展示,只需了解其大致结构即可。当我们访问一个网站的时候,大致可以将页面分为三个部分,分别为上中下部分,上部分为网站会员登录、注册和网站 logo 等信息,中部分为网站的主要信息,其中包含网站的介绍、产品展示等信息,下部分为网站的版权等信息。了解了其大致的结构之后可以使用 JSP 动作标记来简单模仿该功能。参考代码如下。

```
Example3_9_a_exam.jsp

<% @ page language = "java" contentType = "text/html; charset = UTF - 8"
        pageEncoding = "UTF - 8" %>
<! DOCTYPE html >
< html >
< head >
< meta charset = "UTF - 8">
< title >上机案例</title >
</head >
< body >
< p >欢迎访问本网站!</p>
< h3 >这是主界面内容,其中包含该网站的主要信息</h3 >
< jsp:include page = "Example3_9_b_exam.jsp"></jsp:include >
</body >
</html >


Example3_9_b_exam.jsp

<% @ page language = "java" contentType = "text/html; charset = UTF - 8"
        pageEncoding = "UTF - 8" %>
<! DOCTYPE html >
< html >
< head >
< meta charset = "UTF - 8">
< title >上机案例</title >
</head >
< body >
< p >---------------------------------------</p>
<p>此处为网站底部的版权等信息</p>
```

```
<b>版权?2018 - 2020 </b>
</body>
</html>
```

小结

(1) JSP 页面：包括普通的 HTML 标记(客户端浏览器执行)、JSP 标记、成员变量和方法声明、Java 程序片段、Java 表达式(JSP 引擎处理并将结果发送给用户浏览器)。

(2) 成员变量为所有用户共享，任何用户对成员变量的操作都会影响其他用户，synchronized 关键字保证一次只有一个线程执行。

(3) 多用户访问 JSP 页面，其程序片段会被执行多次，分别在不同线程中，其局部变量互不干扰。

(4) page 指令标记用来定义整个 JSP 页面的一些属性，常用的有 contentType 和 import。

(5) include 指令标记在编译阶段就处理所需要的文件，被处理的文件在逻辑与语法上依赖于当前 JSP 页面，优点是速度快；include 动作标记是在 JSP 页面运行时才处理文件，在逻辑与语法上独立于当前 JSP 页面，更加灵活。

本章小结可参考图 3-18。

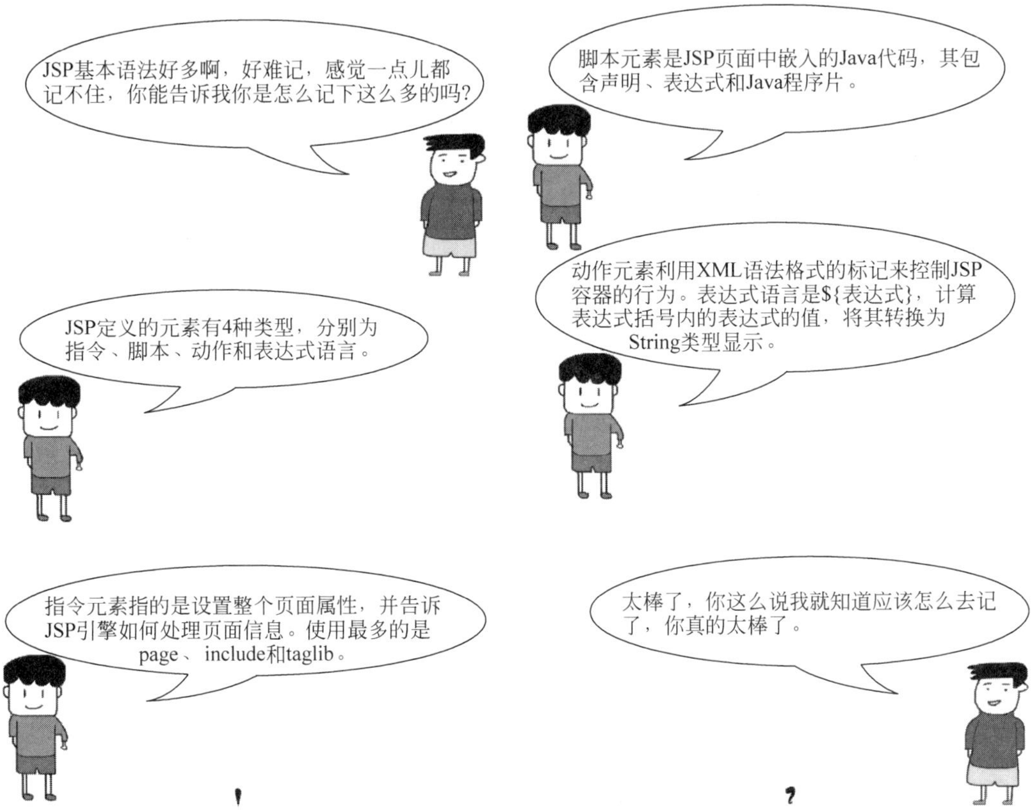

图 3-18 第 3 章小结

习题

1. 对于 JSP 中的 HTML 注释叙述正确的是(　　)。

   A. 发布网页时看不到,在源文件中也看不到

   B. 发布网页时看不到,在源代码中看得到

   C. 发布网页时能看到,在源文件中看不到

   D. 发布网页时能看到,在源文件中也能看到

2. 用户获取 Bean 属性的动作是(　　)。

   A. ＜jsp：userBean＞　　　　　　　　　　B. ＜jsp：getProperty＞

   C. ＜jsp：setProperty＞　　　　　　　　　D. ＜jsp：param＞

3. JSP 程序中的注释有：_____、_____和_____。

4. JSP 的编译指令标记通常是指(　　)。

   A. Page 指令、Include 指令和 Taglib 指令

   B. Page 指令、Include 指令和 Plugin 指令

   C. Param 指令、Include 指令和 Plugin 指令

   D. Page 指令、Forward 指令和 Taglib 指令

5. 指令标记、JSP 动作标记统称为_____。

6. 在"＜％!"和"％＞"之间声明的变量称为_____,在其之间声明的方法称为_____。

7. JSP 页面的基本结构由哪几部分组成?

8. 简述 include 指令和＜jsp：include＞动作的异同。

9. 简述 page 指令、include 指令的作用。

10. 模仿案例 3_4 设计 JSP 代码实现 Java 程序片段。

第4章 JSP内置对象

JSP 提供了由容器实现和管理的内置对象，也可以称为隐含对象，由于 JSP 使用 Java 作为脚本语言，所以 JSP 将具有强大的对象处理能力，并且可以动态创建 Web 页面内容，但 Java 语法在使用一个对象前，需要先实例化这个对象，这是一个较为烦琐的步骤。

JSP 为了简化开发，提供了一些内置对象，用来实现关于 JSP 的应用，编写者可以直接引用，不需要显式声明或实例化。它们由 JSP 容器实现和管理，在所有 JSP 页面中都能使用。内部对象只对 Java 程序片段和 Java 表达式有用，在声明中不能使用。JSP 定义了 9 大内置对象，分别是 request、response、session、application、out、pageContext、config、page、exception。它们的所属类型、有效范围和说明不尽相同。

4.1 request 对象

在线视频

4.1.1 request 对象定义

HTTP 是用户与服务器之间一种提交与响应信息的通信协议。在 JSP 中，内置对象 request 封装了用户提交的信息，该对象调用相应方法可以获取封装的信息。

request 对象的具体功能类似于酒店中住客请求服务时填写的服务单，模拟 request 对象过程如图 4-1 所示。

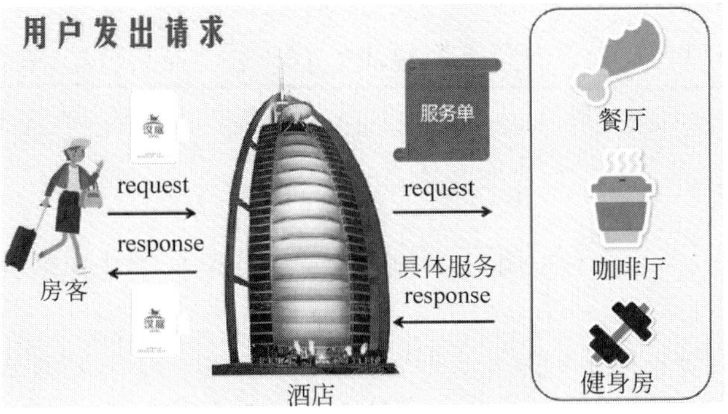

图 4-1　模拟 request 对象

request 对象封装了由客户端生成的 HTTP 请求的所有细节,主要包括 HTTP 头信息、系统信息、请求方式和请求参数等。通过 request 对象提供的相应方法可以处理客户端浏览器提交的 HTTP 请求中的各项参数,该对象调用相应方法可以获取封装的信息。request 的具体功能和酒店中住户请求服务时需要填写的服务单很类似。

下面是 HTTP 请求报文的详细介绍。

(1) 请求行规定了请求的方法、资源和协议版本号。相当于酒店住户通过某一特定方式申请服务。例如,房客想在酒店吃饭,他可以选择在酒店官网上选择自己想吃的东西,也可以打电话直接订餐。

(2) 请求头说明了请求的服务类型。例如,告知酒店自己需要的服务内容。

(3) 信息体则是指请求的正文。即酒店住户具体请求服务的服务内容。

HTTP 请求报文的结构图如图 4-2 所示。

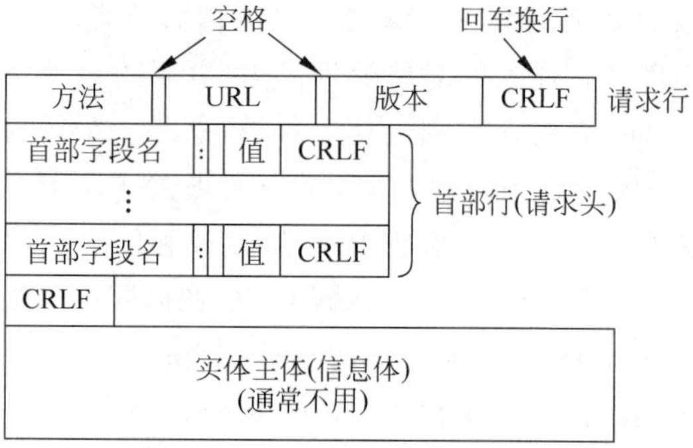

图 4-2   HTTP 请求报文结构图

request 对象的方法有很多,主要可以处理以下几个问题:第一是获取用户提交信息,第二是处理中文信息,第三是获得其他信息。

根据功能的不同可以分为 4 类:第一类是取得请求参数的方法 getParameter(),第二类是取得请求 HTTP 头的方法 getCookies() 和 getHeader(),第三类是存储和取得属性的方法 getAttribute() 和 setAttribute(),第四类是用于获得主机名、主机端口号等的其他方法。

4.1.2   获取用户信息

用户通常使用 HTML 表单向服务器的某个 JSP 页面提交信息,表单格式一般如下。

```
< form action = "JSP 页面" method = get | post >
    提交内容
</form >
```

JSP 页面可以让 request 对象用 getParameter(String s)方法获取表单提交的信息。

在下面的代码中,通过 Example4_1_a_getParameter_info. jsp 中的 form 表单获取表单中输入框的值提交到 Example4_1_b_getParameter_getinfo. jsp,判断该输入的值是否满足构成三角形的条件,并通过正则表达式判断输入值是否合法。

Example4_1_a_getParameter_info.jsp

```
<%@ page language="java" contentType="text/html; charset=UTF-8"
        pageEncoding="UTF-8"%>
<!DOCTYPE html>
<html>
<head>
<meta charset="UTF-8">
<title>获取用户提交信息</title>
</head>
<body>
<form action="Example4_1_b_getParameter_getinfo.jsp" method="post">
<input type="text" name="sideone">
<input type="text" name="sidetwo">
<input type="text" name="sidethree">
<input type="submit" value="提交">
</form>
</body>
</html>
```

Example4_1_b_getParameter_getinfo.jsp

```
<%@ page import="java.util.regex.Pattern" %>
<%@ page language="java" contentType="text/html; charset=UTF-8"
pageEncoding="UTF-8"%>
<!DOCTYPE html>
<html>
<head>
<meta charset="UTF-8">
<title>判断用户提交信息</title>
</head>
<body>
<%//正则判断表单内容是否合法
  Pattern pattern = Pattern.compile("^[-\\+]?[\\d]*$");
  String sideOne = request.getParameter("sideone");
  String sideTwo = request.getParameter("sidetwo");
  String sideThree = request.getParameter("sidethree");

 if (!pattern.matcher(sideOne).matches() ||
 !pattern.matcher(sideTwo).matches()|| !pattern.matcher(sideThree).matches()){
    out.print("输入字符非数字类型");
  } else {
    double One = Double.parseDouble(sideOne);
    double Two = Double.parseDouble(sideTwo);
    double Three = Double.parseDouble(sideThree);
    if (One + Two > Three && Two + Three > One && One + Three > Two) {
      out.print("输入的三角形各边满足构成三角形条件!");
    } else {
      out.print("输入的三角形各边不满足构成三角形条件!");
```

```
        }
    }

  %>
</body>
</html>
```

页面显示效果如图 4-3～图 4-5 所示。

图 4-3 request 对象案例页面显示 1

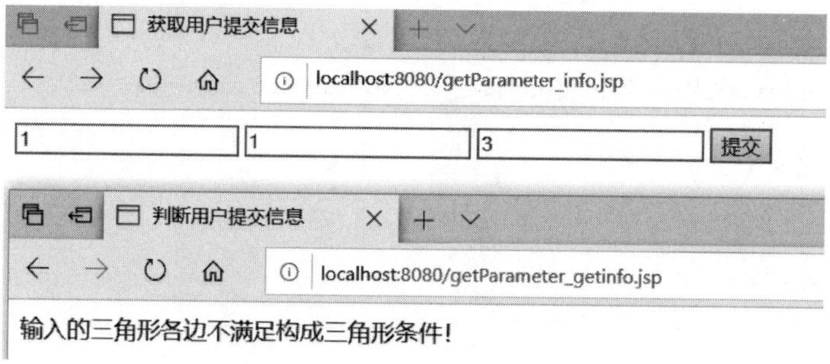

图 4-4 request 对象案例页面显示 2

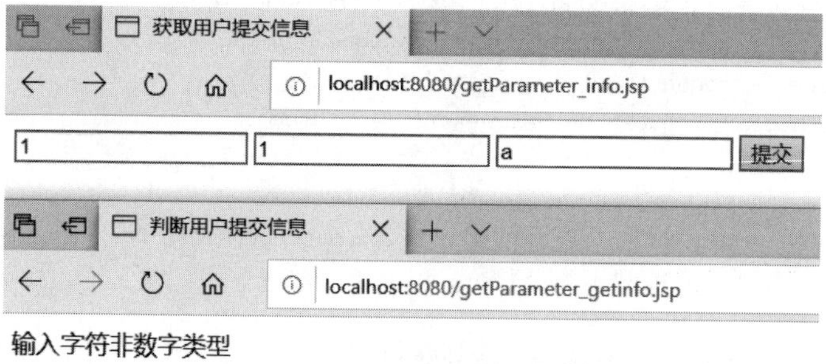

图 4-5 request 对象案例页面显示 3

注意：

在开发过程中，对于表单提交数据需要考虑输入框输入值的各种情况，例如，输入的字符是否满足条件、输入值为空等情况。针对不同情况的输入值需要做相应的处理。

4.1.3 处理汉字信息

request 对象处理汉字信息时，常常使用重新编码或者设置编码两种方式避免 request 对象获取的信息出现乱码。乱码包括表单乱码、页面乱码、参数乱码、源文件乱码。

可以想象一下，当一个英国人到中国餐馆点菜的时候，如果他拿到的是一份中文菜单，那么他点菜的过程就会很艰难，这个时候就需要帮他把菜单换成英文的。这和处理中文信息的道理是一样的，如图 4-6 和图 4-7 所示。

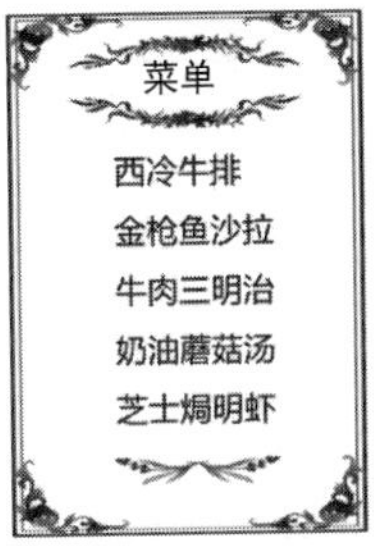

图 4-6　处理汉字信息模拟乱码案例

图 4-7　处理汉字信息模拟处理乱码案例

1. 重新编码

因为请求参数的文字编码方式与页面中不一致，所有的 request 请求都是 iso-8859-1 的编码方式，但是可能存在页面的编码方式非此方式，可以通过 String 的构造方法使用指定的编码类型重新构造一个 String 对象。

```
byte bytes[] = request.getParameter("names").getBytes("iso-8859-1");
String string = new String(bytes);
```

2. 设置编码格式

通过 setCharacterEncoding()方法设置页面的编码格式。

```
request.setCharacterEncoding("UTF-8");
```

下列代码中，通过上述编码方式对表单提交的数据进行重新编码，保留表单信息的正确格式并得以显示。

```
Example4_2_a_handle_charset.jsp

<%@ page language="java" contentType="text/html; charset=UTF-8"
        pageEncoding="UTF-8" %>
<!DOCTYPE html>
<html>
<head>
<meta charset="UTF-8">
<title>处理汉字信息</title>
</head>
<body>
```

< form action = "Example4_2_b_handle_charsetMethod. jsp">
  姓名:< input type = "text" name = "names">
  年龄:< input type = "text" name = "age">
< input type = "submit" value = "提交">
</form >
</body >
</html >
```

**Example4_2_b_handle_charsetMethod. jsp**

```jsp
<% @ page language = "java" contentType = "text/html; charset = UTF − 8"
        pageEncoding = "UTF − 8" %>
<! DOCTYPE html >
< html >
< head >
< meta charset = "UTF − 8">
< title >处理汉字信息编码</title >
</head >
< body >
姓名:<%
  byte bytes_name[ ] = request. getParameter("names"). getBytes("iso − 8859 − 1");
  String str_name = new String(bytes_name);
  out. print(str_name);
%>
年龄:<%
  byte bytes_age[ ] = request. getParameter("age"). getBytes("iso − 8859 − 1");
  String str_age = new String(bytes_age);
  out. print(str_age);
%>
</body >
</html >
```

页面的显示效果如图 4-8 所示。

图 4-8　处理汉字信息案例页面显示

4.1.4　处理 HTML 标记

本节来看 request 对象处理 HTML 标记的情况。

1. < form >标记

在大多数 JSP 页面的处理过程中,用户时常会使用表单提交数据,所以这里对表单进

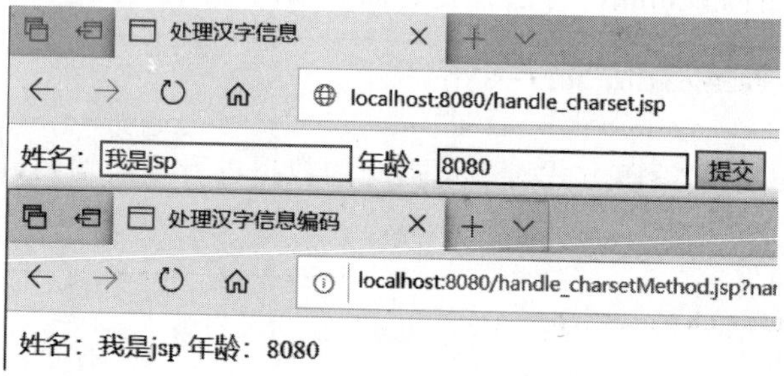

行简单的介绍。

表单的提交格式如下：

```
< form action = "提交的页面" method = "post | get">
    提交的方式
</form >
```

其中，< form >…</form >是表单标记，action 属性的值为表单信息需要提交的目的页面地址，method 属性值为 get 或 post，其中 get 和 post 请求的区别解释如图 4-9 所示。

提交的方式包括：文本框、列表、文本区等。

```
< input ></input >
< select ></select >
< textarea ></textarea >
```

2. < input >标记

在表单的提交内容中< input >作为子标记元素用来提交表单提交的数据信息和表单的提交按钮。

< input >标记的基本格式如下：

```
< input type = "类型值" name = "名字" value = "内容值">
```

input 标记案例代码如下。

```
Example4_3_input_flag.jsp

<% @ page language = "java" contentType = "text/html; charset = UTF - 8"
        pageEncoding = "UTF - 8" %>
<!DOCTYPE html >
< html >
< head >
< meta charset = "UTF - 8">
< title > input 标记</title >
</head >
< body >
< form action = "">
    输入你的姓名:< input type = "text" name = "names"><br >
    是否打开背景音乐:< input type = "radio" name = "backgroud" value = "on" checked>开始
< input type = "radio" name = "backgroud" value = "off">关闭<br >
    你喜欢的运动:< input type = "checkbox" name = "sport" value = "打乒乓球">打乒乓球
< input type = "checkbox" name = "sport" value = "打篮球">打篮球
< input type = "checkbox" name = "sport" value = "跑步">跑步<br >
    输入密码:< input type = "password" name = "password"><br >
    提交按钮:< input type = "submit" name = "submits" value = "提交"><br >
    重置按钮:< input type = "reset" name = "resets">
</form >
</body >
</html >
```

你知道set()和get()方法有什么区别吗?这个可是HTTP请求最基本的方法。
当然知道了，GET在浏览器回退时不会重复请求，而POST会再次提交请求。GET比POST更不安全，因为参数直接暴露在URL上，所以不能用来传递敏感信息。GFT请求参数会完整保留在浏览器历史记录里，而POST中的参数不会被保留。
等等等等，你说的这些是大家都知道的，能不能说些不一样的。
这，还有啥不一样的啊?
GET和POST是HTTP中两种发送请求的方法。HTTP的底层是TCP/IP，即GET/POST都是TCP链接。GET和POST能做的事情是一样的。用TCP运输数据是很可靠的，从来不会发生丢件少件的现象。但是HTTP为了方便数据传输，提高其运输速度，设定了几个服务类别，分别为GET、POST、PUT、DELETE等。但是这些服务类别的处理方式和运输数据的内容都是由用户来定义的。
在接收数据方面，数据量太大对浏览器和服务器都是很大负担。大多数浏览器通常都会限制url长度在2KB，而大多数服务器最多处理64KB大小的url。超过的部分，则不再接收。
噢，原来还有这么深的内容呢。
在数据传输时GET产生一个TCP数据包，而POST产生两个TCP数据包。也就是说，POST需要分两步，先发送一轮浏览器数据，再发送用户的数据，GET就直接发送用户的数据。
懂了懂了，学习了好多东西呢!

图 4-9　post 和 get 提交方式的区别

页面显示效果如图 4-10 所示。

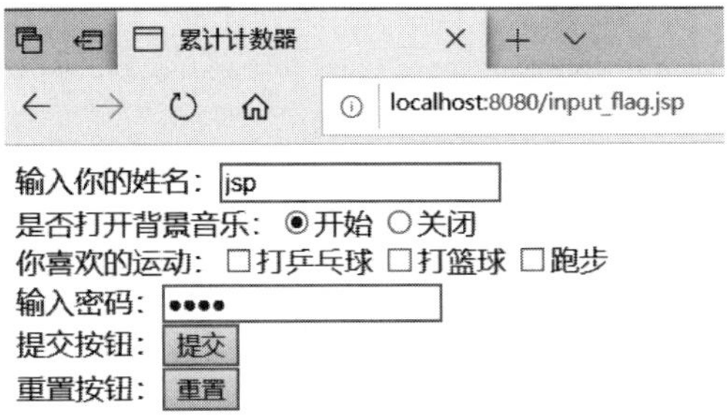

图 4-10 input 标记案例页面显示

input 标记中 type 属性的值为 text 时，表示该输入框为纯文本显示，通常用于提取用户输入的信息；当属性值为 radio 时，表示为单选按钮，即只能在多个单选中选择一个为最终的结果，通常其 name 属性值均相同，通过 getParameter()方法获取 radio 提交的值；当属性值为 checkbox 时，表示为复选框按钮，即可以在多个复选框中选择多个可选结果，但其与单选按钮不同的是 name 属性值为不同值，通过 getParameterValues()方法获取 checkbox 值；当属性值为 password 时，表示该输入框为加密显示，通常用于登录和注册过程中的密码框；当属性值为 submit 时，表示该按钮用于提交表单信息，将数据结果返回给服务器；当属性值为 reset 时，表示对该表单中的输入信息清空，重新输入表单数据。

3. < select >、< option >标记

下拉列表和滚动列表是通过< select >和< option >标记结合定义的，其中，< option >标记作为< select >标记的子标记。

下拉列表的基本格式如下。

```
< select name = "subject">
< option value = "可选值 1"></option>
< option value = "可选值 2"></option>
</select >
```

当给 select 添加 size 属性值时，可以将下拉列表转为滚动列表，而 size 的属性值可以设置为滚动列表的可见列表数。

滚动列表的基本格式如下。

```
< select name = "sports" size = "3">
< option value = "可选值 1"></option>
< option value = "可选值 2"></option>
< option value = "可选值 3"></option>
< option value = "可选值 4"></option>
</select >
```

获取列表 option 选中值的方式是通过 request 请求获得 select 标记的 name 属性值。

下面的案例通过实现下拉列表和滚动列表了解其实现方式和页面显示效果，下拉列表是选择最喜欢的科目，而滚动列表是选择喜欢的运动。

Example4_4_select_falg.jsp

```jsp
<%@ page language = "java" contentType = "text/html; charset = UTF - 8"
        pageEncoding = "UTF - 8" %>
<!DOCTYPE html >
< html >
< head >
< meta charset = "UTF - 8">
< title > select 标记</title >
</head >
< body >
< form action = "">
<p>选择最喜欢的科目</p>
< select name = "subject">
< option value = "高数">高数</option >
< option value = "英语">英语</option >
< option value = "数据结构">数据结构</option >
< option value = "计算机组成原理">计算机组成原理</option >
</select >
<p>选择喜欢的运动</p>
< select name = "sports" size = "3">
< option value = "打篮球">打篮球</option >
< option value = "打乒乓球">打乒乓球</option >
< option value = "跑步">跑步</option >
< option value = "打羽毛球">打羽毛球</option >
</select >
</form >
</body >
</html >
```

页面显示效果如图 4-11 所示。

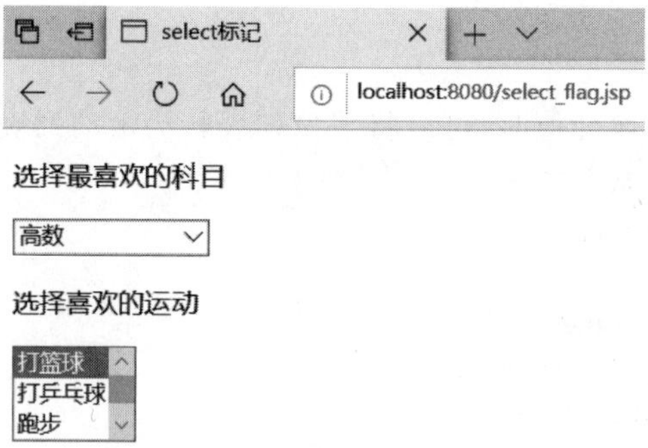

图 4-11　列表案例页面显示

4.1.5　获取其他信息

request 对象除了可以通过 getParameter()方法获得表单提交的信息,还可以调用相关方法获取请求的许多细节信息。获得信息的常用方法有 getProtocol()、getServerName()、 getServerPort()等。request 对象的其他方法如表 4-1 所示。

表 4-1　request 对象的其他方法

方　　法	作　　用
getProtocol()	获得客户向服务器传送数据所使用的通信协议和它的版本号，例如：HTTP/1.1
getServerName()	获得接受请求的服务器主机名
getServerPort()	获得服务器主机的端口号
getRemoteHost()	获得客户机的全名，如果名字获取不到，则获得客户机的 IP 地址
getRemoteAddr()	获得发送请求的客户机的 IP 地址
getMethod()	获得客户提交信息方式，如 get、post 或 put 等

4.2　response 对象

4.2.1　response 对象定义

response 对象用于响应客户请求，向客户端输出信息。它封装了 JSP 产生的响应，并发送到客户端以响应客户端的请求。响应的数据可以是各种数据类型，甚至是文件。response 对象在 JSP 页面内有效。response 对象的方法包括设定响应状态码的方法、设定表头的方法、URL 重写的方法。

4.2.2　动态设置 MIME 类型

response 对象动态设置 MIME 类型，page 指令只能为 contentType 指定一个值来决定响应的 MIME 类型，如果想动态改变这个属性值，就需要使用 response 对象的 setContentType()方法，常用的属性值如图 4-12 所示。

contentType属性值	MIME类型	说明
text/html	html	HTML文档
text/plain	txt	文本文件
application/java	class	Java类文件
application/zip	zip	压缩文件
application/pdf	pdf	PDF文件
image/gif	gif	图片类型
audio/basic	au	音频类型
Application/x-msexcel	Excel	电子表格
Application/msword	Word	Word文档

图 4-12　动态设置 MIME 类型说明

改变该属性值后，客户端浏览器就会按着新的 MIME 类型响应 response 对象相应的信息，将 JSP 页面的输出结果返回给用户。

这个过程就好比酒店可以临时通知房客改变支付方式，也就是响应服务的方式。一般来说，在酒店中默认的支付方式是把消费记录存在房卡中，但是如果酒店房卡支付系统无法使用，也可以通知用户使用现金支付，如图 4-13 所示。

以下案例中通过实现 setContentType()方法设置其属性值为“text/plain”，当用户单击

图 4-13　模拟动态设置 MIME 类型过程

提交按钮时,将文件保存为文本格式打开,同时也会在浏览器中打开该页面或保存当前
页面。

```
Example4_5_respose_setContentType.jsp

<% @ page language = "java" contentType = "text/html; charset = UTF - 8"
        pageEncoding = "UTF - 8" % >
<! DOCTYPE html >
< html >
< head >
< meta charset = "UTF - 8">
< title > setContentType 方法</title >
</head >
< body >
< form action = "" method = "get">
< input type = "submit" name = "submits" value = "测试提交">
</form >
< %
  String button = request. getParameter("submits");
  System. out. println(button);
  if (button == null) {
    button = "";
  }else {
    response. setContentType("application/pdf;charset = utf - 8");
  }
% >
</body >
</html >
```

　　页面显示效果如图 4-14 所示,单击"测试提交"按钮后可以看到打开了一个新的页面,
在该页面中显示了当前 JSP 文件的代码。

4.2.3　response 的 HTTP 头

　　当用户访问一个页面时,会提交一个 HTTP 请求给 JSP 引擎,这个请求包括一个请求
行、HTTP 头和信息体。response 的 HTTP 头模拟过程如图 4-15 所示。

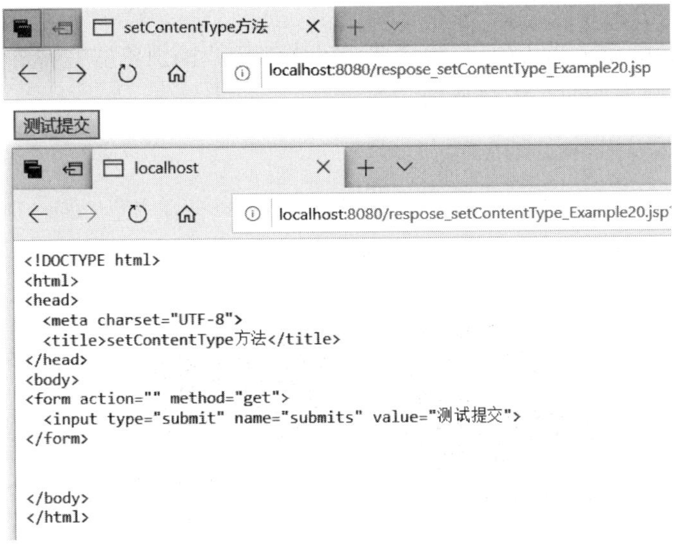

图 4-14 setContentType 案例页面显示

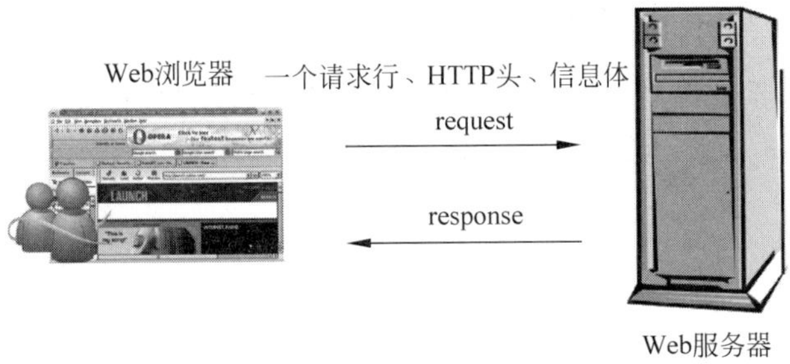

图 4-15 response 的 HTTP 头模拟过程

```
1 GET/index.JSPHTTP/1.1
2Accept:text/html,application/xhtml + xml,application/xml;q = 0.9,image/Webp,image/apng,
*/*
3 Accept - Language:zh - cn,zh;q = 0.9,en;q = 0.8
4 Connection:Keep - Alive
5 Host:localhost
6 User - Agent:Mozilla/5.0 (Windows NT 10.0; Win64; x64) AppleWebKit/537.36 (KHTML, like
Gecko) Chrome/79.0.3945.88 Safari/537.36
7 Accept - Encoding:gzip, deflate, br
```

其中第一行为 http 请求行，包含方法、URL 和 http 版本。下面 6 行为请求头，包含浏览器信息、主机、接受的编码方式和压缩方式、连接的状态等信息。

服务器收到请求时，返回 HTTP 响应。响应和请求类似，也有某种结构，每个响应都由状态行开始，可以包含几个头及可能的信息体。

response 对象对于 HTTP 头可以使用的方法有 addHeader()或 setHeader()。

```
addHeader(String head,String value);
```

```
setHeader(String head,String value);
```

动态添加新的响应头和头的值,将这些头发送给用户的浏览器。需要注意的是,如果添加的头已经存在,则先前的头将被覆盖。

```
response.setHeader("Refresh",5);
```

在图 4-16 中,response 对象添加一个响应头“refresh”,头值为“5”。那么用户收到这个头之后,5s 后将再次刷新该页面,导致该网页每 5s 刷新一次。

图 4-16　设置 HTTP 头实例图示

4.2.4　response 重定向

response 还具有重定向功能。在某些情况下,当响应用户时,需要将用户重新引导至另一个页面,可以使用 response 的 sendRedirect()方法实现重定向。response 重定向实例图示如图 4-17 所示。

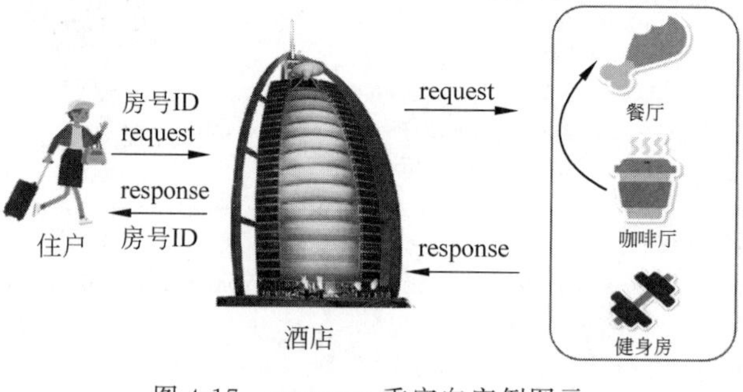

图 4-17　response 重定向实例图示

在下面的案例中,在表单中填写所需的用户名和密码信息提交到目的地址的页面中,在目的页面中判断用户名和密码是否输入正确,默认设置用户名正确内容为“root”,密码正确内容为“123456”,如果用户名或密码输入错误,将重定向到之前提交的表单页面中。

Example4_6_a_response_redirect.jsp

```
<%@ page language = "java" contentType = "text/html; charset = UTF - 8"
        pageEncoding = "UTF - 8" %>
<!DOCTYPE html>
<html>
<head>
```

```
< meta charset = "UTF - 8">
< title>用户登录案例</title>
</head>
< body >
<p>输入登录所需的用户名和密码</p>
< form action = " Example4_6_b_response_receive. jsp" method = "post">
   用户名 < input type = "text" name = "username"><br>
   密　码 < input type = "password" name = "pwd">
< input type = "submit" value = "提交">
</form>
</body>
</html>
```

Example4_6_b_response_receive.jsp

```
<%@ page language = "java" contentType = "text/html; charset = UTF - 8"
        pageEncoding = "UTF - 8" %>
<!DOCTYPE html >
< html >
< head >
< meta charset = "UTF - 8">
< title>登录成功界面</title>
</head>
< body >
<%
  String username = request.getParameter("username");
  String password = request.getParameter("pwd");
  if (username == null || password == null) {
    username = "";
    password = "";
  }
  if (!username.equals("root") || !password.equals("123456")) {
    response.sendRedirect("Example4_6_a_response_redirect.jsp");
  }
%>
< h2 ><% = username %>登录成功,欢迎访问</h2>
</body>
</html>
```

页面显示效果如图 4-18 所示,登录需要的信息和登录成功的页面打开了两个浏览器以便读者阅读时查看显示效果。

4.2.5　response 的状态行

当服务器对用户请求进行响应时,它发送的首行称为状态行,response 状态行的状态码解释如图 4-19 所示。

3 位数字的状态码 1yy~5yy 表示的问题各不相同。

一般不需要修改状态行,在出现问题时,服务器会自动响应,发送相应的状态码。

图 4-18　用户登录重定向案例页面显示

1yy，表示实验性质

2yy，表示请求成功

3yy，表示请求满足前应采取进一步行动

4yy，表示无法满足请求，如404（请求页面不存在）

5yy，表示服务器出现问题，如505

图 4-19　状态行状态码

　　下面的案例中需要跳转的页面为空，即尚未设置该页面，通过代码演示 response 状态行的反馈信息和结果。

```
Example4_7_response_status.jsp

<% @ page language = "java" contentType = "text/html; charset = UTF - 8"
        pageEncoding = "UTF - 8" % >
<!DOCTYPE html >
< html >
< head >
< meta charset = "UTF - 8">
< title > response 状态行</title >
</head >
< body >
< h4 >测试 response 状态行</h4 >
< a href = "Example4_7_b_response_status_feedback.jsp">需跳转页面</a >
</body >
</html >
```

　　页面显示效果如图 4-20 所示。通过测试状态行可以看出反馈结果为 404，即请求页面不存在，因为在需要跳转的页面中设置超链接为 Example4_7_b_response_status_feedback. jsp，而源文件中不含有该文件，故无法获取该页面。

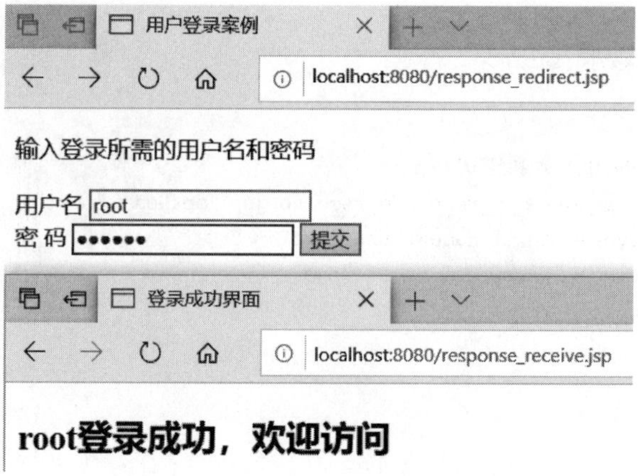

图 4-20　response 状态行案例页面显示

4.3　session 对象

在线视频

4.3.1　session 对象定义

用户与服务器之间通过 HTTP 进行通信，HTTP 是一种提交与响应信息的通信协议，也是一种无状态协议。请求和响应在服务器端不保留连接的有关信息。用户与服务器的交互过程如图 4-21 所示。

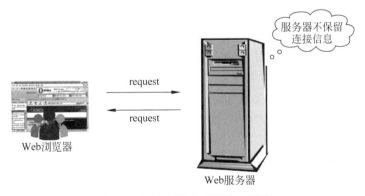

图 4-21　用户与服务器的交互过程

当我们使用同一个浏览器再次访问服务器时，会被服务器当作不同的用户进行响应。但是在很多应用中，需要服务器在用户访问的一个会话期中记住客户，为客户提供个性化服务，如图 4-22 所示。

Tomcat 服务器可以使用内置 session 对象记录有关连接的信息，从而达到区分不同用户、为同一用户提供个性化服务的作用。session 对象的具体功能如图 4-23 所示。

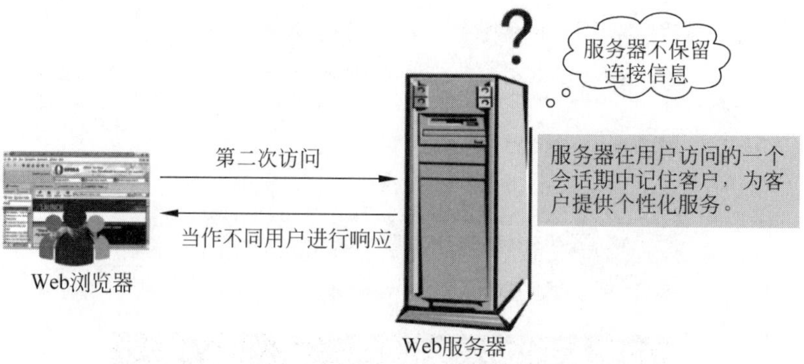

图 4-22　用户与服务器二次交互过程

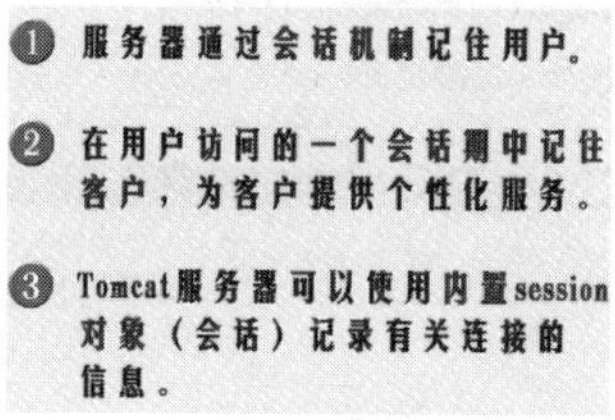
❶ 服务器通过会话机制记住用户。
❷ 在用户访问的一个会话期中记住客户，为客户提供个性化服务。
❸ Tomcat服务器可以使用内置session对象（会话）记录有关连接的信息。

图 4-23　session 对象的具体功能

默认情况下，一个浏览器独占一个 session 对象。因此，在需要保存用户数据时，服务器程序可以把用户数据写到用户浏览器独占的 session 中，当用户使用浏览器访问其他程序时，其他程序可以从用户的 session 中取出该用户的数据，为用户服务。session 对象的各种方法如图 4-24 所示。

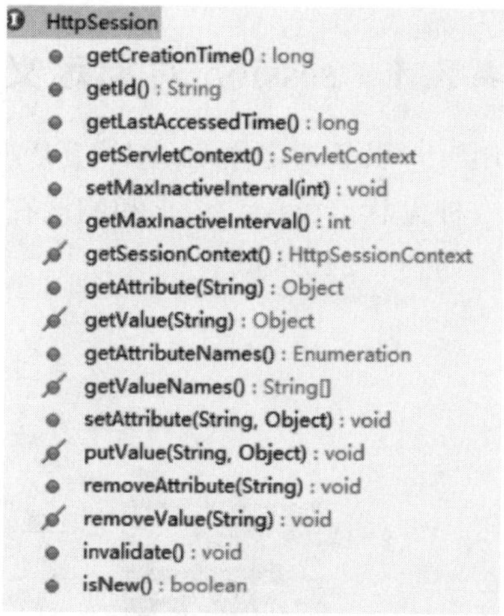
HttpSession
getCreationTime() : long
getId() : String
getLastAccessedTime() : long
getServletContext() : ServletContext
setMaxInactiveInterval(int) : void
getMaxInactiveInterval() : int
getSessionContext() : HttpSessionContext
getAttribute(String) : Object
getValue(String) : Object
getAttributeNames() : Enumeration
getValueNames() : String[]
setAttribute(String, Object) : void
putValue(String, Object) : void
removeAttribute(String) : void
removeValue(String) : void
invalidate() : void
isNew() : boolean

图 4-24　session 对象的各种方法

4.3.2　session 对象的 ID

用户在访问一个 Web 服务目录期间，服务器为该用户分配一个 session 对象，服务器可以使用这个 session 记录当前用户的有关信息。

该对象对应一个 String 类型的 ID，服务器在响应客户请求的同时，把 ID 发到客户端，并写入客户端的 cookie 中。模拟 session 对象工作过程如图 4-25 所示。

当客人到酒店申请入住时，首先需要提出房型要求，酒店根据客人的需求为他分配房间，然后将房号告诉客人，与此同时，将该房间的房卡交给客人，房间相当于 session 对象，房号相当于 sessionID，服务器通过 session 对象记录当前页面有关信息，将 sessionID 写入 cookie 中。模拟 cookie 实现会话过程如图 4-26 所示。

使用 cookie 实现会话过程可以对应为房客在酒店中通过房卡享受不同的服务，房客办理入住之后就会获得一张所入住房间的房卡，当房客想要申请某一酒店服务时，只需要刷一

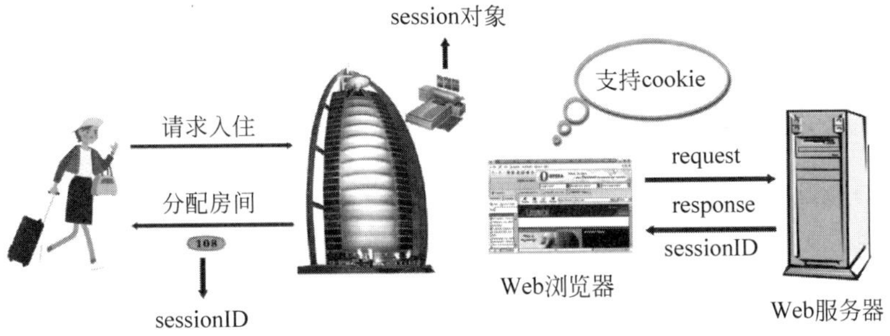

图 4-25 模拟 session 对象工作过程

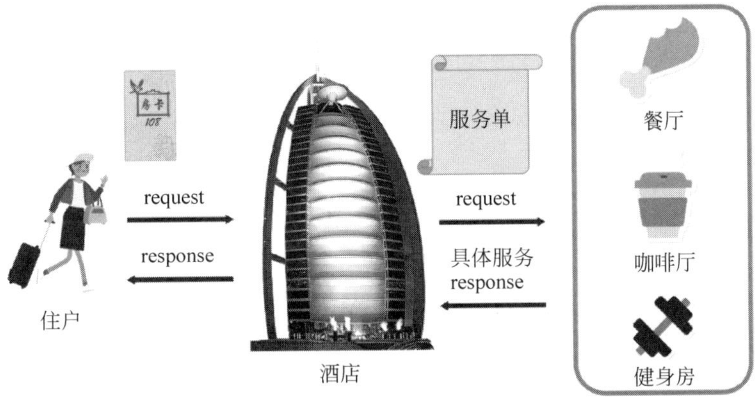

图 4-26 模拟 cookie 实现会话过程

下自己的房卡,酒店就会知道是哪个房间的客人申请了服务,之后酒店就可以根据客人提交的服务单为客人提供相应的服务。同理,当用户在同一浏览器中提出请求时,服务器可以通过 cookie 得知是哪一个客户提出了请求,然后做出相应的响应,但不是所有浏览器都支持 cookie。

当客户关闭浏览器后,一个会话结束,服务器端该客户的 session 对象被取消。当客户重新打开浏览器建立新连接时,JSP 引擎为该客户再创建一个新的 session 对象。

在下面的案例中,通过访问不同的页面并由 session 对象获取 ID,可以看出两个页面的 session 对象是完全相同的。

Example4_8_a_session_ida.jsp

```
<%@ page language = "java" contentType = "text/html; charset = UTF - 8"
        pageEncoding = "UTF - 8" %>
<!DOCTYPE html>
<html>
<head>
<meta charset = "UTF - 8">
<title> session 对象 id 号 a</title>
</head>
<body>
```

此页面为 Example4_8_a_session_ida.jsp

```
< %
  String id_a = session.getId();
  out.print("< p >当前 session 对象的 ID 为:</p >" + id_a);
% >
< a href = "Example4_8_b_session_idb.jsp">去往
Example4_8_b_session_idb.jsp </a >
</body >
</html >
```

Example4_8_b_session_idb.jsp

```
< % @ page language = "java" contentType = "text/html; charset = UTF - 8"
       pageEncoding = "UTF - 8" % >
<! DOCTYPE html >
< html >
< head >
< meta charset = "UTF - 8">
< title > session 对象 id 号 b </title >
</head >
< body >
此页面为 Example4_8_b_session_idb.jsp
< %
  String id_b = session.getId();
  out.print("< p >当前 session 对象的 ID 为:</p >" + id_b);
% >
< a href = "Example4_8_a_session_ida.jsp">去往
Example4_8_a_session_ida.jsp </a >
</body >
</html >
```

页面显示如图 4-27 所示。

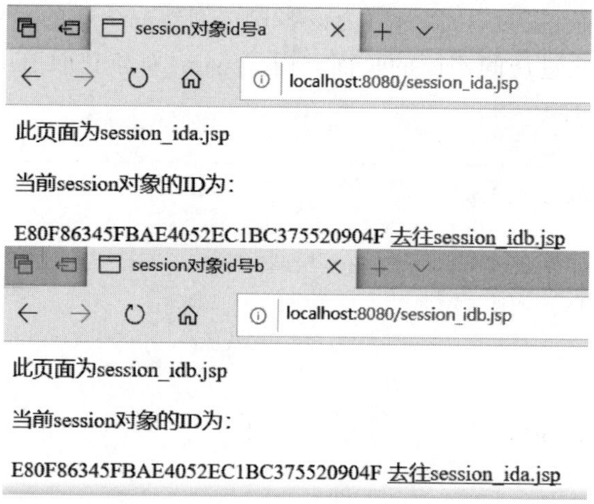

图 4-27   session 获取 ID 案例页面显示

4.3.3　重写 URL 实现 session 对象与客户的对应

session 对象和客户之间建立起一一对应的关系，不同的客户有不同的 session 对象，服务器可以通过不同的 ID 识别不同的客户。

如果用户不支持 cookie，JSP 页面可以通过重写 URL 来实现 session 对象的唯一性。

同样用上述办理酒店入住的案例来解释使用 URL 重写实现会话的过程，其过程如图 4-28 所示。

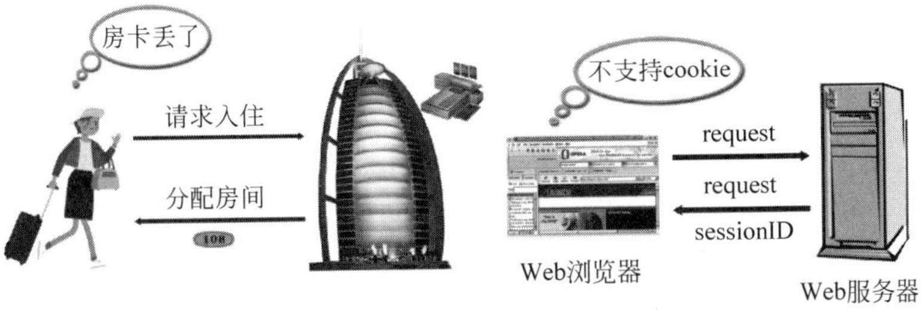

图 4-28　不支持 cookie 模拟过程

在办理入住之后弄丢了房卡，就相当于浏览器不支持 cookie，在这种情况下，房客在申请酒店服务的同时，需要说明自己是哪个房间的客人，酒店才会知道哪个房间的客人申请了相关服务，如图 4-29 所示。

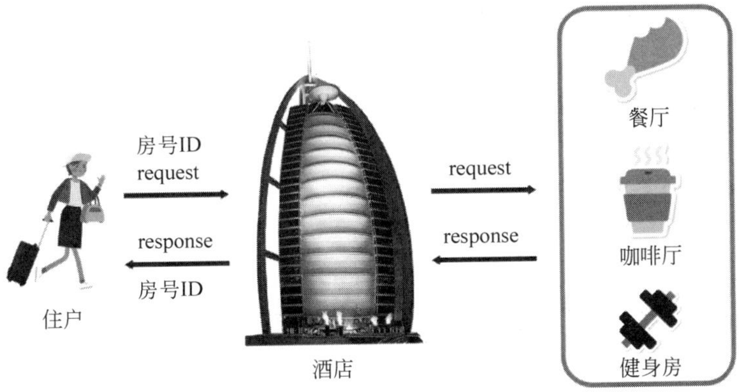

图 4-29　使用 URL 重写实现会话过程

所谓 URL 重写，就是当用户从一个页面重新连接到一个页面时，通过向这个新的 URL 添加参数，把 session 对象的 ID 传过去，这样就可以保证用户在该网站各个页面中的 session 对象是完全相同的。

在下列案例中，因为在本机支持用户使用 cookie，需要用户手动设置"阻止所有 cookie"，然后实现 response.encodeURL()方法重写 URL 来实现 session 对象与客户的一一对应。

```
Example4_9_a_session_url.jsp

<%@ page language = "java" contentType = "text/html; charset = UTF - 8"
    pageEncoding = "UTF - 8" %>
```

```
<!DOCTYPE html>
<html>
<head>
<meta charset="UTF-8">
<title>session 对象重写 URL</title>
</head>
<body>
<%
  request.getSession();
  String str = response.encodeURL("Example4_9_b_session_urlTarget.jsp");
  out.print("<a href='" + str + "'>测试重写 URL</a>");
%>
</body>
</html>
```

Example4_9_b_session_urlTarget.jsp

```
<%@ page language="java" contentType="text/html; charset=UTF-8"
        pageEncoding="UTF-8"%>
<!DOCTYPE html>
<html>
<head>
<meta charset="UTF-8">
<title>session 对象重写 URL</title>
</head>
<body>
<p>hello,当前访问重写 URL</p>
</body>
</html>
```

页面显示效果如图 4-30 所示。

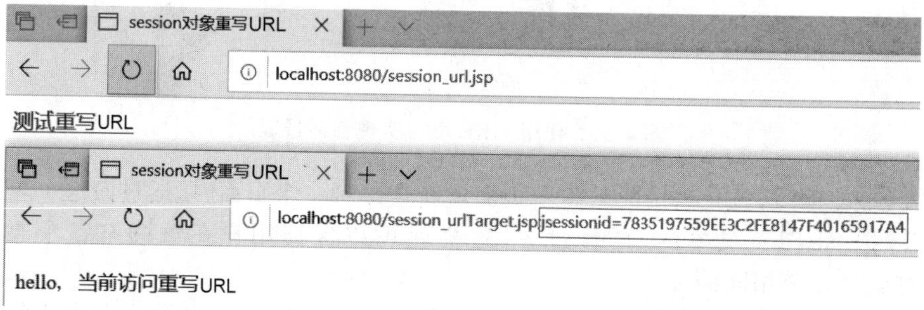

图 4-30　重写 URL 实现 session 对象案例页面显示

4.3.4　session 对象存储数据

在酒店中可以存放行李，而 session 对象同样也有存储行李的过程，这里称之为存储数据。

session 对象驻留在服务器端，该对象调用某些方法保存用户在访问某个 Web 服务目录期间的有关数据。session 对象使用下列方法处理数据。

(1) public void setAttribute(String key,Object obj)方法中的参数 obj 相当于酒店入住时客人所带的行李，参数 key 相当于酒店房间柜子的钥匙，setAttribute()方法的解释如图 4-31 所示。

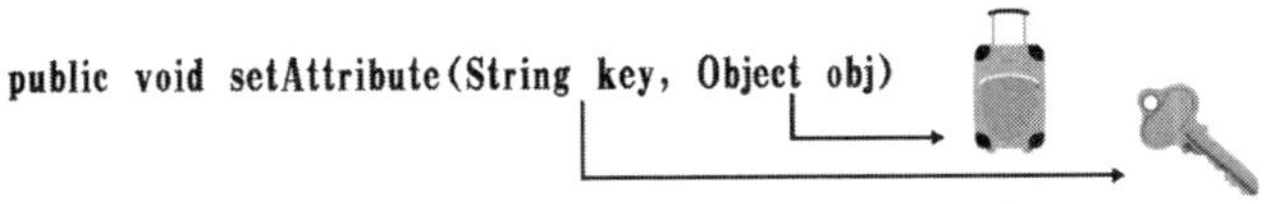

图 4-31 setAttribute()方法解释

该方法将参数 Object 指定的对象 obj 添加到 session 对象中，并为添加的对象指定了一个索引关键字，模拟情景如图 4-32 所示。

图 4-32 setAttribute()方法解释

该过程相当于客人在拿到房卡进入酒店后，使用相应的衣柜钥匙打开柜子并将携带的行李放到柜子中。

(2) public Object getAttribute(String key)方法获取 session 对象索引关键字是 key 的对象，模拟情景如图 4-33 所示。

图 4-33 getAttribute()方法解释

该过程相当于客人使用相应房间中衣柜的钥匙打开衣柜并取出里面的行李。

(3) public Enumeration getAttributeNames()产生一个枚举对象，该枚举对象使用 nextElemets()遍历 session 中的各个对象所对应的关键字，模拟情景如图 4-34 所示。

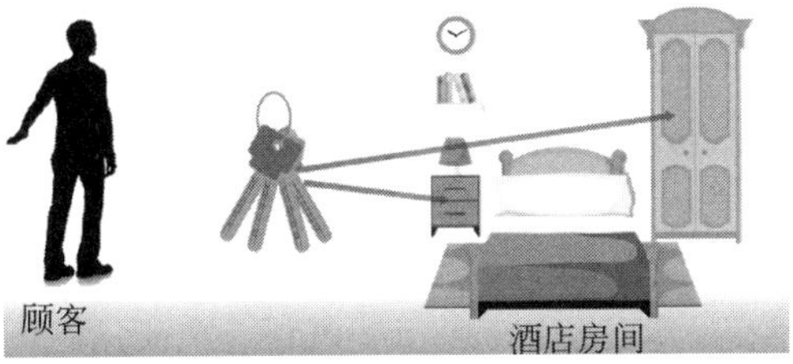

图 4-34 getAttributeNames()方法解释

该过程相当于客人在办理酒店入住时获得了相应房间中所有柜子的钥匙。

（4）public void removeAttribute(String name)方法移掉关键字 key 对应的对象，模拟情景如图 4-35 所示。

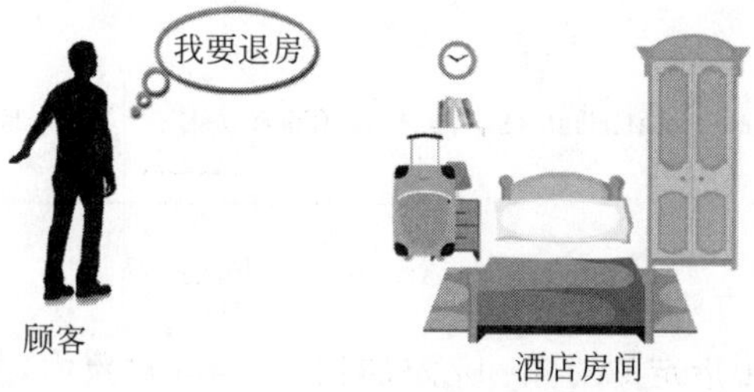

图 4-35　removeAttribute()方法解释

该过程相当于客人在办理酒店退房时，需要将柜子中存放的行李全部带走。

下列案例中实现简单的留言功能，在个人信息页面中输入个人的用户信息，即个人的留言姓名，将其存储在 session 中；然后打开留言对话框，输入想要留言的内容，同样将其存储在 session 中；最后在查看留言页面中可以显示个人信息以及留言的内容信息，但在此页面中需要注意编码问题的存储以及对于其他异常信息的处理。

```jsp
Example4_10_a_session_store.jsp

<%@ page language = "java" contentType = "text/html; charset = UTF - 8"
        pageEncoding = "UTF - 8" %>
<!DOCTYPE html >
< html >
< head >
< meta charset = "UTF - 8">
< title > session 对象存储数据 - 个人信息</title >
</head >
< body >
< h4 >输入姓名:< a href = "Example4_10_a_session_store.jsp">个人信息页面</a></h4 >
< h4 >输入留言:< a href = "Example4_10_b_session_store.jsp">留言页面</a></h4 >
< h4 >查看留言:< a href = "Example4_10_c_session_store.jsp">查看留言页面</a></h4 >
< form action = "" method = "post" name = "form">
<p>输入姓名:</p>
< input type = "text" name = "username">
< input type = "submit" value = "提交">
</form >
<%
  String username = request.getParameter("username");
  if (username == null) {
    username = "";
  } else {
    session.setAttribute("username", username);
  }
%>
</body >
</html >
```

Example4_10_b_session_store.jsp

```
<%@ page language="java" contentType="text/html; charset=UTF-8"
        pageEncoding="UTF-8"%>
<!DOCTYPE html>
<html>
<head>
<meta charset="UTF-8">
<title>session 对象存储数据 - 留言页面</title>
</head>
<body>
<h4>输入姓名:<a href="Example4_10_a_session_store.jsp">个人信息页面</a></h4>
<h4>输入留言:<a href="Example4_10_b_session_store.jsp">留言页面</a></h4>
<h4>查看留言:<a href="Example4_10_c_session_store.jsp">查看留言页面</a></h4>
<form action="" method="post" name="form">
<p>输入你的留言</p>
<textarea name="info" cols="30" rows="10"></textarea>
<input type="submit" value="提交">
</form>
<%
  String info = request.getParameter("info");
  if (info == null) {
    info = "";
  } else {
    session.setAttribute("info", info);
  }

%>
</body>
</html>
```

Example4_10_c_session_store.jsp

```
<%@ page import="java.io.UnsupportedEncodingException" %>
<%@ page language="java" contentType="text/html; charset=UTF-8" pageEncoding="UTF-
8"%>
<!DOCTYPE html>
<html>
<head>
<meta charset="UTF-8">
<title>session 对象存储数据 - 查看留言页面</title>
</head>
<body>
<h4>输入姓名:<a href="Example4_10_a_session_store.jsp">个人信息页面</a></h4>
<h4>输入留言:<a href="Example4_10_b_session_store.jsp">留言页面</a></h4>
<h4>查看留言:<a href="Example4_10_c_session_store.jsp">查看留言页面</a></h4>
<%!
  public String charsetMethod(String s) {
```

```
        try {
          byte[] bytes = s.getBytes("iso - 8859 - 1");
          s = new String(bytes);
        } catch (UnsupportedEncodingException e) {
          e.printStackTrace(); }
        if (s == null || s.length() == 0) {
          s = "";}
        return s;
      }
    %>
    <%
      String info = null;
      String username = (String)session.getAttribute("username");
      if (username == null || username == "") {
        out.print("请至个人信息页面重新输入个人信息");
      } else {
        info = (String)session.getAttribute("info");
    %>
    <p>个人信息</p>
    <% = charsetMethod(username) %>留言内容:<br>
    <% = charsetMethod(info) %>
    <% }
    %>
    </body>
    </html>
```

页面显示效果如图 4-36 和图 4-37 所示。

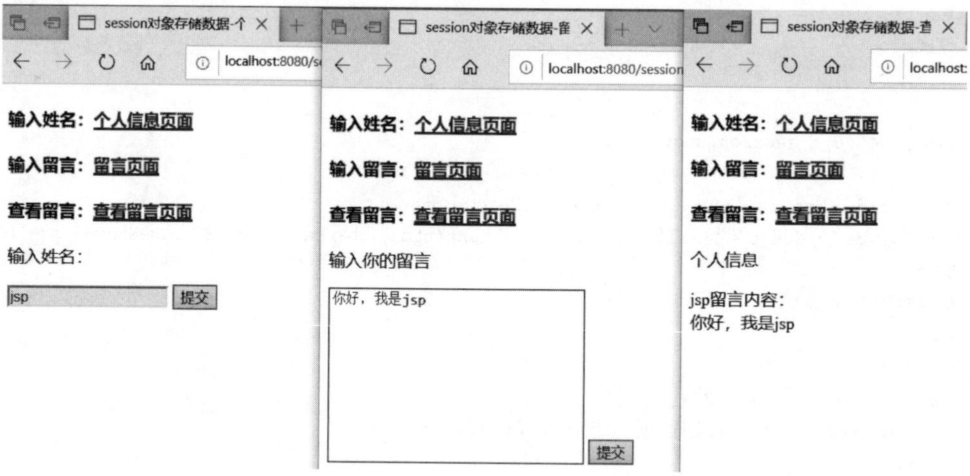

图 4-36 session 对象存储数据案例页面显示

4.3.5 session 对象的区别

不同的 session 对象所表示的内容也不同，类别不同的客人去酒店办理入住，酒店会根据客人的需求和实际情况为客人安排不同的房间，模拟图如图 4-38 所示。

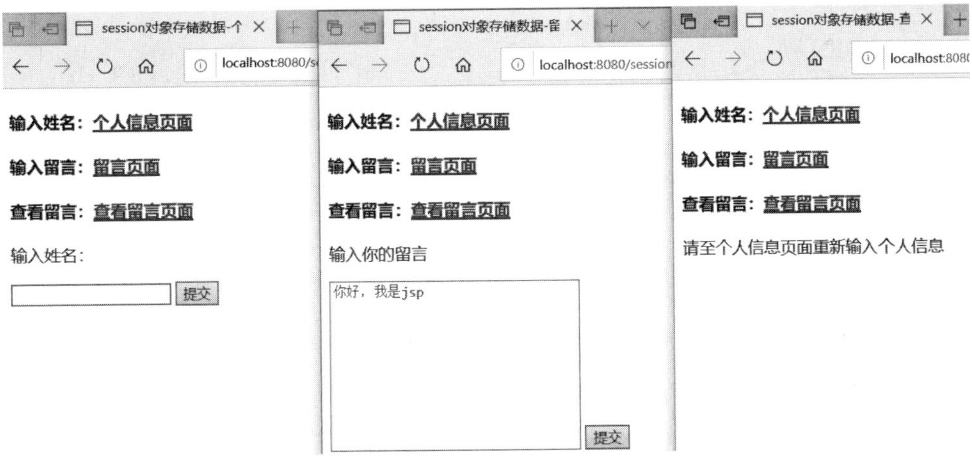

图 4-37 session 对象存储数据案例异常数据页面显示

图 4-38 不同 session 对象的区别

不同用户的 session 对象是互不相同的，具有不同的 ID，存储在 session 对象中的属性也是各不相同的，存储在 HttpSession 对象中的属性仅可被来自同一客户端的一组 Servlet 程序访问，如图 4-39 所示。

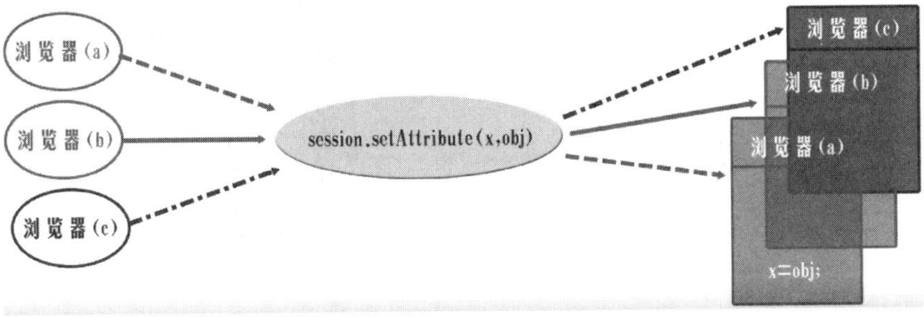

图 4-39 不同用户的 session 对象区别

对于同一用户，在同一 Web 服务目录中各个页面的 session 对象是相同的，存储在 session 对象中的仅可被来自同一客户端的 JSP 页面或 Servlet 访问，如图 4-40 所示。

4.3.6 session 对象生命周期

session 对象的生存期限依赖于是否调用 invalidate()方法使得 session 无效或 session

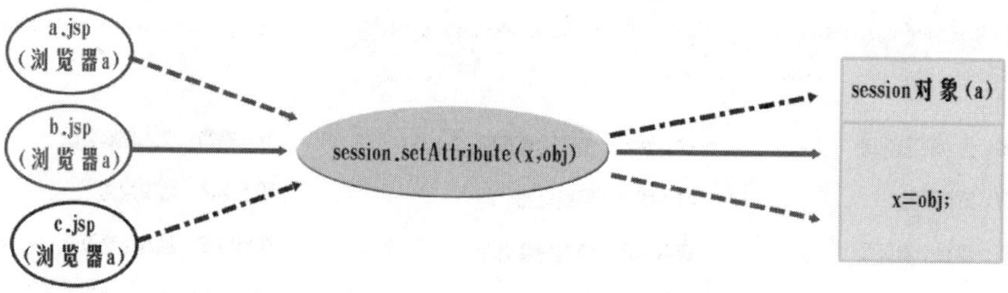

图 4-40 同一用户的 session 对象

对象达到了设置的最长的“发呆”状态时间以及是否关闭服务器。

1. 调用 invalidate()方法

调用 invalidate()方法相当于客人主动提出退房要求,其解释如图 4-41 所示。

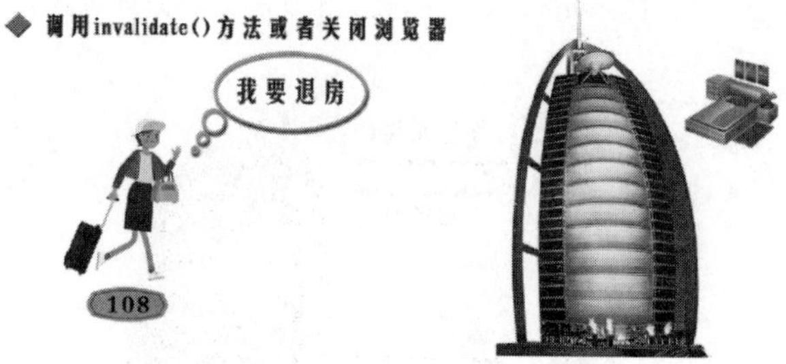

图 4-41 模拟调用 invalidate()方法

2. session 达到最长发呆时间

session 对象达到最长发呆时间相当于客人在应该退房的时间还未办理退房手续,此时酒店会强制要求客人退房,其解释如图 4-42 所示。

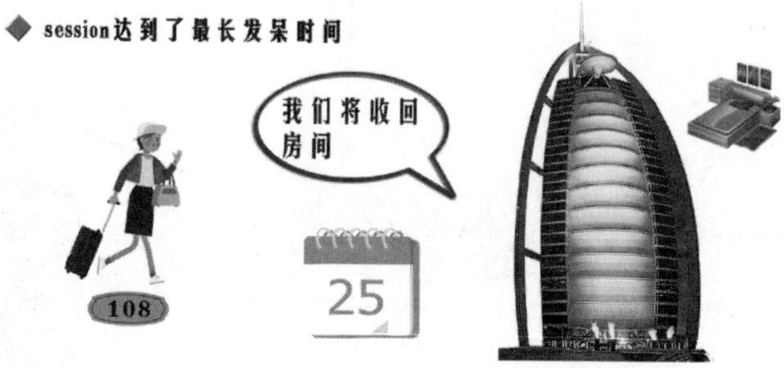

图 4-42 模拟 session 达到最长发呆时间

所谓“发呆”状态时间是指用户对某 Web 服务目录发出两次请求所间隔的时间。

3. 服务器关闭

关闭服务器相当于酒店出现了一些状况不得不关闭,例如,酒店整改需要临时关闭酒店,此时酒店的客人需被迫办理退房。服务器关闭的解释如图 4-43 所示。

可以通过 Tomcat 目录 conf 文件下的配置文件 Web. xml 修改默认发呆时间,设置其生命周期。

图 4-43　模拟服务器关闭

```
< session - config >
< session - timeout > 10 </session - timeout >
</session - config >
```

session 对象也可以使用相应的函数获取或设置与生存时间有关的信息。

（1）setMaxInactiveInterval()设置 session 的"发呆"状态时间。

（2）getMaxInactiveInterval()获取 session 的"发呆"状态时间。

（3）invalidate() 使 session 无效。

以下案例中使用上述方法,设置其"发呆"状态时间为 2s,默认时间为 30min,在 2s 之后访问链接 Example4_11_b_session_interval.jsp,可以看到 session 对象的 ID 发生了改变并且生命周期时间也发生了改变。

```
Example4_11_a_session_interval.jsp

< % @ page import = "java.util.Date" % >
< % @ page language = "java" contentType = "text/html; charset = UTF - 8"
        pageEncoding = "UTF - 8" % >
<! DOCTYPE html >
< html >
< head >
< meta charset = "UTF - 8">
< title > session 生命周期</title >
</head >
< body >
< % session.setMaxInactiveInterval(2); % >
< p > session 创建周期</p >< % = new Date() % >
< p > session 的 ID </p >< % = session.getId() % >
< p > session 声明周期</p >< % = session.getMaxInactiveInterval() % >
< a href = "Example4_11_b_session_interval.jsp">
Example4_11_b_session_interval </a >
</body >
</html >


Example4_11_b_session_interval.jsp

< % @ page import = "java.util.Date" % >
< % @ page language = "java" contentType = "text/html; charset = UTF - 8"
```

```
        pageEncoding = "UTF - 8" %>
<! DOCTYPE html >
< html >
< head >
< meta charset = "UTF - 8">
< title > session 生命周期</title >
</head >
< body >
< p > session 创建周期</p >< % = new Date() %>
< p > session 的 ID </p >< % = session.getId() %>
< p > session 生命周期</p >< % = session.getMaxInactiveInterval() %>
</body >
</html >
```

页面显示效果如图 4-44 所示。

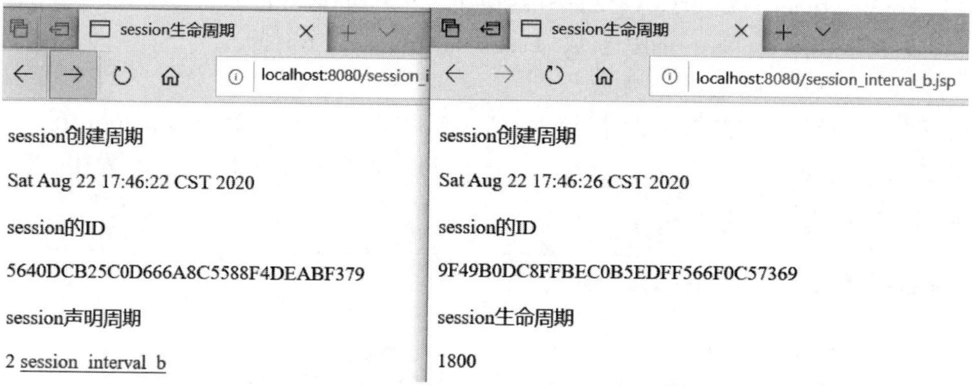

图 4-44 session 对象生命周期案例页面显示

4.3.7 session 对象的特点

(1) 内置对象 session 由 Tomcat 服务器负责创建，是实现 HttpSession 接口类的一个实例。

(2) session 对象被分配了一个 String 类型的 ID，存放在客户的 cookie 中。

(3) 同一用户在同一 Web 服务目录中的各个页面的 session 是相同的。

(4) 不同用户的 session 对象互不相同，具有不同的 ID。

(5) session 生存周期受如下情况限制：关闭浏览器、调用 invalidate()方法、超过最长的"发呆"时间、关闭服务器。

在线视频

4.4 application 对象

application 对象与 session 对象不同的是，application 对象由多个客户端用户共享。同样可以用酒店的案例来进行解释，如果酒店的房间可以类比成 session 对象，那么酒店就相当于 application 对象，如图 4-45 所示。

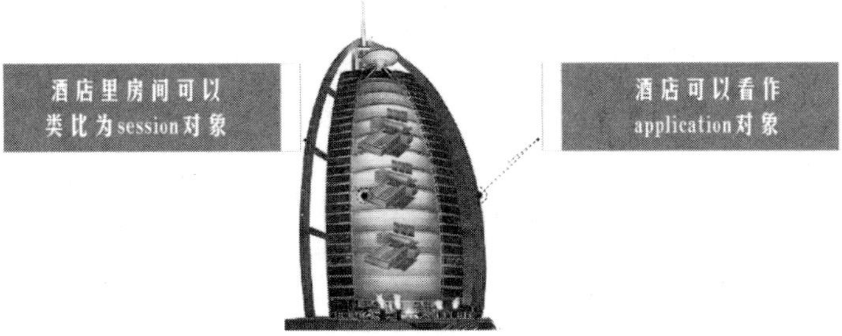

图 4-45　模拟 application 对象和 session 对象的区别

只有当酒店需要整改、装修或遇到一些不可抗力之后才会停止营业，而 application 对象的生命周期也是如此。服务器启动后，新建一个对应 Web 服务目录的 application 对象，一直保持到服务器关闭，如图 4-46 所示。

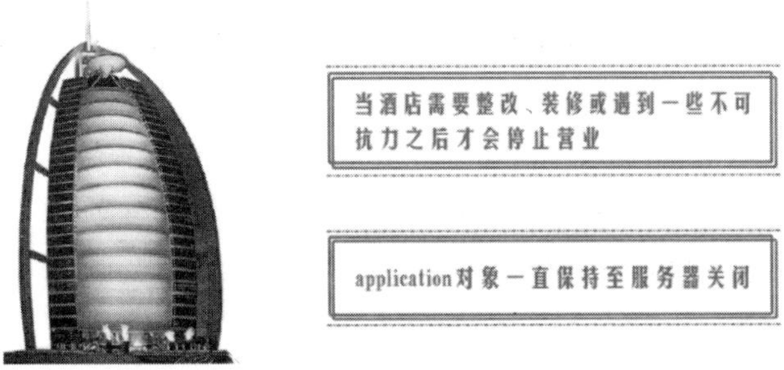

图 4-46　模拟 application 对象的工作原理

在现实生活中，不同酒店注册的工商号是不一样的，与其对应的是不同 Web 服务目录下的 application 对象也是互不相同的，如图 4-47 所示。

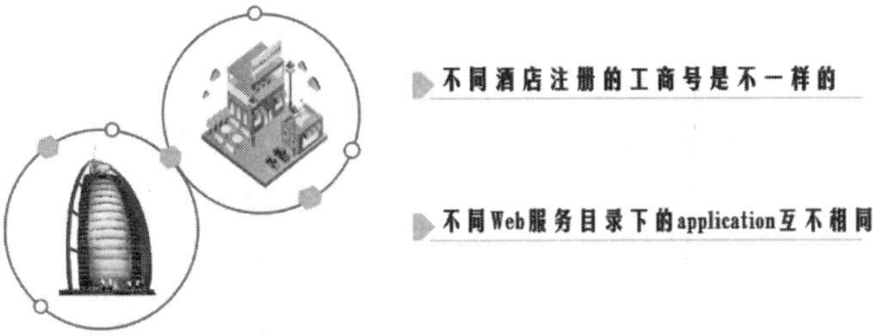

图 4-47　模拟 application 对象的区别

每个 application 对象被访问该服务目录的所有用户共享，但不同 Web 服务目录下的 application 互不相同，如图 4-48 所示。

存储在 application 对象中的属性可以被该 Web 应用程序中的所有 Servlet 程序访问，而不管访问来自哪个客户端。

4.4.1　application 对象常用方法

(1) public void setAttribute(String key,Object obj)方法，application 对象可以调用该

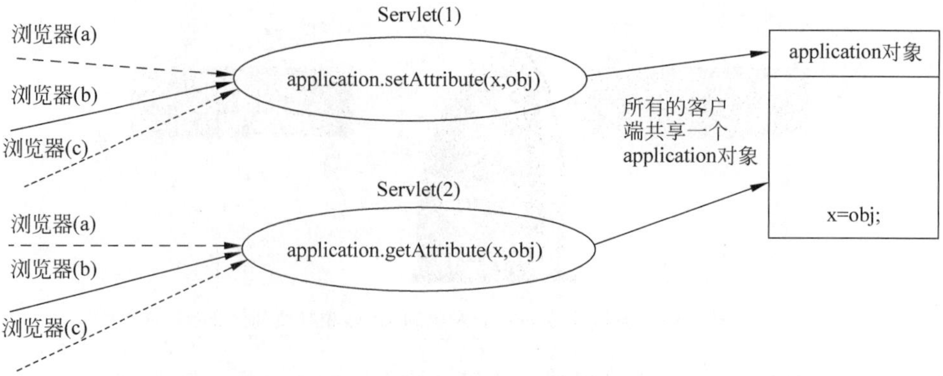

图 4-48 application 对象被用户共享

方法将参数 Object 指定的对象 obj 添加到 application 对象中，并为添加的对象指定了一个索引关键字。

(2) public Object getAttribute(String key)方法，用于获取 application 对象含有的关键字是 key 的对象。

(3) public Enumeration getAttributeNames()方法，调用该方法产生一个枚举对象，该枚举对象使用 nextElements()遍历 application 中的各个对象所对应的关键字。

(4) public void removeAttribute(String key)方法，从当前 application 对象中删除关键字是 key 的对象。

4.4.2 application 对象的特点

application 与 session 的区别在于用户存储的数据可以和其他用户共享，类似于房客 A 把行李存储在酒店的公共区域，其他用户只要获得了取行李的钥匙就可以去取房客 A 的行李。application 对象共享公共数据模拟如图 4-49 所示。

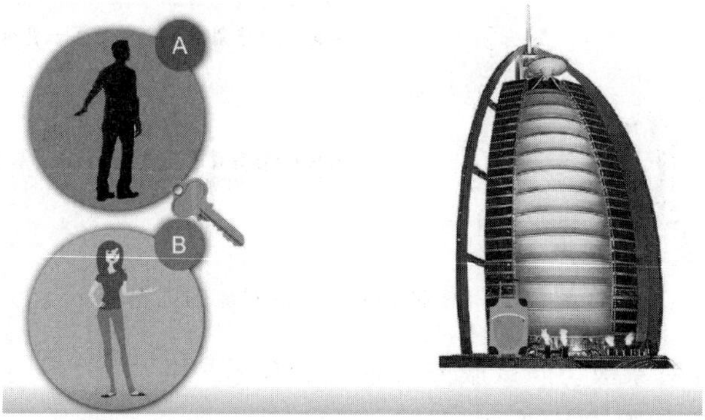

图 4-49 application 对象共享公共数据模拟

但如果房客 A 把行李存储在房间里，也就是存储在 session 对象当中，其他房客即使获得了钥匙，也没有办法进入房客 A 的房间取得行李。application 不共享 session 对象数据模拟如图 4-50 所示。

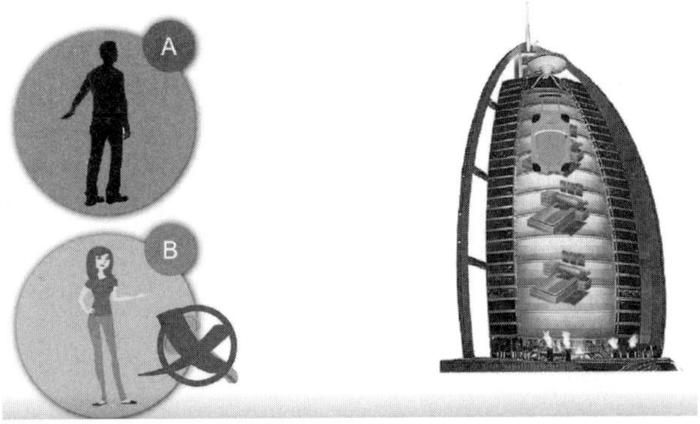

图 4-50 application 不共享 session 对象数据模拟

4.4.3 application 对象实现发送通知

案例中通过 Example4_12_a_application_notice.jsp 页面向 Example4_12_b_application_notice_send.jsp 发送表单数据,其中包含标题、发稿单位和发稿内容,同时在 Example4_12_b_application_notice_send.jsp 页面中检测输入数据的格式是否正确,若不正确需返回表单页面重新输入表单信息,若正确则进行重定向至所有通知的详细信息页面 Example4_12_c_application_notice_show.jsp。

在案例中使用 Vector<V>泛型对数据进行存储,相当于用数组的方式存储信息。

```
Example4_12_a_application_notice.jsp

<%@ page language = "java" contentType = "text/html; charset = UTF-8"
        pageEncoding = "UTF-8" %>
<!DOCTYPE html>
<html>
<head>
<meta charset = "UTF-8">
<title>application 实现发送通知</title>
</head>
<body>
<form action = "Example4_12_b_application_notice_send.jsp" method = "post">
<p>输入标题:</p>
<input type = "text" name = "titles">
<p>发稿单位</p>
<input type = "text" name = "names">
<p>通知内容</p>
<textarea name = "contents" cols = "30" rows = "10"></textarea>
<input type = "submit" value = "提交">
</form>
<a href = "Example4_12_c_application_notice_show.jsp">查看所有通知</a>
</body>
</html>


Example4_12_b_application_notice_send.jsp

<%@ page import = "java.util.Vector" %>
```

```
<%@ page language = "java" contentType = "text/html; charset = UTF - 8"
        pageEncoding = "UTF - 8" %>
<!DOCTYPE html>
<html>
<head>
<meta charset = "UTF - 8">
<title>application 实现发送通知提交界面</title>
</head>
<body>
<%!
  Vector<String> vector = new Vector<>();
  ServletContext application;
  synchronized void sendMessage(String s) {
    application = getServletContext();
    vector.add(s);
    application.setAttribute("allNotices", vector);
  }
%>
<%
  String titles = request.getParameter("titles");
  String names = request.getParameter("names");
  String contents = request.getParameter("contents");
  if (titles == null || names == null || contents == null) || titles.length() == 0 ||
names.length() == 0 ||contents.length() == 0 {
    out.print("输入内容为空,请重新输入");
%>
<a href = "Example4_12_a_application_notice.jsp">返回通知发送界面</a>
<%
  } else {
    String s = titles + " - " + names + " - " + contents;
    sendMessage(s);
  }
  response.sendRedirect("Example4_12_c_application_notice_show.jsp");
%>
</body>
</html>
```

Example4_12_c_application_notice_show.jsp

```
<%@ page import = "java.io.UnsupportedEncodingException" %>
<%@ page import = "java.util.Vector" %>
<%@ page language = "java" contentType = "text/html; charset = UTF - 8"
        pageEncoding = "UTF - 8" %>
<!DOCTYPE html>
<html>
<head>
<meta charset = "UTF - 8">
<title>application 实现发送通知显示界面</title>
</head>
<body>
```

```
<%!
  public String charsetMethod(String s) {
    try {
      byte[] bytes = s.getBytes("iso - 8859 - 1");
      s = new String(bytes);
    } catch (UnsupportedEncodingException e) {
      e.printStackTrace(); }
    if (s == null || s.length() == 0) {
      s = "";}
    return s;
  }
%>
<%
  Vector<String> vector = (Vector)
application.getAttribute("allNotices");
  for (String notices : vector) {
    String[] notice = notices.split(" - ");
    out.print("标题名:" + charsetMethod(notice[0]) + "<br>");
    out.print("发稿单位:" + charsetMethod(notice[1]) + "<br>");
    out.print("通知内容:" + charsetMethod(notice[2]) + "<br>");
%>
<hr>
<%
  }
%>
<a href = "Example4_12_a_application_notice.jsp">返回通知发送界面</a>
</body>
</html>
```

页面显示效果如图 4-51 所示。

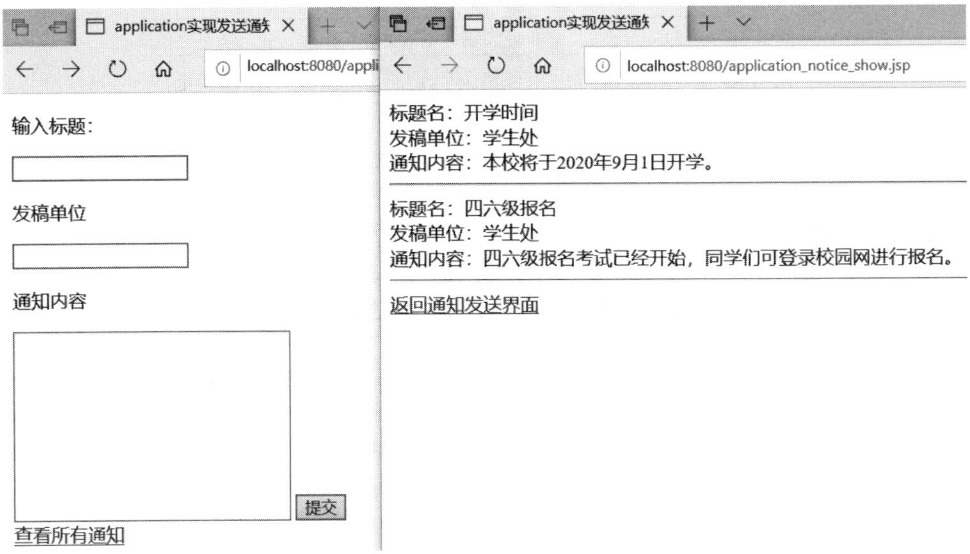

图 4-51 application 对象发送通知案例页面显示

4.5 out 对象

4.5.1 out 对象定义

out 对象是一个输出流,用来向用户端输出数据。通过 out 对象直接向用户端写一个由程序动态生成的 HTML 文件。

out 对象可以看作酒店的叫醒服务,即酒店主动向住客输出信息。模拟 out 对象工作原理图如图 4-52 所示。

图 4-52 模拟 out 对象工作原理

JSP 通过 out 对象向客户端浏览器输出信息,并且管理应用服务器上的输出缓冲区。在使用该对象输出数据时,可以操作数据缓冲区,并及时清除缓冲区中残余的数据,为其他的输出让出缓冲空间。数据输出后要及时关闭输出流。out 对象的相关方法说明如图 4-53 所示。

方 法	说 明
void print()	在客户端输出各种数据类型数据
void println()	在客户端换行输出各种数据类型数据
void flush()	清空输出缓冲区
void close()	关闭流
Boolean isAutoFlush()	检查流是否自动清缓冲
int getBufferSize()	得到缓冲区的大小(KB)
int getRemaining()	得到缓冲区中未用大小(KB)
void clear()	清缓冲区

图 4-53 out 对象的重要方法

4.5.2 输出信息

out 对象的 print()方法向客户端浏览器输出信息,通过该方法输出的信息与使用 JSP 表达式输出的信息相同。

在之前的案例中也有见过相似的语法输出,例如,其两种打印方式如下。

方式一:out. print()方法

```
<%
  out.print(date + "当前时间段用户访问<br>");
%>
```

方式二：out.println()方法

```
<%
  out.println(date + "当前时间段用户访问<br>");
%>
```

下面的案例中同时实现了两种方法。通过案例可以看出，out 对象的 print()方法在输出信息时不会有换行的动作，但是对于 println()方法在输出信息后会输出一个换行符。此时需要注意的是，虽然 println()方法输出了换行符，但在 HTML 中输出换行需要用
进行标记，并且不能解析带有“\n”的换行符，所以如果想要显示其效果，需要将内容包含在<pre>标记中。

```
Example4_13_out_print.jsp

<%@ page import="java.util.Date" %>
<%@ page contentType="text/html;charset=UTF-8" language="java" %>
<html>
<head>
<title>测试 out 对象的 print 方法</title>
</head>
<body>

<%
    out.print(new Date() + "当前时间段用户访问");
    out.print("此页面");
%>
<p>测试 out 对象的 print 方法</p>
<pre>
<%
        out.println(new Date() + "当前时间段用户访问");
        out.println("此页面");

    %>
</pre>
<p>测试 out 对象的 println 方法</p>

</body>
</html>
```

页面显示效果如图 4-54 所示。

4.5.3 管理缓冲区

out 对象不仅可以在 JSP 页面输出内容信息和动态生成一个页面，而且可以管理页面的缓冲区，例如，清理缓冲区、清除当前缓冲区内容、刷新缓冲区、检测缓冲区以及获取缓冲区大小等。

out 对象管理缓冲区的方法如表 4-2 所示。

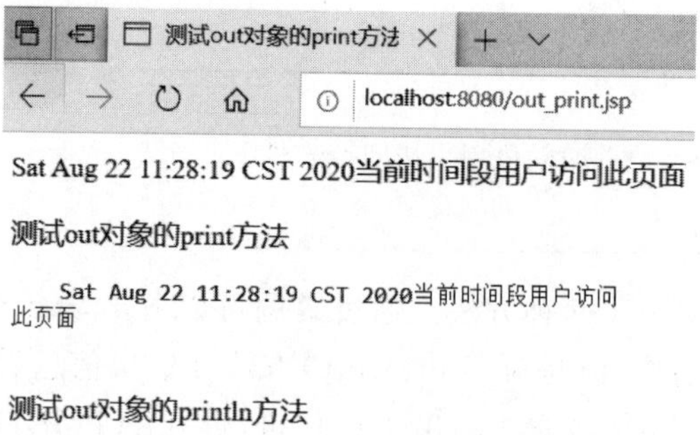
测试out对象的print方法
localhost:8080/out_print.jsp
Sat Aug 22 11:28:19 CST 2020当前时间段用户访问此页面
测试out对象的print方法
Sat Aug 22 11:28:19 CST 2020当前时间段用户访问
此页面
测试out对象的println方法

图 4-54　out 对象的 print 方法案例页面显示

表 4-2　out 对象管理缓冲区的方法

方　　法	作　　用
crear()	清除缓冲区中的内容，不将数据发送到客户端
crearBuffer()	将数据发送到客户端，清除当前缓冲区中的内容
flush()	刷新流，输出缓冲区中的数据
isAutoFlush()	检测当前缓冲区已满时是自动清空，还是抛出异常
getBufferSiae()	获取缓冲区的大小

4.6　上机案例

本章的知识点已全部结束，读者对于本章的内容掌握得如何呢？如果还有部分知识点难以解决或者记得不够牢固，一定要及时回顾和复习。

下面不妨来思考一个问题，大家在登录一个网站的时候可能都会遇到保存密码的功能或者当我们再次访问同一个网站的时候用户名和密码都已经呈现出来，此时不需要再次输入用户名和密码，那这样的功能是怎么实现的呢？读者不妨好好想想这个问题。

下面的上机案例中仅以登录为例，帮助读者了解登录的大致实现，因为本章还未涉及数据库相关的介绍，所以其登录的用户名和密码都以静态展示，参考代码如下。

Example4_14_a_exam.jsp

```
<%@ page language="java" contentType="text/html; charset=UTF-8"
      pageEncoding="UTF-8"%>
<!DOCTYPE html>
<html>
<head>
<meta charset="UTF-8">
<title>上机案例</title>
</head>
<body>
<p>欢迎访问本网站!</p>
```

```
<form action="Example4_14_b_exam.jsp">
<b>用户名</b><input type="text" name="username"><br>
<b>密 码</b><input type="password" name="password"><br>
<input type="submit" value="提交">
</form>

</body>
</html>
```

Example4_14_b_exam.jsp

```
<%@ page language="java" contentType="text/html; charset=UTF-8"
        pageEncoding="UTF-8" %>
<!DOCTYPE html>
<html>
<head>
<meta charset="UTF-8">
<title>上机案例</title>
</head>
<body>
<%
    String username = request.getParameter("username");
    String password = request.getParameter("password");
    if ("root".equals(username) &&"123123".equals(password)) {
        out.print("登录成功");
    } else {
        response.sendRedirect("Example4_14_a_exam.jsp");
    }
  %>
</body>
</html>
```

小结

(1) HTTP 通信协议是用户与服务器之间一种提交请求信息与响应信息的通信协议；在 JSP 中，内置对象 request 封装了请求信息，response 对象对请求做出响应。

(2) HTTP 是一种无状态协议。同一用户同一 Web 服务目录中 session 相同，不同 Web 服务目录中 session 不同。

(3) session 生存周期依赖于关闭浏览器、调用 invalidate()方法、最长的“发呆”时间。

(4) 内置 application 对象由服务负责创建，每个 Web 服务目录下的 application 对象被所有访问该目录的用户共享，不同服务目录下的 application 对象不同。

本章的内容小结参考图 4-55。

JSP内置对象的内容暂时就要告一段落了，你在本章有哪些收获呢？

在日常开发过程中使用最多的应该就是request和response，在请求数据和响应数据过程中需要使用到，了解这些对象的相关API非常重要，例如request的getParameter()方法用于获取表单的数据。

JSP全称Java Server Pages，是一种动态网页开发技术，使用JSP标签在HTML网页中插入Java代码。JSP通过网页表单获取用户输入数据、访问数据库及其他数据源，然后动态地创建网页。

另外，session和application对象常常用于数据存储中，即需要根据用户的信息选择保存至会话，这样才能保证数据在整个会话过程中一直存在。

基本概念掌握得还是不错的，那你对内置对象的详细内容了解多少呢，比如怎么使用呢？

大体内容还是正确的，不错哦

图 4-55　第 4 章小结

习题

1. 用 JSP 从 HTML 表单中获得用户输入的正确语句为（　　）。

A. request. getParameter("names")　　B. response. getParameter("names")

C. request. getAttribute("names")　　D. response. getAttribute("names")

2. 下列哪一项不属于 JSP 动作指令标记？（　　）

A. ＜jsp：param＞　　B. ＜jsp：useBean＞

C. ＜jsp：session＞　　D. ＜jsp：include＞

3. 当 JSP 页面的一个客户线程在执行＿＿＿＿方法时，其他客户必须等待。

4. out 对象的＿＿＿＿方法实现输出缓冲的内容。

5. JSP 的＿＿＿＿对象用来保存单个用户访问时的一些信息。

6. response. setHeader("Refresh",10);的含义是指页面刷新时间为＿＿＿＿。

7. 简述 out 对象、request 对象和 response 对象的作用。

8. 简述 session 对象、pageContext 对象、exception 对象和 application 对象的作用。

9. 使用 request 对象完成对表单信息获取并输出所得信息。

10. 使用 session 对象实现数据之间的共享。

第 ⑤ 章

JSP与JavaBean

JavaBean 是一款可重复使用的软件组件,实际上 JavaBean 是用 Java 语言编写的一个特殊的 Java 类,该类的一个实例称为一个 JavaBean,简称 Bean。JavaBean 一般用于实现网页中的业务逻辑或数据库操作。JavaBean 的作用如图 5-1 所示。

相较于其他 Java 类,JavaBean 具有以下特点。

(1) 使用 JavaBean 可以实现代码的重复运用。

(2) JavaBean 易编写、易维护、易使用。

(3) 由于 JavaBean 是基于 Java 语言的,所以 JavaBean 不依赖平台,可以在任何安装了 Java 运行环境的平台上使用,具有可跨平台的特点。

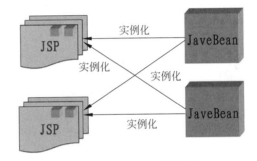

图 5-1　JavaBean 的作用

首先,需要在 JSP 页面加载一个 Bean,也就是实例化一个 JavaBean 对象,然后 JSP 页面将数据的处理过程指派给一个或几个 Bean 来完成,也就是 JSP 页面调用 Bean 完成数据的处理,并将有关处理结果存放在 Bean 中,由 JSP 页面负责显示 Bean 中的数据。JSP 与 JavaBean 的相关联系如图 5-2 所示。

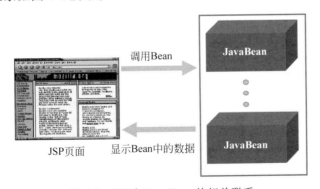

图 5-2　JSP 与 JavaBean 的相关联系

5.1   编写 JavaBean 和使用 JavaBean

5.1.1   编写 JavaBean

编写 JavaBean 就是编写一个 Java 类,这个类创建的一个对象称为一个 JavaBean,简称 Bean。为了让应用程序构建工具知道 Bean 的属性和用法,JavaBean 的命名需要遵循以下规则。

(1) 类中必须提供获取和修改方法用来获取或修改成员变量 XXX 的属性。

getXxx()用来获取属性 xxx。

setXxx()用来修改属性 xxx,属性名首字母必须大写。

(2) 对于 boolean 类型的成员变量,即布尔逻辑类型的属性,允许使用"is"代替上面的 "get"和"set"。

(3) 类中声明的方法的访问属性都必须是 public 的。

(4) 类中声明的构造方法必须是 public、无参数的。

```java
Example_5_1_rectangle.java

public class Example_5_1_rectangle {
    private double width;
    private double height;

    public Example_5_1_rectangle(){
        this.height = 10;
        this.width = 5;
    }
    public double getWidth() {
        return width;
    }

    public void setWidth(double width) {
        this.width = width;
    }

    public double getHeight() {
        return height;
    }

    public void setHeight(double height) {
        this.height = height;
    }

    public double recArea() {
        return this.height * this.width;
    }
```

```
    public double recPerimeter() {
        return this.width * 2 + this.height * 2;
    }
}
```

上述案例中,分别设置了长方形的长和宽且均为双精度型变量,同时设置了其 set 和 get 方法,用于获取和修改成员变量的值,在获得成员变量值之后若调用 recArea()或 recPerimeter()方法可返回长方形的面积和周长。

5.1.2 Bean 字节码的保存

为了让 JSP 页面使用 JavaBean,Tomcat 服务器必须使用相应的字节码创建一个 Bean,为了让服务器找到字节码,字节码文件必须保存在特定的目录中,在开发工具中的目录结构如图 5-3 所示。Bean 字节码保存分为以下三个步骤。

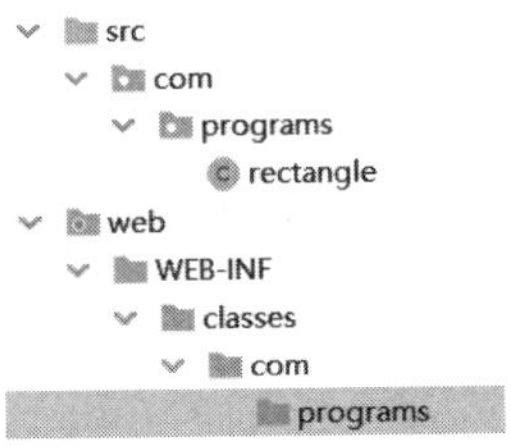

(1) 在当前 Web 服务目录下建立如下目录:Web 服务目录\WEB-INF\classes。

(2) 根据类的包名,在目录 classes 下建立相应的子目录:Web 服务目录\WEB-INF\classes\com\programs。

图 5-3 Bean 字节码保存目录

(3) 将 Bean 字节码保存在相应的子目录。

5.1.3 使用 JavaBean

Bean 是通过 JSP 动作标记——useBean 加载使用的,格式如下。

< jsp:useBean id = "Bean 的名字" class = "创建 Beans 的字节码" scope = "Bean 有效范围"/>
< jsp:useBean id = "Bean 的名字" class = "创建 Beans 的类" scope = "Bean 有效范围">
</jsp:useBean >

例如:

< jsp:useBean id = "rectangle" class = "com.programs.rectangle_Example29" scope = "page"/>

5.1.4 Bean 的加载原理

JSP 引擎加载 Bean 时首先查找内置 pageContext 对象中是否存在这样的 Bean,如存在则分配给用户,如果不存在,则根据 class 指定的字节码文件创建一个 Bean,并添加到 PageContext 对象中,然后分配给用户。Bean 的加载原理如图 5-4 所示。

注意:

如果修改了字节码文件,也就是修改了.java 源文件,必须重启 JSP 引擎才能使用。

5.1.5 Bean 的生命周期

使用 JSP 动作标记 useBean 来加载使用 Bean。useBean 中的 scope 给出了 Bean 的生命周期,即 scope 取值决定了 JSP 引擎分配给用户的 Bean 的存活时间。

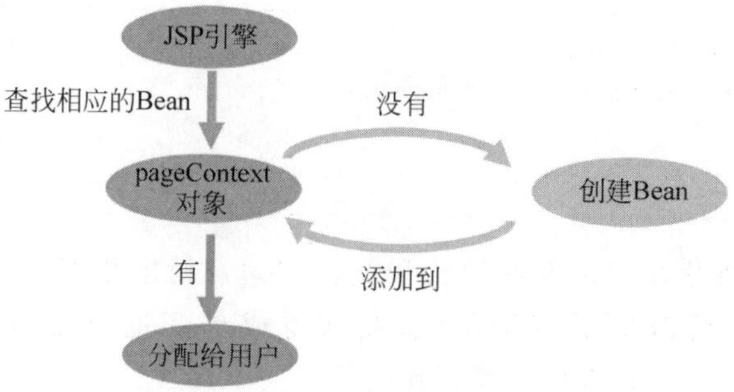

图 5-4 Bean 的加载原理

scope 可以有四种取值，分别是 page、request、session、application，具体的作用和说明如下。

（1）当 Bean 的有效范围是 page 期间，JSP 引擎分配给每个 JSP 页面的 Bean 是互不相同的，也就是说，尽管每个 JSP 页面 Bean 的功能相同，但它们占有不同的内存空间。page 期间的生命周期如图 5-5 所示。

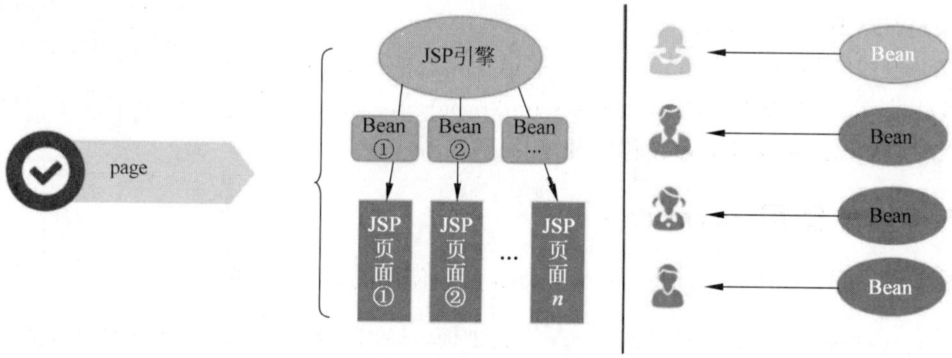

图 5-5 page 期间的生命周期

不同用户的 scope 取值是 page 的 Bean 也是互不相同的，所以一个用户对自己 Bean 属性的改变不会影响到另一个用户。

（2）当 Bean 的有效范围是 request 期间，JSP 引擎分配给每个 JSP 页面 Bean 以及不同用户的 Bean 也是互不相同的。request 期间的生命周期如图 5-6 所示。

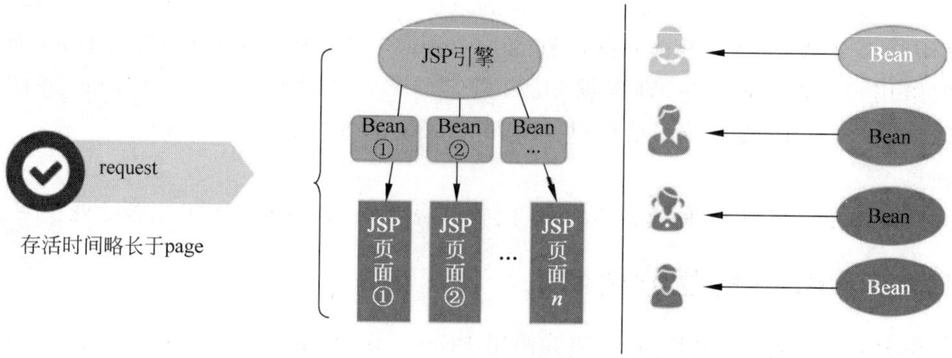

图 5-6 request 期间的生命周期

与 page 不同的是,JSP 引擎对请求做出响应之后,即页面执行完毕后才取消分配给 JSP 页面的这个 Bean,所以 request 存活时间略长于 page。

(3) Bean 的有效范围是用户的会话期间,不同页面的 Bean 是同一个 Bean,所以当用户在某个页面改变了这个 Bean 的属性,其他页面的同一个 Bean 的属性也会发生同样的变化。session 期间的生命周期如图 5-7 所示。

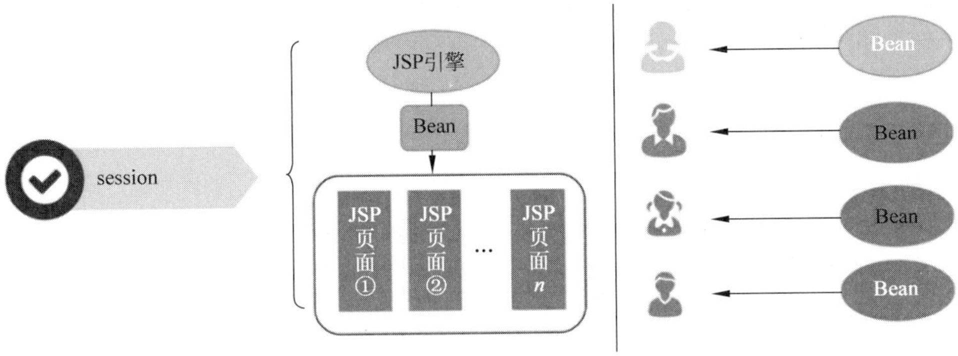

图 5-7 session 期间的生命周期

但不同用户的 scope 取值为 session 的 Bean 是互不相同的。

(4) Bean 的有效范围是 application 期间,JSP 引擎为 Web 服务目录下所有的 JSP 页面分配一个共享的 Bean,不同用户的 Bean 是同一个,直到服务器关闭。application 期间的生命周期如图 5-8 所示。

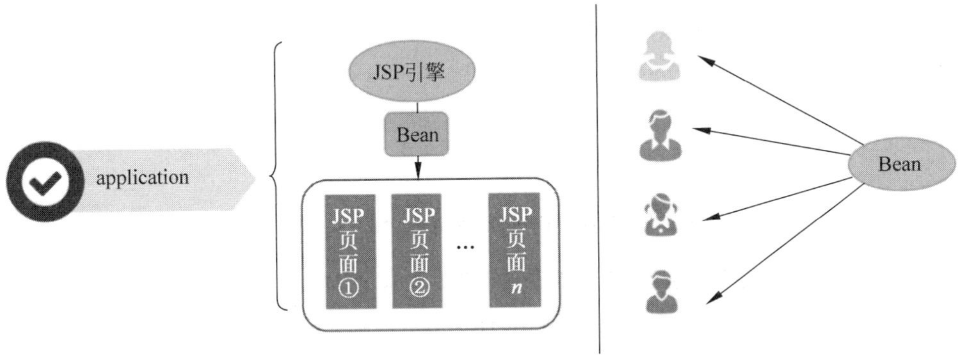

图 5-8 application 期间的生命周期

也就是说,当多个用户同时访问一个 JSP 页面时,任何一个用户对自己 Bean 的属性的改变,都会影响到其他用户。直到服务器关闭,才取消有效范围是 application 的 Bean。

在下面的案例中,创建的 Bean 类是上述 JavaBean 的实例 rectangle.java,使用 scope 为 page 的生命周期。

```
Example5_2_javabean_scope_page.jsp

<%@ page contentType = "text/html;charset = UTF - 8" language = "java" %>
<html>
```

```
< head >
< title > scope - page </title >
</head >
< body >
< jsp:useBean id = "rectangle" class = "com.programs.Example5_1_rectangle" scope = "page" />
<p>长方形的长为:<% = rectangle.getHeight()%></p>
<p>长方形的宽为:<% = rectangle.getWidth()%></p>
<p>修改长方形的长和宽</p>
<%
    rectangle.setHeight(77);
    rectangle.setWidth(11);
%>
<p>修改后的长方形的长为:<% = rectangle.getHeight()%></p>
<p>修改后的长方形的宽为:<% = rectangle.getWidth()%></p>
<h3>故可以求得目前长方形的周长为:<% = rectangle.recPerimeter()%></h3>
<h3>故可以求得目前长方形的面积为:<% = rectangle.recArea()%></h3>
</body >
</html >
```

页面显示效果如图 5-9 所示。

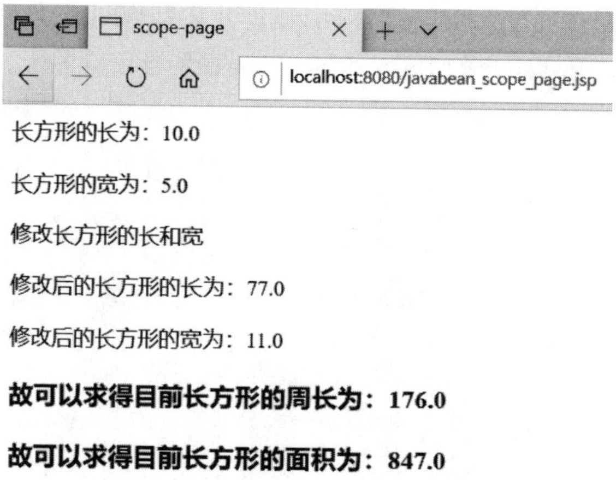

图 5-9　page 生命周期案例页面显示

下面的案例中使用 scope 取值为 session 的生命周期,其中 id 为 rectangle 的 Bean,使用的 JavaBean 为上述案例中的 Example5_1_rectangle.java。

首先在 Example5_3_a_javabean_scope_session.jsp 页面中获得当前类中初始化的长方形的长和宽,并计算其面积和周长,然后进入链接为 Example5_3_b_javabean_scope_session.jsp 的页面中对长方形的长和宽进行修改并计算修改后的长方形的长和宽,当再次进入之前的页面或在两个页面进行跳转时会一直保持修改之后的值。案例代码和页面显示效果如下,其中页面效果中包含初始化的页面显示,即尚未改变其值和改动长方形的长和宽之后的页面显示,因为 session 生命周期的影响其值一直保持到浏览器关闭。

```
Example5_3_a_javabean_scope_session.jsp

<%@ page contentType = "text/html;charset = UTF - 8" language = "java" %>
<html>
<head>
<title> scope - session_a </title>
</head>
<body>
< jsp:useBean id = "rectangle" class = "com.programs.Example5_1_rectangle" scope = "session" />
<p>长方形的长为:<% = rectangle.getHeight() %></p>
<p>长方形的宽为:<% = rectangle.getWidth() %></p>

<h3>故可以求得目前长方形的周长为:<% = rectangle.recPerimeter() %></h3>
<h3>故可以求得目前长方形的面积为:<% = rectangle.recArea() %></h3>
<a href = "Example5_3_b_javabean_scope_session.jsp">去往
Example5_3_b_javabean_scope_session.jsp 页面</a>
</body>
</html>


Example5_3_b_javabean_scope_session.jsp

<%@ page contentType = "text/html;charset = UTF - 8" language = "java" %>
<html>
<head>
<title> scope - session_b </title>
</head>
<body>
< jsp:useBean id = "rectangle" class = "com.programs.Example5_1_rectangle" scope = "session" />
<p>长方形的长为:<% = rectangle.getHeight() %></p>
<p>长方形的宽为:<% = rectangle.getWidth() %></p>
<%
    rectangle.setHeight(35);
    rectangle.setWidth(10);
%>
<p>修改后的长方形的长为:<% = rectangle.getHeight() %></p>
<p>修改后的长方形的宽为:<% = rectangle.getWidth() %></p>
<h3>故可以求得目前长方形的周长为:<% = rectangle.recPerimeter() %></h3>
<h3>故可以求得目前长方形的面积为:<% = rectangle.recArea() %></h3>
<a href = "Example5_3_a_javabean_scope_session.jsp">去往
Example5_3_a_javabean_scope_session.jsp 页面</a>
</body>
</html>
```

页面显示效果如图 5-10～图 5-12 所示。

在下面的案例中使用 scope 取值为 application,当第一个用户访问页面时会显示初始化的长方形的长和宽,然后修改长方形的长和宽。因为是 application 的生命周期,所以当其他用户也访问此页面时,长方形的长和宽会显示为最新的值且一直保持不变直到服务器关闭。

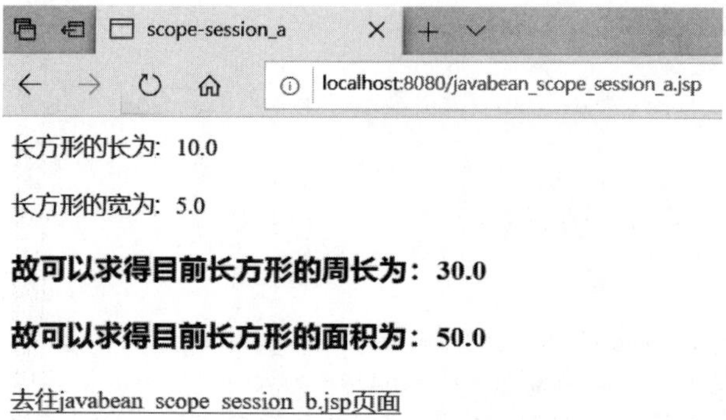
scope-session_a
localhost:8080/javabean_scope_session_a.jsp
长方形的长为: 10.0
长方形的宽为: 5.0
故可以求得目前长方形的周长为：30.0
故可以求得目前长方形的面积为：50.0
去往javabean_scope_session_b.jsp页面

图 5-10　session 生命周期案例初始化页面显示

scope-session_b
localhost:8080/javabean_scope_session_b.jsp
长方形的长为: 10.0
长方形的宽为: 5.0
修改后的长方形的长为：35.0
修改后的长方形的宽为：10.0
故可以求得目前长方形的周长为：90.0
故可以求得目前长方形的面积为：350.0
去往javabean_scope_session_a.jsp页面

图 5-11　session 生命周期案例改动之后页面显示 1

图 5-12　session 生命周期案例改动之后页面显示 2

```
Example5_4_javabean_scope_application.jsp

<%@ page contentType="text/html;charset=UTF-8" language="java" %>
<html>
<head>
<title>scope-application</title>
```

```
</head>
<body>
<jsp:useBean id = "rectangle" class = "com.programs.Example5_4_rectangle" scope =
"application" />
<P>长方形的长为:<% = rectangle.getHeight() %></p>
<P>长方形的宽为:<% = rectangle.getWidth() %></p>
<p>修改长方形的长和宽</p>
<%
    rectangle.setHeight(99);
    rectangle.setWidth(22);
 %>
<p>修改后的长方形的长为:<% = rectangle.getHeight() %></p>
<p>修改后的长方形的宽为:<% = rectangle.getWidth() %></p>
<h3>故可以求得目前长方形的周长为:<% = rectangle.recPerimeter() %></h3>
<h3>故可以求得目前长方形的面积为:<% = rectangle.recArea() %></h3>
</body>
</html>
```

页面显示效果如图 5-13 和图 5-14 所示,设定的长方形的长和宽在页面刷新之后依旧未改变,但是当此时关闭服务器将会使其值发生改变。

scope-application
localhost:8080/javabean_scope_application.jsp
长方形的长为: 10.0
长方形的宽为: 5.0
修改长方形的长和宽
修改后的长方形的长为: 99.0
修改后的长方形的宽为: 22.0
故可以求得目前长方形的周长为: 242.0
故可以求得目前长方形的面积为: 2178.0

图 5-13 application 生命周期案例初始化页面显示

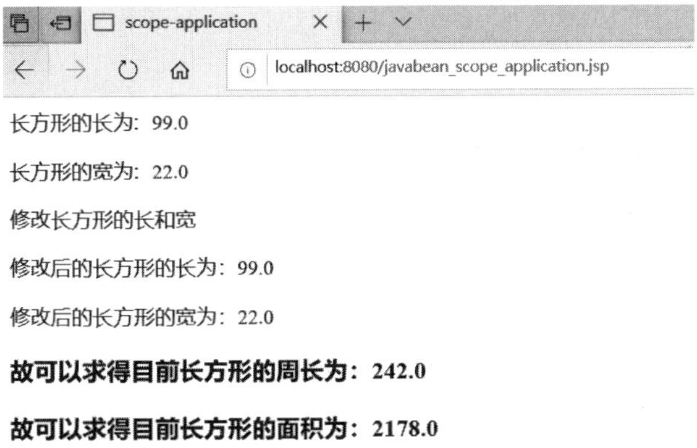
scope-application
localhost:8080/javabean_scope_application.jsp
长方形的长为: 99.0
长方形的宽为: 22.0
修改长方形的长和宽
修改后的长方形的长为: 99.0
修改后的长方形的宽为: 22.0
故可以求得目前长方形的周长为: 242.0
故可以求得目前长方形的面积为: 2178.0

图 5-14 其他用户访问 application 生命周期案例页面显示

如图 5-15 所示表示在 application 生命周期期间,不同用户访问 JSP 页面时都会使用的相同的 Bean,即同一个类文件。

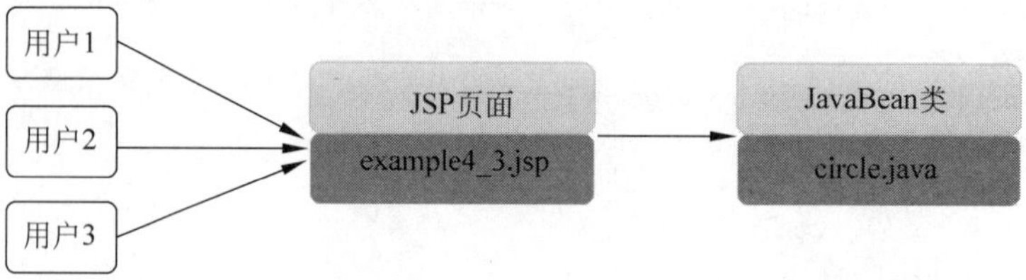

图 5-15   模拟 application 生命周期

在线视频

5.2   获取和修改 Bean 的属性

如果想修改或者使用 Bean 的属性,可以使用 set,get 方法,除此之外,还可以使用动作标记 getProperty、setProperty 获取或修改 Bean 的属性。

需要注意的是,当 JSP 页面使用 getProperty、setProperty 标记获取或修改属性 xxx 时,必须保证 Bean 有相应的 getXxx()和 setXxx()方法;而且在程序片段中直接用 Bean 调用方法不需要方法命名遵守 getXxx()和 setXxx()规则。

5.2.1   getProperty 动作标记

使用 getProperty 动作标记可以获得 Bean 的属性值,并将这个值用串的形式发送给用户的浏览器。使用 getProperty 动作标记之前,必须使用 useBean 动作标记获得相应的 Bean。

getProperty 动作标记的格式如下。

```
< jsp:getProperty name = "Bean 的名字" property = "Bean 的属性" />
```

或

```
< jsp:getProperty name = "Bean 的名字" property = "Bean 的属性"/>
</jsp:getProperty >
```

通过上述动作标记可以得出其定义的基本格式,而该动作标记可以等价于 Java 表达式:<% = bean. getXxx() %>。

5.2.2   setProperty 动作标记

使用 setProperty 动作标记可以设置 Bean 的属性值,同样,在使用 getProperty 动作标记之前,必须使用 useBean 动作标记获得相应的 Bean。

setProperty 动作标记可以通过两种方式设置 Bean 的属性值。

(1) 将 Bean 属性的值设置为一个表达式的值或字符串,其基本格式如下。

```
< jsp:setProperty name = "Bean 的名字" property = "Bean 的属性" value = "<% = expression %>"/>
```

或

```
<jsp:setProperty name = "Bean 的名字" property = "Bean 的属性" value = 字符串/>
```

（2）通过 HTTP 表单的参数的值来设置 Bean 的相应属性的值。

① 用 HTTP 表单的所有参数的值设置 Bean 相对应的属性的值，参数名必须一致。

```
<jsp:setProperty name = "Bean 的名字" property = " * " />
```

② 用 HTTP 表单的某个参数的值设置 Bean 的某个属性的值，不要求参数名一致。

```
<jsp:setProperty name = "Bean 的名字" property = "Bean 属性名" param = "表单中的参数名" />
```

```
<jsp:setProperty name = "Bean 的变量名" property = "Bean 的属性名" value = "Bean 的属性值" />
<!-- 或者将 setProperty 放在 useBean 的标签体中 -->
<jsp:useBean id = "user" class = "model.User">
<jsp:setProperty name = "user" property = "name" value = "Bob"/>
</jsp:useBean>
```

下面的案例中编写一个购物车的 JavaBean，在 JSP 页面中通过上述用 HTTP 表单的所有参数的值设置 Bean 相对应的属性的值的方法，其中，scope 的值为 request，其代码和页面的显示效果如下。

```java
Example5_5_a_shopping.java

public class Example5_5_a_shopping {
    private String goods;
    private int number;

    public String getGoods() {
        return goods;
    }

    public void setGoods(String goods) {
        this.goods = goods;
    }

    public int getNumber() {
        return number;
    }

    public void setNumber(int number) {
        this.number = number;
    }
}
```

```jsp
Example5_5_b_shopping_setorget.jsp

<%@ page contentType = "text/html;charset = UTF-8" language = "java" %>
<html>
<head>
```

```
<title>购物车</title>
</head>
<body>
<jsp:useBean id="shopping" class="com.programs.Example5_5_a_shopping" scope="request"/>
<jsp:setProperty name="shopping" property="goods" value="方便面"/>
<p>
    购买商品名称:<jsp:getProperty name="shopping" property="goods"/>
</p>
<jsp:setProperty name="shopping" property="number" value="<%=3%>"/>
<p>
    购买商品数量:<jsp:getProperty name="shopping" property="number"/>包
</p>
</body>
</html>
```

页面显示效果如图 5-16 所示。

购买商品名称: 方便面

购买商品数量: 3包

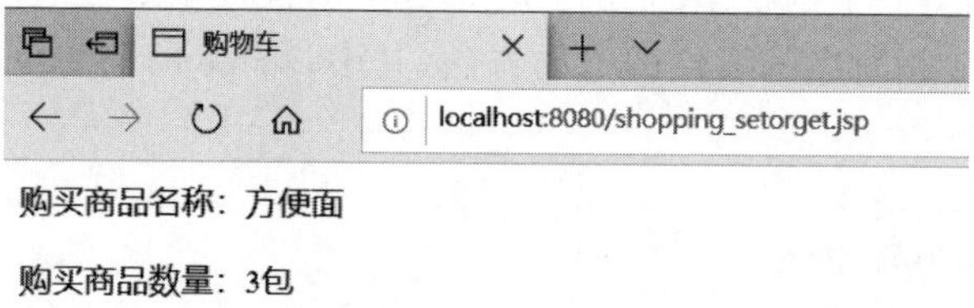

图 5-16 用 HTTP 表单所有参数设置 Bean 的属性值案例页面显示

下面的案例中使用 Example5_6_a_ticket 的类来创建 JavaBean 文件,用上述 HTTP 表单的某个参数的值设置 Bean 的某个属性的值,设置 JSP 页面的 Bean 属性名为 ticket,scope 为 request。采用模拟小型购票系统的方式,在 ticket_setorget_Example34_2.jsp 页面中输入起始站、达到站和购票数量,在 ticket_setorget_receive_Example34_3.jsp 的 JSP 页面中接收用户输入的相关属性值并进行输出。

```
Example5_6_a_ticket.java

public class ticket_Example34_1 {
    private String departureStation;
    private String arrivalStation;
    Private int number;

    public String getDepartureStation() {
        return departureStation;
    }

    public void setDepartureStation(String departureStation) {
        this.departureStation = departureStation;
    }

    public String getArrivalStation() {
```

```
        return arrivalStation;
    }

    public void setArrivalStation(String arrivalStation) {
        this.arrivalStation = arrivalStation;
    }

    public int getNumber() {
        return number;
    }

    public void setNumber(int number) {

    this.number = number;
    }
}
```

Example5_6_b_ticket_setorget.jsp

```
<%@ page contentType = "text/html;charset = UTF-8" language = "java" %>
<html>
<head>
<title>购票系统</title>
</head>
<body>
<form action = "Example5_6_c_ticket_setorget_receive.jsp">
<p>始发站:</p><input type = "text" name = "departureStation">
<p>到达站:</p><input type = "text" name = "arrivalStation">
<p>购票数量:</p><input type = "text" name = "number">

<input type = "submit" value = "提交至接收页面">
</form>
<hr>
</body>
</html>
```

Example5_6_c_ticket_setorget_receive.jsp

```
<%@ page contentType = "text/html;charset = UTF-8" language = "java" %>
<html>
<head>
<title>购票系统</title>
</head>
<body>
<jsp:useBean id = "ticket" class = "com.programs.Example5_6_a_ticket" scope = "request"/>

<jsp:setProperty name = "ticket" property = "departureStation"
param = "departureStation" />
<jsp:setProperty name = "ticket" property = "arrivalStation"
```

```
    param = "arrivalStation"/>
    < jsp:setProperty name = "ticket" property = "number" param = "number"/>

    < p>始发站:</p>< b>< jsp:getProperty name = "ticket"
    property = "departureStation"/></b>
    < p>到达站:</p>< b>< jsp:getProperty name = "ticket"
    property = "arrivalStation"/></b>
    < p>购票数量:</p>< b>< jsp:getProperty name = "ticket"
    property = "number"/></b>
    </body>
    </html>
```

页面显示效果如图 5-17 和图 5-18 所示。

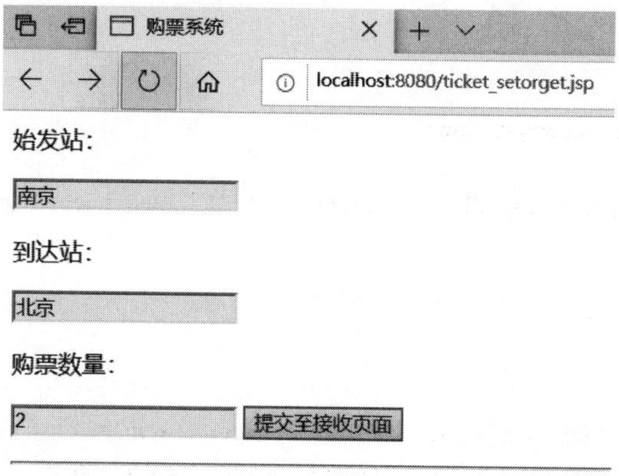

图 5-17 用 HTTP 表单某个参数设置 Bean 的属性值案例提交页面显示

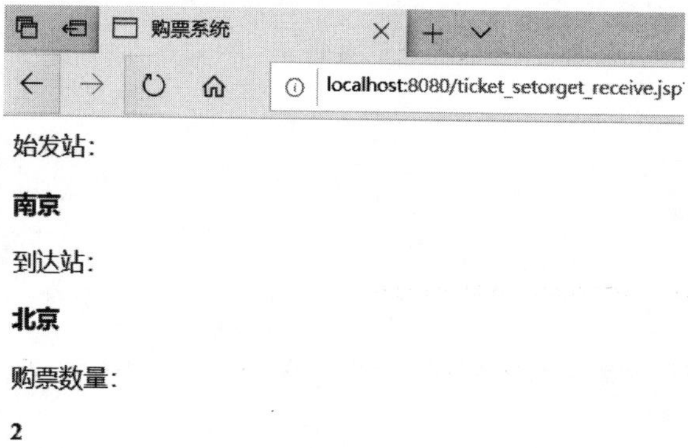

图 5-18 用 HTTP 表单某个参数设置 Bean 的属性值案例结果页面显示

在线视频

5.3 Beans 的辅助类

在写一个 Bean 的时候,除了需要用 import 语句引入 JDK 平台提供的类,可能还需要其他自己编写的一些类。

只要将这些类和创建 Bean 的类写在一个 Java 源文件中即可，但必须将源文件编译后产生的全部字节码文件复制到相应的目录中。

下面的案例中，使用 Java 的内置工具类 Date 类处理时间的格式问题。在 Bean 的类文件 Example5_7_b_timesConvert.java 中，需要通过 Example5_7_b_timesConvert.java 的类文件来辅助完成该功能，该类文件是用来处理时间格式的。

在 Bean 的类文件中调用辅助类的 handle_times()方法，根据 JSP 页面用户提交的表单内容选择相应的时间格式进行输出，通过 convert_times 的方法返回处理之后的时间格式，若在初始的页面中因为提交的内容为空，故返回的结果为空，在下拉框中选择对应的时间格式内容提交之后，页面最终显示处理完成之后的结果，代码和页面显示如下。

Example5_7_a_timesBeans.java

```
public class Example5_7_a_timesBeans {
    private String types;
    public String getTypes() {
        return types;
    }

    public void setTypes(String types) {
        this.types = types;
    }

    public String convert_times() {
        if (types != null) {
            return new Example5_7_b_timesConvert().handle_times(Integer.parseInt(this.
types));
        }
        return null;
    }
}
```

Example5_7_b_timesConvert.java

```
public class Example5_7_b_timesConvert{
    public String handle_times(int types) {
        SimpleDateFormat sdf;
        if (types == 1) {
            sdf = new SimpleDateFormat("yyyy - MM - dd HH:mm:ss");
        } else if (types == 2) {
            sdf = new SimpleDateFormat("yyyy年MM月dd日 HH:mm:ss");
        } else if (types == 3) {
            sdf = new SimpleDateFormat("yyyy/MM/dd HH:mm");
        } else {
            sdf = null;
        }
        Date now = new Date();
        if (sdf != null) {
            return sdf.format(now);
        } else {
```

```
            return null;
        }
    }
}


Example5_7_c_beans_auxiliary.jsp

<%@ page contentType = "text/html;charset = UTF - 8" language = "java" %>
<html>
<head>
<title> Beans 辅助类</title>
</head>
<body>
<jsp:useBean id = "times" class = "com.programs.Example5_7_a_timesBeans" scope = "request"/>
<p>修改当前时间的格式:</p>
<form action = "" method = "post">
<select name = "types" name = "types">
<option value = "1"> yyyy - MM - dd HH:mm:SS</option>
<option value = "2"> yyyy 年 MM 月 dd 日 HH:mm</option>
<option value = "3"> yyyy/MM/dd HH:mm:ss</option>
</select>
<input type = "submit" value = "提交">
</form>
<jsp:setProperty name = "times" property = "types" param = "types"/>
处理完成之后的结果如下:
<%
    String result = times.convert_times();
    out.print(result);
%>
</body>
</html>
```

页面显示效果如图 5-19～图 5-21 所示。

图 5-19   Beans 辅助类案例初始页面显示

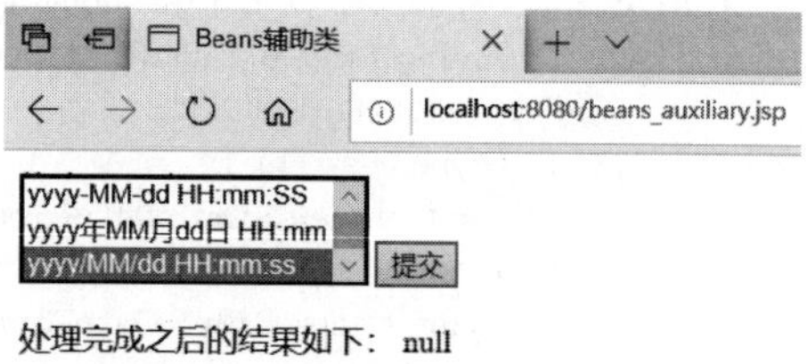

图 5-20   Beans 辅助类案例初始选择页面显示

图 5-21   Beans 辅助类案例结果页面显示

5.4 JSP 和 Bean 结合的简单例子

JSP 页面中调用 Bean 将数据处理代码从页面中分离出来，实现代码复用，以便有效地维护一个 Web 应用。

下面的案例中使用 JavaBean 为 Student 对用户输入的成绩进行汇总。通过 JSP 页面提交表单，用户在 JSP 页面提交表单后在 JavaBean 中完成该功能，具体的代码和页面显示如下。

Example5_8_a_Student.java

```
public class Example5_8_a_Student {
    private String name;
    private double math,english,computer,sum = 0;

    public String getName() {
        return name;}
    public void setName(String name) {
        this.name = name;}
    public double getMath() {
        return math;}
    public void setMath(double math) {
        this.math = math;}
    public double getEnglish() {
        return english;}
    public void setEnglish(double english) {
        this.english = english;}
    public double getComputer() {
        return computer;}
    public void setComputer(double computer) {
        this.computer = computer;}
    public double getSum() {
        sum = math + english + computer;
        return sum;}
    public void setSum(double sum) {
        this.sum = sum;}
}
```

Example5_8_b_Student_grade.jsp

```
<%@ page contentType = "text/html;charset = UTF-8" language = "java" %>
<html>
<head>
<title>求学生成绩</title>
</head>
<body>
<jsp:useBean id = "student" class = "com.programs.Example5_8_a_Student" scope = "request"/>
<form action = "" method = "post">
```

```
<b>输入学生的姓名</b><input type = "text" name = "name">
<p>数学成绩:</p><input type = "text" name = "math">
<p>英语成绩:</p><input type = "text" name = "english">
<p>计算机成绩:</p><input type = "text" name = "computer">
<input type = "submit" value = "提交">
</form>
<jsp:setProperty name = "student" property = " * "/>
<p>总成绩为:</p><jsp:getProperty name = "student" property = "sum"/>
</body>
</html>
```

页面显示效果如图 5-22 和图 5-23 所示。

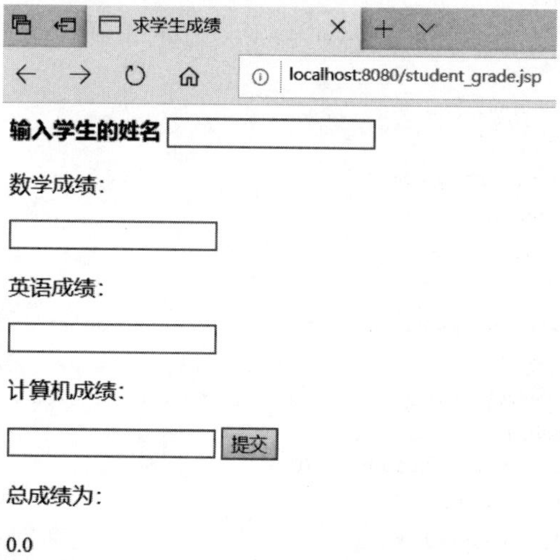

图 5-22　JSP＋Bean 结合实例案例初始化页面显示

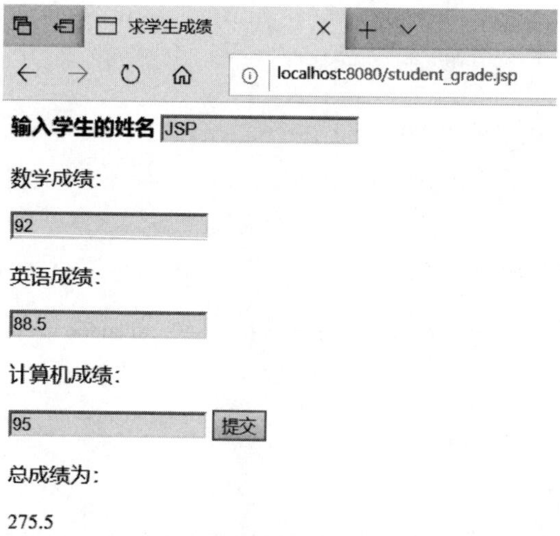

图 5-23　JSP＋Bean 结合实例案例结果页面显示

5.5 上机案例

本章的内容已经结束,读者在阅读本节内容时是否遇到了难以解决的问题呢?关于 JSP与Bean的结合案例读者是否掌握了呢?当这里JSP动作标记已经介绍完毕了,读者在日常学习过程中可能会遇到一些其他的问题,不妨将这些问题记录下来,以便之后复习本章内容时可以做针对性学习。

我们试想公司的信息系统是如何管理的呢?结合JavaBean,试着猜想是否会有一个员工的类,这个类中含有员工的哪些重要信息?本节的上机案例就可以实现一个员工信息的提交和查看,其中包含员工所需要的重要信息,参考代码如下。

```jsp
Example5_9_a_exam.jsp

<%@ page language = "java" contentType = "text/html; charset = UTF - 8"
        pageEncoding = "UTF - 8" %>
<!DOCTYPE html >
< html >
< head >
< meta charset = "UTF - 8">
< title >上机案例</title>
</head>
< body >
< h3 >添加员工信息</h3>
< form action = "Example5_9_b_exam.jsp" method = "post">
<b>员工姓名:</b>< input type = "text" name = "username">< br >
<b>员工年龄:</b>< input type = "text" name = "age">< br >
<b>员工部门:</b>< input type = "text" name = "department">< br >
<b>员工工号:</b>< input type = "text" name = "departmentID">< br >
< input type = "submit" value = "提交">
</form >
</body >
</html >


Example5_9_b_exam.jsp

<%@ page language = "java" contentType = "text/html; charset = UTF - 8"
        pageEncoding = "UTF - 8" %>
<!DOCTYPE html >
< html >
< head >
< meta charset = "UTF - 8">
< title >上机案例</title>
</head >
< body >
< jsp:useBean id = "staff" class = "com.programs.Example5_9_c_Staff" scope = "request"/>
< jsp:setProperty name = "staff" property = " * "></jsp:setProperty>
<p>员工姓名:< jsp:getProperty name = "staff"
```

```
property = "username"></jsp:getProperty></p>
<p>员工年龄:<jsp:getProperty name = "staff"
property = "age"></jsp:getProperty></p>
<p>员工部门:<jsp:getProperty name = "staff"
property = "department"></jsp:getProperty></p>
<p>员工工号:<jsp:getProperty name = "staff"
property = "departmentID"></jsp:getProperty></p>

</body>
</html>
```

Example5_9_c_Staff.java

```
package com.programs;
public class Example5_9_c_Staff {
    private String username;
    private int age;
    private String department;
    private String departmentID;

    public String getUsername() {
        return username;
    }

    public void setUsername(String username) {
        this.username = username;
    }

    public int getAge() {
        return age;
    }

    public void setAge(int age) {
        this.age = age;
    }

    public String getDepartment() {
        return department;
    }

    public void setDepartment(String department) {
        this.department = department;
    }

    public String getDepartmentID() {
        return departmentID;
    }

    public void setDepartmentID(String departmentID) {
        this.departmentID = departmentID;
    }
}
```

小结

（1）JavaBean是一个可重复使用的软件组件，是遵循一定标准、用Java语言编写的一个类，该类的一个实例称作一个JavaBean。

（2）一个JSP页面可以将数据的处理过程指派给一个或几个Bean来完成，只需在JSP页面中调用这个Bean即可。在JSP页面中调用Bean可以将数据的处理代码从页面中分离出来，实现代码复用，更有效地维护一个Web应用。

（3）Bean的生命周期分为page、request、session和application。

本章小结可参考图5-24所示。

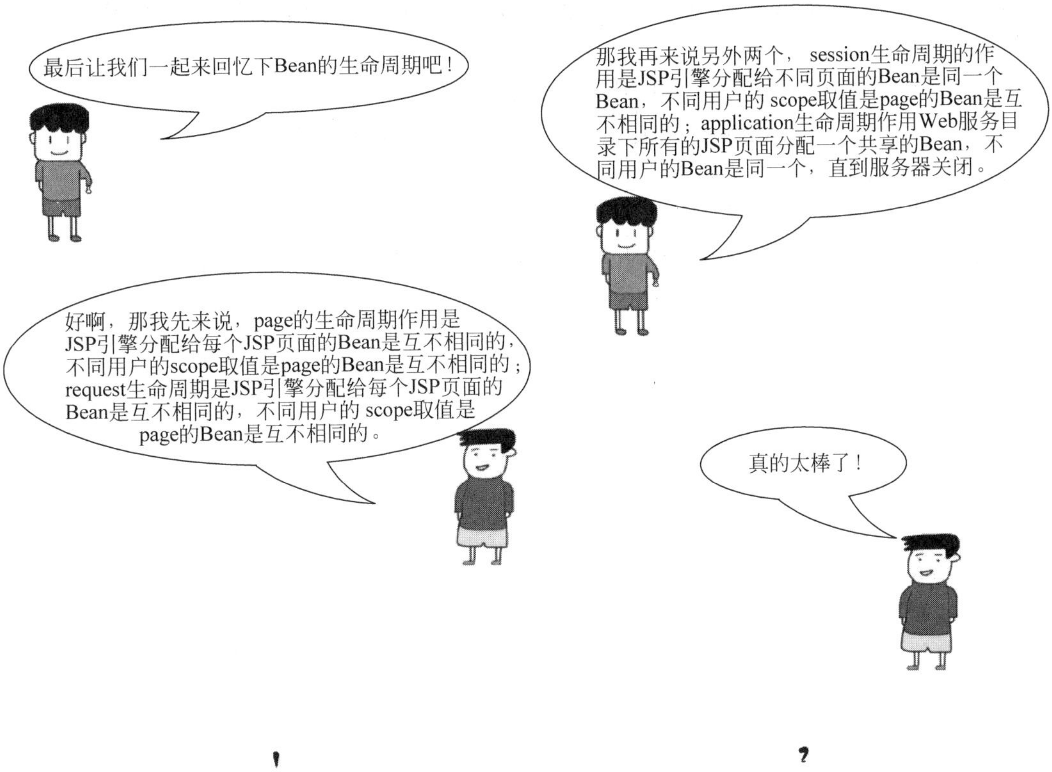

图5-24 第5章小结

习题

1. JavaBean可以通过相关JSP动作指令进行调用，下面哪个不是JavaBean可以使用的JSP动作指令？（ ）

A. 完成一定运算和操作，包含一些特定的或通用的方法

B. 负责数据的存取

C. 接收客户端的请求，将处理结果返回客户端

D. 在多台机器上跨几个地址空间运行

2. 在常见的 JavaBean 中,其属性必须声明为 private,方法必须声明为(　　)访问类型。

A. private　　B. static　　C. protect　　D. public

3. 关于 JavaBean,下列的叙述哪一项不正确?(　　)

A. JavaBean 的类必须是具体的、公开的,并且具有无参数的构造器

B. JavaBean 的类属性是私有的,要通过公共方法进行访问

C. JavaBean 和 Servlet 一样,使用之前必须在项目的 Web. xml 中注册

D. JavaBean 属性和表单控件名称能很好地耦合,得到表单提交的参数

4. JavaBean 是一个________类,其中必须包含一个________方法。

5. 在 JavaBean 中通过使用________方法设置 Bean 的私有属性值,通过使用________方法获取 Bean 的私有属性值。

6. JavaBean 的作用域中使用范围最大的是________。

7. 在 JSP 中使用 JavaBean 的标签是________,其中 id 的用途是________。

8. 简述 JavaBean 的加载原理。

9. 简述 JavaBean 的生命周期及其作用。

10. 编写一个 JavaBean 和 JSP 结合的案例,实现学生个人信息的提交和获取。

第 6 章 Servlet

Web 开发的 B/S 架构，是随着互联网技术的兴起对 C/S 架构的一种改进，客户端变成了浏览器。不同于 C/S 的两层结构，这种模式将系统的功能实现部分集中到服务器上，形成了浏览器、Web 服务器、数据库服务器的三层结构。B/S 架构如图 6-1 所示。

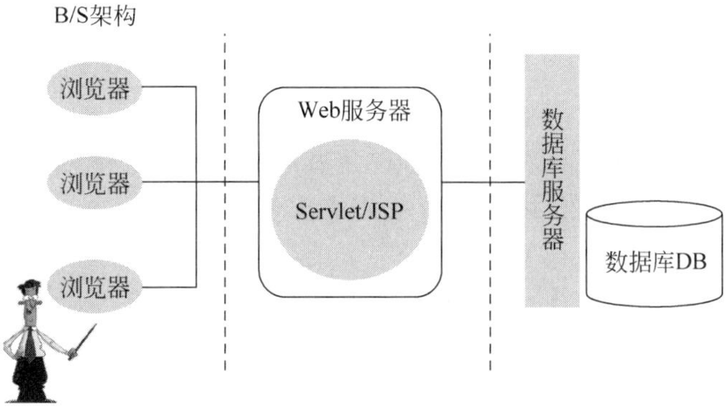

图 6-1　B/S 架构图示

如果基于 JSP 技术进行 Web 开发的话，这些系统功能实现部分，就是这一章要讲的 Servlet。Web 应用程序框架如图 6-2 所示。

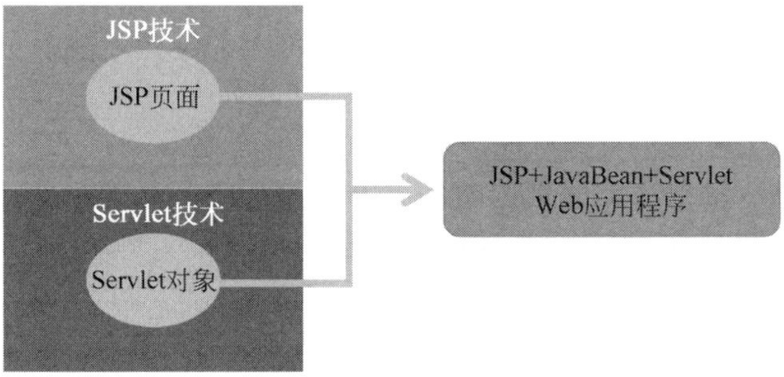

图 6-2　Web 应用程序框架

(1) JSP 技术的根基是 Servlet 技术。

(2) Servlet 技术的核心就是在服务器端创建能响应用户请求的对象，被创建的对象习惯上称为一个 Servlet。

(3) 有些 Web 应用,需要 JSP+JavaBean+Servlet 来完成,即需要服务器再创建一些 Servlet,配合 JSP 页面来完成整个 Web 应用程序的工作。

在线视频

6.1 Servlet 概述

Servlet 的基本功能可以概述为如下几点,其 Servlet 底层实现逻辑如图 6-3 所示。

(1) 获取客户端 HTML 的 FORM 表单提交的数据和 URL 后面的参数信息。

(2) 创建和客户端的响应消息内容。

(3) 访问服务器端的文件系统。

(4) 连接数据库并开发基于数据库的应用。

(5) 调用其他 Java 类。

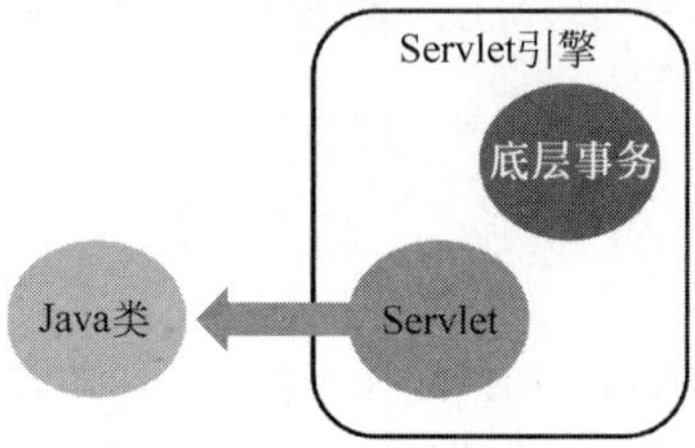

图 6-3　Servlet 的底层实现

针对 Servlet 的功能以及其引擎可以将 Servlet 的特点概括如下。

(1) Servlet 是一个供其他 Java 程序(Servlet 引擎)调用的 Java 类,它不能独立运行。

(2) Servlet 引擎是一种容器程序,它负责管理和维护所有 Servlet 对象的生命周期,因此也被称为 Servlet 容器或 Web 容器。

(3) Servlet 的加载、执行流程,以及如何接收客户端发送的数据和如何将数据传输到客户端等具体的底层事务,都是由 Servlet 引擎来实现的。

6.2 Servlet 工作原理

Servlet 存在于 Web 服务器中,并且由 Servlet 引擎负责分配和管理,在 Servlet 的生命周期中由 init、service 和 destroy 三个方法构成。整个生命周期中 Servlet 只被初始化一次,destroy 一次,但 service()方法可能被调用多次,因为对一个 Servlet 的每次访问请求都导致 Servlet 引擎调用一次 Servlet 的 service()方法,并且对于每次访问请求,Servlet 引擎都会创建一个新的 Request 请求对象和 Response 响应对象,然后将这两个对象作为参数传递给 Servlet 的 service()方法,service()方法读取请求对象并将响应信息写入响应对象。Servlet 工作原理如图 6-4 所示。

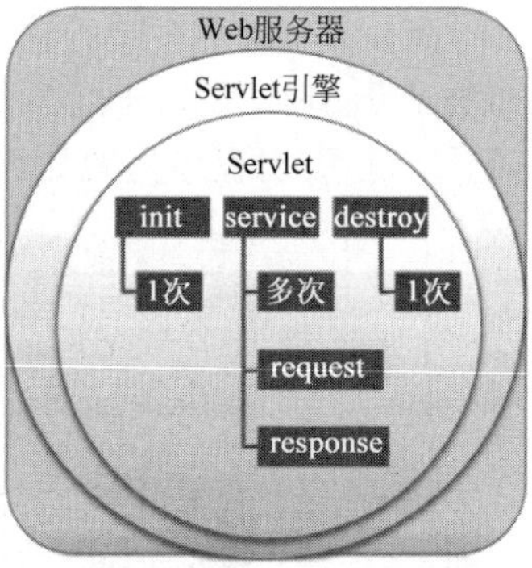

图 6-4　Servlet 工作原理

6.2.1 Servlet 的工作原理

在介绍 Servlet 的工作原理之前,首先通过一个形象的例子来模拟其工作的过程。

小猪同学要吃饭了!假如小猪同学点了奥尔良风味的烤鸡腿,食堂窗口的服务员记下了菜单,想了想后厨的所有厨师,然后将菜单和餐盘交给专门制作烤鸡腿的厨师,这位大厨根据菜单制作出奥尔良烤鸡腿并放进餐盘,交给窗口服务员,服务员将做好的烤鸡腿交给小猪同学，小猪同学饱餐一顿后，菜单和餐盘就都被清理掉了，如图 6-5～图 6-7 所示。

图 6-5 模拟 Servlet 工作原理情形 1

图 6-6 模拟 Servlet 工作原理情形 2

图 6-7 模拟 Servlet 工作原理情形 3

其实 Servlet 的工作原理跟小猪同学食堂就餐的过程很类似。用户通过浏览器向 Web 服务器发出 HTTP 请求，服务器选择相应的 Servlet 响应浏览器的请求，并将响应结果返回给浏览器，其工作原理如图 6-8 所示。

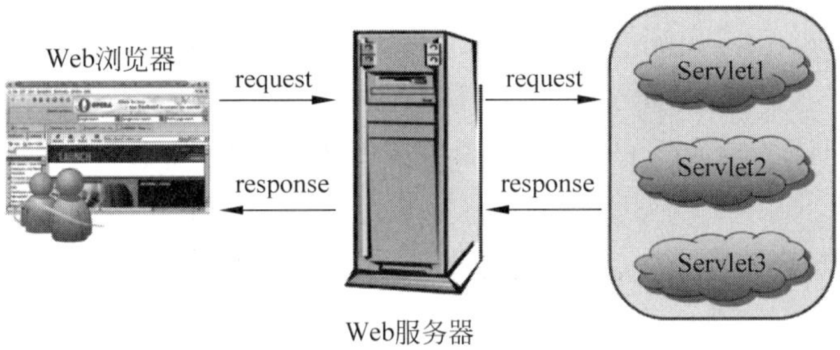

图 6-8 Servlet 工作原理

这个过程与小猪的案例相比就存在了一个疑问点，即服务器是如何选择相应的 Servlet 对浏览器的请求进行响应的呢？对浏览器的请求过程如图 6-9 所示。

其实服务器中也有一个类似食堂窗口服务员这一角色的组件，称为 Servlet 引擎，也叫 Servlet 容器。服务器实际上是通过 Servlet 引擎来处理浏览器请求的，Servlet 引擎第一步先获取请求并解析出需要调用哪个 Servlet，这就类似食堂窗口服务员记下菜单后，根据菜单选择后厨专门做烤鸡腿的厨师；第二步 Servlet 引擎访问相应 Servlet，这就类似食堂窗口服务员联系厨房专门做烤鸡腿的大厨，并把菜单和空盘子交给他；第三步 Servlet 响应用户

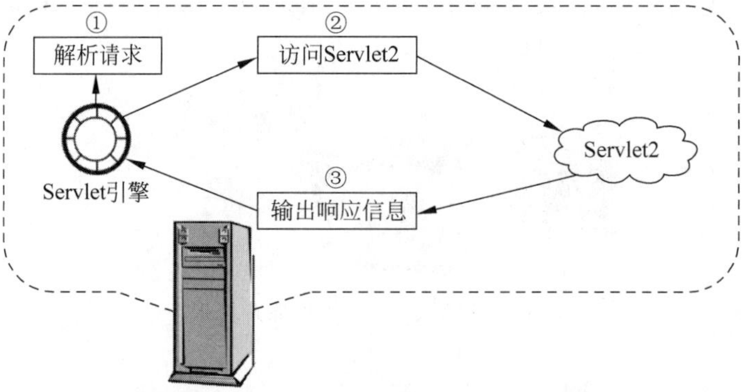

图 6-9 Servlet 对浏览器请求响应过程

请求，并把执行结果交给 Servlet 引擎，这就相当于大厨根据菜单做好了奥尔良烤鸡腿，并交给了窗口服务员。

6.2.2 Servlet 引擎访问 Servlet

那么 Servlet 引擎具体又是怎么访问 Servlet 的呢？

这分为两种情况：第一次访问和之后的再次访问，如图 6-10 所示。

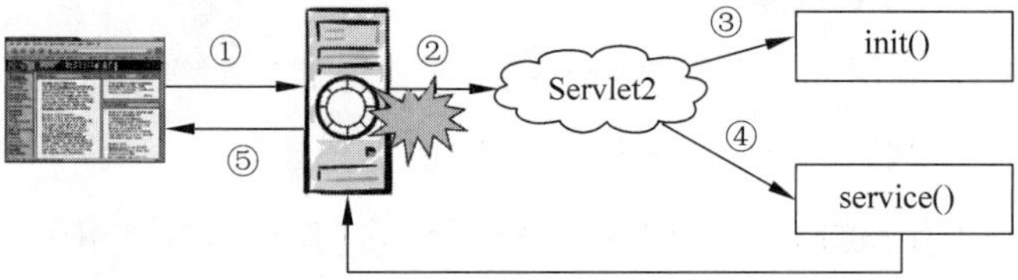

图 6-10 Servlet 引擎第一次访问 Servlet

第一次访问的时候，Servlet 引擎首先创建 Servlet 实例，然后调用 Servlet 的 init()函数初始化 Servlet，再调用 Servlet 的 service()函数响应用户请求。

之后再访问 Servlet 的时候 Servlet 引擎会自动检查 Servlet 是否已经存在，如果存在就直接调用 service()函数响应用户请求，不用再实例化和初始化 Servlet，如图 6-11 所示。

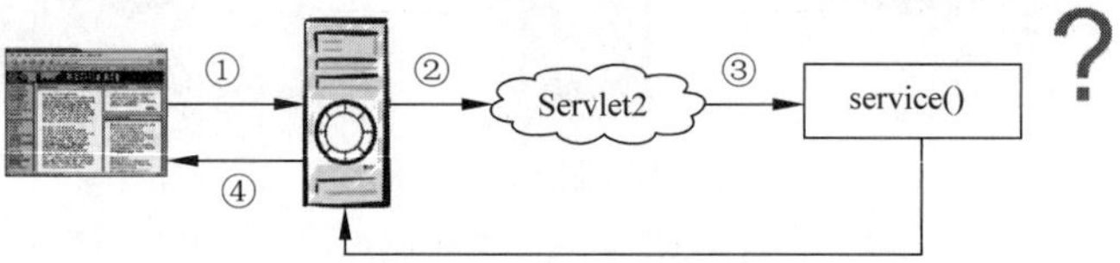

图 6-11 Servlet 引擎再次访问 Servlet

也就是说，如果哪位同学在食堂点了一道食堂没有的菜，如青菜炒橘子这道名菜，食堂专门安排厨师学了这道菜，之后同学们就可以直接点这道菜了。

6.2.3 Servlet 的 service()方法

那这道菜具体怎么做呢？对应到 Servlet 就是 Servlet 的 service()函数要做的事了。Servlet 引擎调用 service()方法的第一步图示如图 6-12 所示。

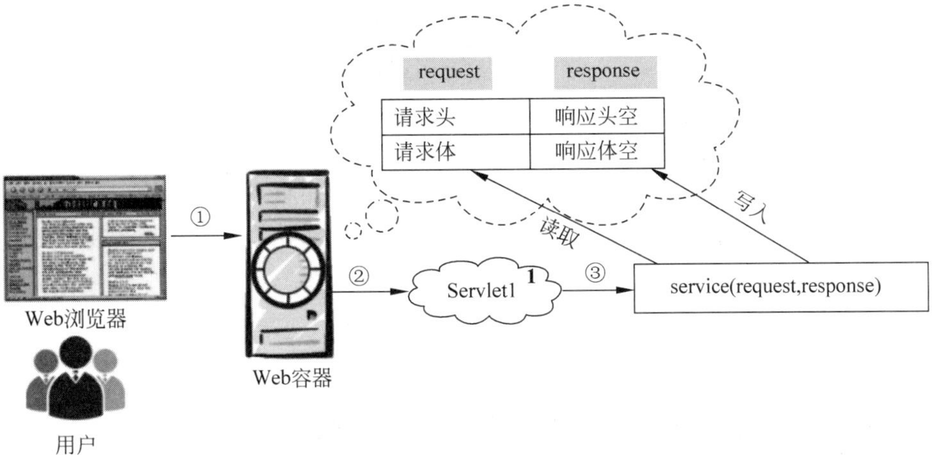

图 6-12 Servlet 引擎调用 service()方法第一步

Servlet 引擎在调用 Servlet 的 service()方法之前，会先创建 Request 请求对象和空的 Response 响应对象，然后 service()方法读取请求对象中的请求信息，处理浏览器请求，并将处理结果写入到响应对象中，这就是 Servlet 的 service()方法要做的工作，Servlet 引擎调用 service()方法的第一步图示如图 6-13 所示。

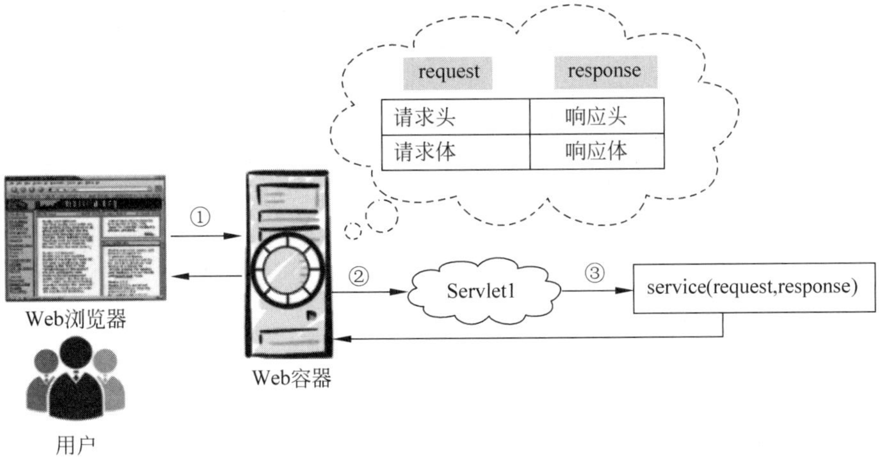

图 6-13 Servlet 引擎调用 service()方法第二步

然后 Servlet 引擎将响应对象中存放的响应信息发送给浏览器，这样通过浏览器请求一个 Servlet 的过程就结束了。

6.2.4 Servlet 生命周期

Servlet 的整个生命周期由 init()、service()和 destroy()三个方法构成。在首次访问 Servlet 的时候，首先 Servlet 引擎要加载 Servlet 类，然后创建 Servlet 实例，并调用 init()方法完成初始化，然后每次访问都调用 service()方法处理请求，最后当服务器关闭的时候，会调用 Servlet 的 destroy()方法销毁 Servlet 实例，并释放占用资源，如图 6-14 所示。

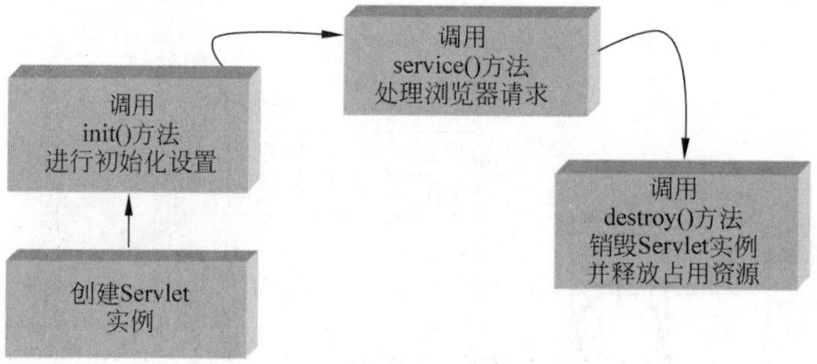

图 6-14　Servlet 生命周期

在线视频

6.3　Servlet 的部署、创建与运行

如图 6-15 所示内容为学习 Java Servlet 的首要任务，也是在学习完本节内容之后应该掌握的知识点。

图 6-15　学习 Java Servlet 的首要任务

6.3.1　编写一个创建 Servlet 对象的类

在编写一个创建 Servlet 对象的类时，需要完成下面两个步骤，其中第(2)步需要按照用户 PC 的安装目录进行操作。创建子类的接口实现继承关系图如图 6-16 所示。

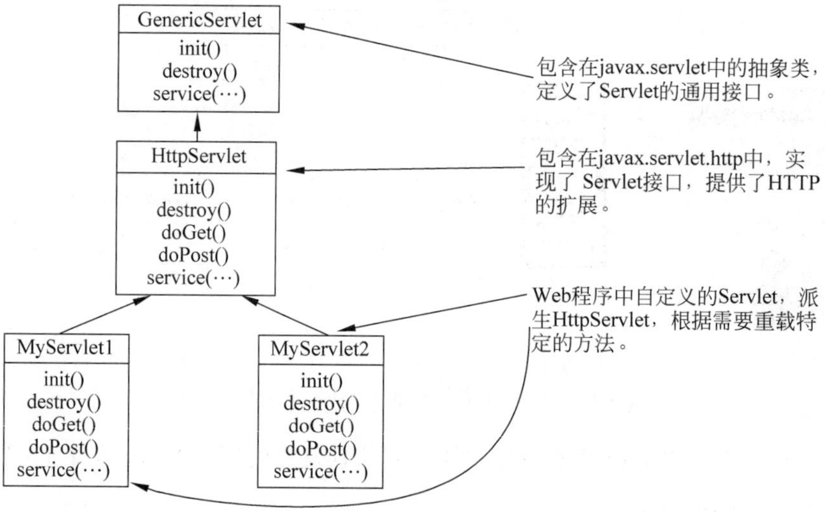

图 6-16　创建子类的接口实现

(1) 编写 javax. Servlet. http 包中的 HttpServlet 类的子类。

(2) 将 Tomcat 子目录 lib 中的 Servlet-api. jar 复制到 Tomcat 使用的 JDK 的扩展目录中，例如 E:\Java\jre\lib\ext。

下面的案例将按照此步骤创建所需要的 Servlet。

```
Example6_1_studentServlet.java

public class Example6_1_studentServlet extends HttpServlet {
    private String studentName;
    private String age;
    private String reason;
    @Override
    public void init() throws ServletException
    {
        //初始化
        studentName = "Servlet";
        age = "20 世纪 90 年代";
        reason = "because of java";
    }
    @Override
    protected void doPost(HttpServletRequest request, HttpServletResponse response) throws
ServletException, IOException {
    }
    @Override
    protected void doGet(HttpServletRequest request, HttpServletResponse response) throws
ServletException, IOException {
        //设置:响应内容类型
        response.setContentType("text/html");
        response.setHeader("content-type", "text/html;charset=UTF-8");
        request.setCharacterEncoding("UTF-8");
        //输出文本
        PrintWriter out = response.getWriter();
        out.write("<h3>" + "姓名:" + studentName + "</h3>");
        out.write("<h3>" + "出现的时间:" + age + "</h3>");
        out.write("<h3>" + "出现的原因:" + reason + "</h3>");
    }
}
```

编写一个创建 Servlet 对象的类就是编写一个特殊类的子类。这个特殊的类就是 javax.Servlet.http 包中的 HttpServlet 类。HttpServlet 类实现了 Servlet 接口,实现了响应用户的方法,这样的子类创建的对象习惯地被称作一个 Servlet。

6.3.2 保存编译这个类所得到的字节码文件

为了让 Tomcat 服务器编译案例的类文件成字节码文件,可以将案例中的字节码文件保存在某个 Web 服务目录的子目录中。目录结构如图 6-17 所示。

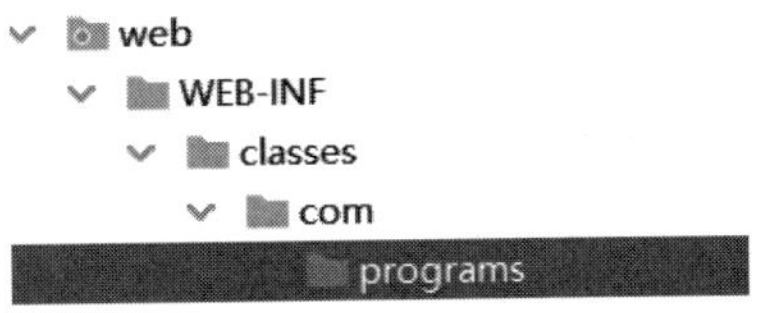

图 6-17 案例的字节码文件保存位置

上述子目录是相对于包名而来，根据 Servlet 类的包名，在目录中建立了子目录以存储字节码文件。

保存：\WEB_INF\classes\com\programs。

编译：class > javac com\programs\Servlet 源文件。

6.3.3 编写部署文件 Web.xml

Servlet 类的字节码保存到指定的目录后，必须为 Tomcat 服务器编写一个部署文件，只有这样，Tomcat 服务器才会按用户的请求使用 Servlet 字节码文件创建对象。编写的 Web.xml 文件需要保存到 Web 服务目录的 WEB-INF 子目录中。

Web.xml

```
<?xml version = "1.0" encoding = "UTF - 8"?>
< web - app xmlns = "http://xmlns.jcp.org/xml/ns/javaee"
         xmlns:xsi = "http://www.w3.org/2001/XMLSchema - instance"
         xsi:schemaLocation = "http://xmlns.jcp.org/xml/ns/javaee
http://xmlns.jcp.org/xml/ns/javaee/Web - app_4_0.xsd"
         version = "4.0">

< servlet >
< servlet - name > studentServlet </servlet - name >
< servlet - class > com.programs.Example6_1_studentServlet </servlet - class >
</servlet >
< servlet - mapping >
< servlet - name > studentServlet </servlet - name >
< url - pattern >/studentinfo </url - pattern >
</servlet - mapping >
</web - app >
```

6.3.4 运行 Servlet

运行 Servlet 要根据 Web.xml 文件中< servlet-mapping >标记指定的格式输入请求。例如，http://localhost:8080/studentinfo。

在运行 Servlet 文件的过程中可能会遇到乱码的问题，中文乱码的页面显示如图 6-18 所示，需要在运行 Servlet 文件之前在指定的 Servlet 类文件中设置编码格式。

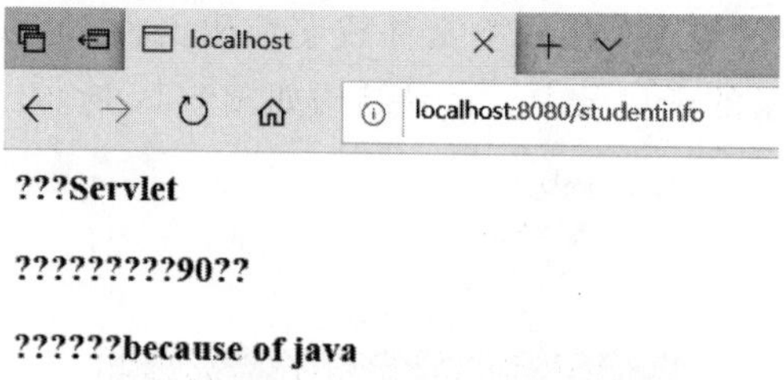

图 6-18 Servlet 案例运行乱码页面显示

针对 response 请求的中文乱码或者是浏览器显示内容的乱码可以按照下面的设置方式设置编码格式和请求头文件的编码格式。

```
response.setHeader("content - type", "text/html;charset = UTF - 8");
response.setCharacterEncoding("UTF - 8");
```

　　在对 Servlet 类文件的乱码页面处理之后,页面的显示效果如图 6-19 所示。页面显示当前 Servlet 案例中的数据信息。

姓名: **Servlet**

出现的时间: **20世纪90年代**

出现的原因: **because of java**

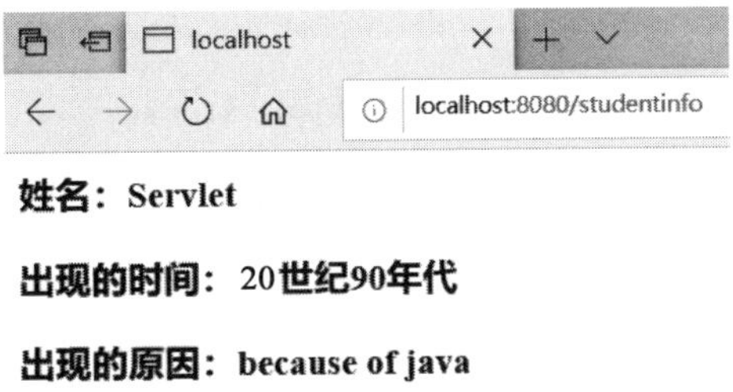

图 6-19　Servlet 案例运行处理乱码问题页面显示

6.3.5　Web. xml 文件规则

　　< servlet-mapping >匹配规则:同一个 Servlet 指定多个不同的 URL,四种不同的 URL 形式匹配规则如图 6-20 所示。

优先级	URL形式	关联类型
1	/开始/字符串结束	精确匹配关联
2	/开始/*结束	按纯目录形式关联
3	*.jsp形式	按具体文件类型关联
4	单个/	缺省Servlet

图 6-20　< servlet-mapping >匹配规则

通过下面的例子,可以加深对其匹配规则的理解,如图 6-21 和图 6-22 所示。

Path Pattern	Servlet	精确匹配	目录匹配	文件类型匹配
/foo/bar/*	servlet1	←		
/baz/*	servlet2			
/catlog	servlet3			
*.bop	servlet4			

图 6-21　URL 映射规则案例

Incoming Path	Servlet
/foo/bar/index.html	Servlet1
/foo/bar/index.bop	Servlet1
/baz	Servlet2
/baz/inde.html	Servlet2
/catlog	Servlet3
/catlog/index.html	default Servlet
/catlog/racecar.bop	Servlet4
/inde.bop	Servlet4

图 6-22　< servlet-mapping >匹配规则案例

6.3.6 向 Servlet 传递参数

用户可以在浏览器的地址栏中输入 Servlet 的请求格式来请求运行一个 Servlet，还可以通过浏览器的地址栏输入参数的方式向 Servlet 传递参数，显示效果如图 6-23 所示。

而对于在浏览器的地址栏中输入参数的方式，即 url-pattern？参数 1＝值 1& 参数 2＝值…参数 n＝值，访问方式如图 6-24 所示。

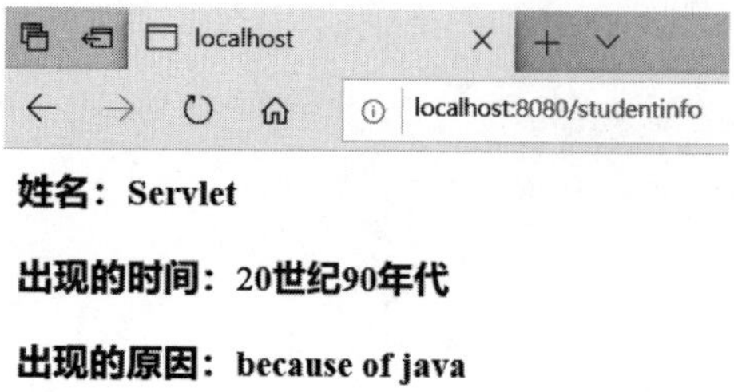

图 6-23 浏览器地址栏中输入 Servlet 格式

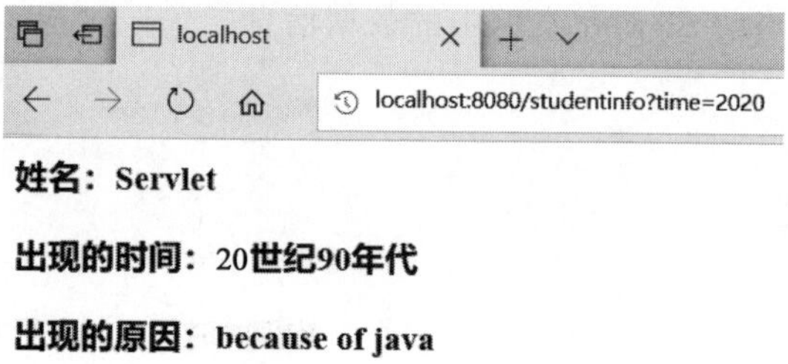

图 6-24 浏览器地址栏中输入参数的方式

6.3.7 Servlet 部署和运行

第一步，编写一个创建 Servlet 对象的类。复制 Servlet-api. jar 编写 javax. Servlet. http 包中 HttpServlet 类的子类。

第二步，保存编译这个类所得到的字节码文件。保存：\WEB-INF\classes\com\programs。编译：class > javac com\programs\Servlet 源文件。

第三步，编写部署文件 Web. xml。< servlet-mapping >匹配规则：同一个 Servlet 指定多个不同的 URL。

第四步，运行 Servlet。根据 Web. xml 文件中< servlet-mapping >标记指定的格式输入请求。

相关步骤详细介绍如图 6-25 所示。

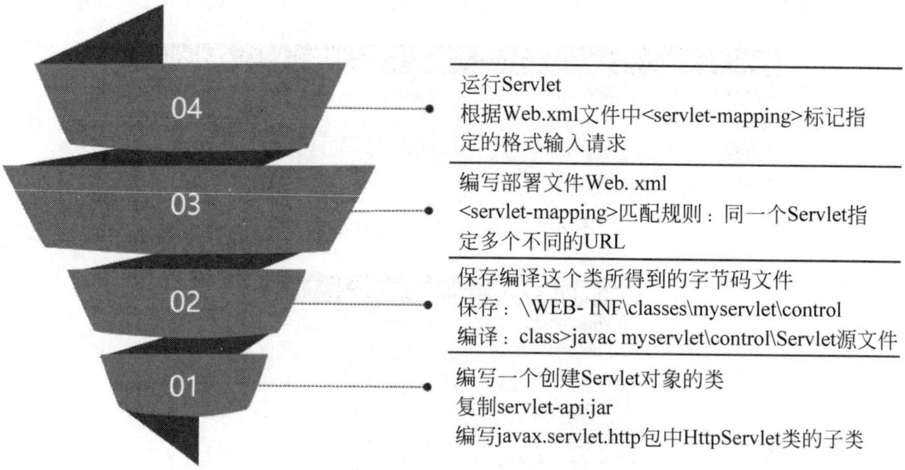

图 6-25 Servlet 的部署和运行

6.4　通过 JSP 页面访问 Servlet

用户除了可以在浏览器的地址栏中直接输入 Servlet 的请求格式来请求运行一个 Servlet 外,也可以通过 JSP 页面来请求一个 Servlet。下面分别介绍通过 JSP 页面访问 Servlet 的两种方式。

```
< servlet >
    < servlet – name > studentServlet </servlet – name >
    < servlet – class > com. programs. Example6_1_studentServlet </servlet – class >
</servlet >
< servlet – mapping >
    < servlet – name > studentServlet </servlet – name >
< url – pattern >/studentinfo </url – pattern >
</servlet – mapping >
```

6.4.1　通过表单向 Servlet 提交数据

需要特别注意的是,如果 Web. xml 文件中< servlet-mapping >标记的子标记< url-pattern >指定的请求 Servlet 的格式是"/studentInfo",那么 JSP 页面请求 Servlet 时,必须要写成"studentInfo",不可以写成"/studentInfo",否则将变成请求 root 服务目录下的某个 Servlet。

在下面的案例中,JSP 页面获取用户输入的数据,包含用户的姓名以及数学、英语和计算机的各科成绩,提交到对应的 Servlet,当 Servlet 获取到来自 JSP 页面提交的数据之后,需要对页面的数据进行解析和输出,其中需要注意对获取的数据和打印的信息做编码的处理,防止页面出现乱码的情况。

注意:

JSP 页面提交的目的地址对应的 Servlet 需要与 Web. xml 文件中的< url-pattern >相对应,而不是与< servlet-name >对应。

```
Web. xml

< servlet >
< servlet – name > studentGrade </servlet – name >
< servlet – class > com. programs. Example6_2_a_studentGrade </servlet – class >
</servlet >
< servlet – mapping >
< servlet – name > studentGrade </servlet – name >
< url – pattern >/student_grade </url – pattern >
</servlet – mapping >

Example6_2_a_studentGrade. java

@WebServlet(name = "studentGrade")
```

```
public class Example6_2_a_studentGrade extends HttpServlet {
    @Override
    public void init() throws ServletException {
        super.init();
    }

    @Override
    protected void doPost(HttpServletRequest request, HttpServletResponse response) throws
ServletException, IOException {
    }

    @Override
    protected void doGet(HttpServletRequest request, HttpServletResponse response) throws
ServletException, IOException {
        //设置:响应内容类型
        response.setContentType("text/html");
        response.setHeader("content - type", "text/html;charset = UTF - 8");
        response.setCharacterEncoding("UTF - 8");
        //输出文本
        PrintWriter out = response.getWriter();
        String names = request.getParameter("names");
        String math = request.getParameter("math");
        String english = request.getParameter("english");
        String compute = request.getParameter("compute");
        int sum = Integer.parseInt(math) + Integer.parseInt(english) + Integer.parseInt
(compute);
        out.print("<p>" + "学生的姓名为:" + names + "</p>");
        out.print("<b>" + "数学成绩为:" + math + "</b>");
        out.print("<b>" + "英语成绩为:" + English + "</b>");
        out.print("<b>" + "计算机成绩为:" + compute + "</b>");
        out.print("<h4>" + "学生的总成绩为:" + sum + "</h4>");
    }
}
```

Example6_2_b_student_grade.jsp

```
<%@ page contentType = "text/html;charset = UTF - 8" language = "java" %>
<html>
<head>
<title>打印学生的成绩</title>
</head>
<body>
<form action = "student_grade">
<b>输入学生姓名:</b><input type = "text" name = "names">
<p>录入学生成绩</p>
<b>高数:</b><input type = "text" name = "math"><br>
<b>英语:</b><input type = "text" name = "English"><br>
<b>计算机:</b><input type = "text" name = "compute"><br>
<input type = "submit" value = "提交成绩">
```

```
</form>
</body>
</html>
```

页面显示效果如图 6-26～图 6-28 所示。

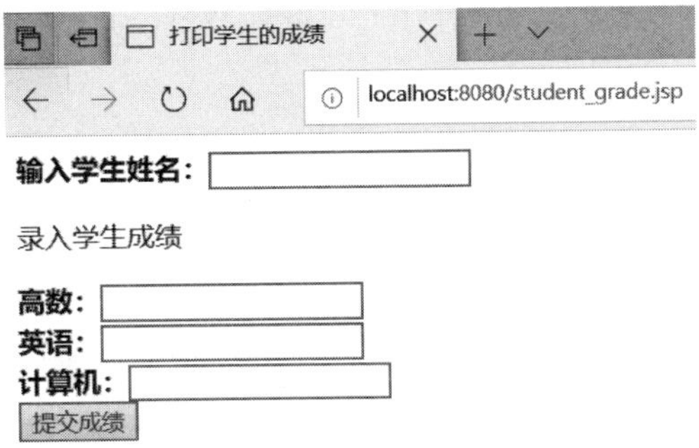

图 6-26　通过表单提交数据案例初始页面显示

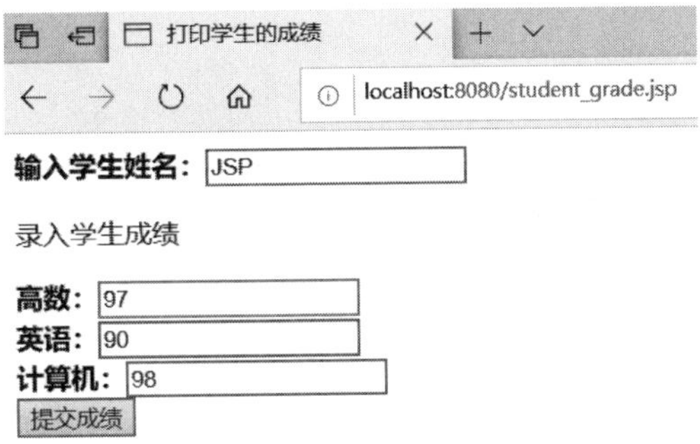

图 6-27　通过表单提交数据案例录入页面显示

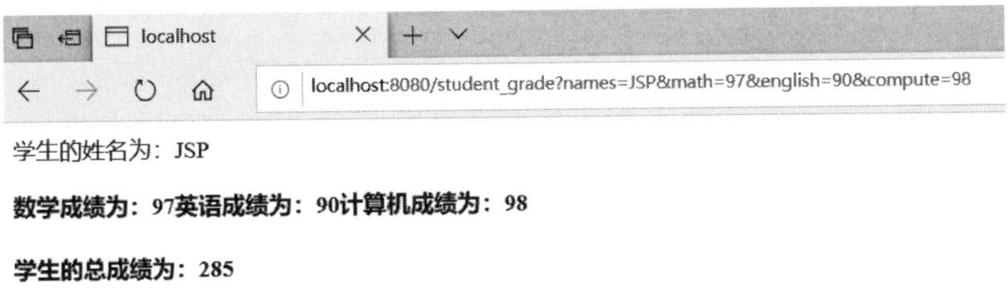

图 6-28　通过表单提交数据案例提交页面显示

6.4.2　通过超链接访问 Servlet

同样地,如果 Web. xml 文件中< servlet-mapping >标记的子标记< url-pattern >指定的请求 Servlet 的格式是"/student_radius",那么 JSP 页面请求 Servlet 时,必须要写成"student_radius",不可以写成"/student_radius"。

在下面的案例中,通过 JSP 页面的超链接并携带必要的参数至相应的 Servlet 进行数据的处理,当 Servlet 获取到来自 JSP 页面链接之后需要对链接的参数进行解析和输出,其中需要注意对获取的数据和打印的信息做编码的处理,防止页面出现乱码的情况。

在 Servlet 中对输入的圆形面积进行相应的处理,当参数中含有数学符号"π"和不含有数学符号"π"时,有两种不同的处理办法,而这也是对于已知圆形面积求其半径所需处理的方法之一。

注意:

JSP 页面提交的目的地址对应的 Servlet 需要与 Web. xml 文件中的<url-pattern>相对应,而不是与<servlet-name>对应。

```
Web.xml

< servlet >
< servlet - name > circleServlet </servlet - name >
< servlet - class > com. programs. Example6_3_a_circleServlet </servlet - class >
</servlet >
< servlet - mapping >
< servlet - name > circleServlet </servlet - name >
< url - pattern >/student_radius </url - pattern >
</servlet - mapping >

Example6_3_a_circleServlet. java

@WebServlet(name = "circleServlet")
public class Example6_3_a_circleServlet extends HttpServlet {
    @Override
    public void init() throws ServletException {
        super.init();
    }

    @Override
    protected void doPost(HttpServletRequest request, HttpServletResponse response) throws
ServletException, IOException {
    }

    @Override
    protected void doGet(HttpServletRequest request, HttpServletResponse response) throws
ServletException, IOException {
        //设置:响应内容类型
        response.setContentType("text/html");
        response.setHeader("content - type", "text/html;charset = UTF - 8");
        response.setCharacterEncoding("UTF - 8");
        //输出文本
        PrintWriter out = response.getWriter();
        String area = request.getParameter("area");
        if (area.length() == 0 || area == null) {
            return;
        }
        double radius = 0;
```

```
            if (area.endsWith("π")) {
                radius = Math.sqrt(Double.parseDouble(area.substring(0, area.lastIndexOf("
π"))));
            } else {
                radius = Math.sqrt(Integer.parseInt(area) / 3.14);
            }
            out.print("<p>" + "面积为:" + area + "的圆,其半径为:" + radius + "</p>");
        }
    }
```

Example6_3_b_circle_radius.jsp

```
<%@ page contentType = "text/html;charset = UTF - 8" language = "java" %>
<html>
<head>
<title>求圆形的半径</title>
</head>
<body>
<p>
<a href = "student_radius?area = 16π">
        面积为 16π 的圆半径为多少?
</a>
</p>
</body>
</html>
```

案例页面显示如图 6-29 和图 6-30 所示,通过浏览器的地址栏信息可以查看到以超链接方式访问 Servlet 时其地址栏的显示内容与表单提交数据有所不同,在超链接提交的数据中,相对表单提交数据有一定的局限性。

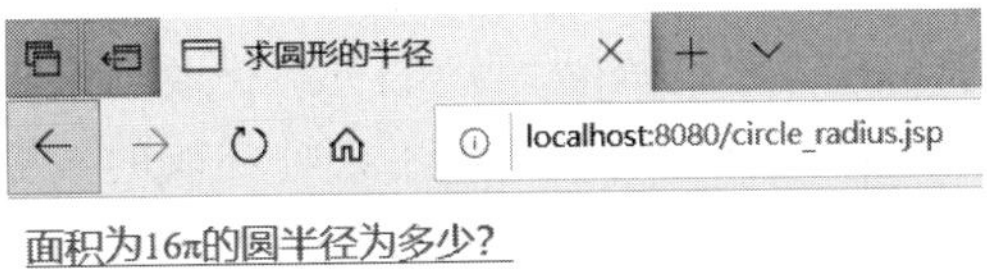

图 6-29 通过超链接访问 Servlet 案例初始页面显示

图 6-30 通过超链接访问 Servlet 案例最终页面显示

6.4.3 JSP 访问 Servlet 方式

通过 JSP 页面访问 Servlet 有两种方式,第一种是通过表单向 Servlet 提交数据,需要注意的是,当 Web.xml 指定的请求 Servlet 的格式是"/student_grade",JSP 页面请求 Servlet 要写成"student_grade",若写为"/student_grade"则变成请求 root 服务目录下的 Servlet。

第二种方法是通过超链接访问 Servlet,同时也需要注意当 Web. xml 指定的请求 Servlet 的格式是"/student_radius",<a>超链接标记中 href 的值是"student_radius"。两种访问方式如图 6-31 所示。

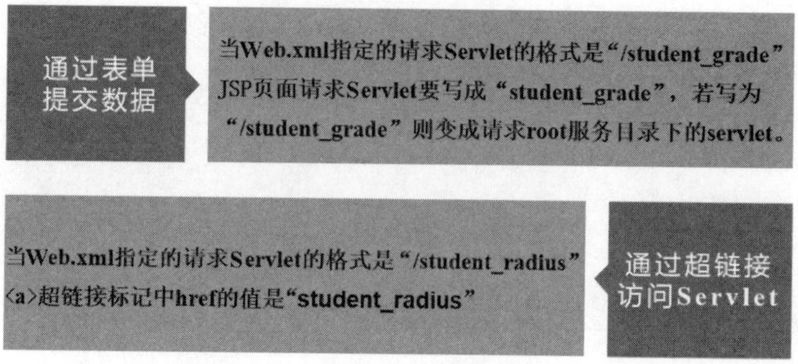

图 6-31　通过 JSP 页面访问 Servlet

在线视频

6.5　共享变量

Servlet 类是 HttpServlet 的一个子类,那么在编写子类时就可以声明某些成员变量。

当用户请求加载 Servlet 时,服务器分别为每个用户启动一个线程,在该线程中,Servlet 调用 service()方法响应客户请求,那么 Servlet 类的成员变量是被所有线程共享的数据。

在下面的案例中,用一个数学案例——斐波那契数列来介绍共享变量。

斐波那契数列(Fibonacci Sequence),又称黄金分割数列,因数学家莱昂纳多·斐波那契(Leonardo Fibonacci)以兔子繁殖为例子而引入,故又称为"兔子数列",指的是这样一个数列:0,1,1,2,3,5,8,13,21,34,…在数学上,斐波那契数列以如下递推的方法定义:

$$F(1)=1,F(2)=1,F(n)=F(n-1)+F(n-2)(n\geqslant 3,n\in N^*)$$

通过使用共享变量记录用户访问的次数来代替上述的 n,每次访问都会对 n 进行改变。通过 JSP 页面的超链接访问相应的 Servlet,当 Servlet 获取到来自 JSP 页面的链接之后需要对链接的参数数据进行解析和输出,其中需要注意对获取的数据和打印的信息做编码的处理,防止页面出现乱码的情况。

注意:

JSP 页面提交的目的地址对应的 Servlet 需要与 Web. xml 文件中的<url-pattern>相对应,而不是与<servlet-name>对应。

```
Web.xml

< servlet >
< servlet - name > fibonacciServlet </servlet - name >
< servlet - class > com. programs. Example6_4_a_fibonacciServlet </servlet - class >
</servlet >
< servlet - mapping >
< servlet - name > fibonacciServlet </servlet - name >
< url - pattern >/compute_Fibonacci </url - pattern >
</servlet - mapping >
```

Example6_4_a_FibonacciServlet.java

```java
@WebServlet(name = "FibonacciServlet")
public class Example6_4_a_FibonacciServlet extends HttpServlet {
    int count = 1;
    @Override
    protected void doPost(HttpServletRequest request, HttpServletResponse response) throws
ServletException, IOException {
    }
    @Override
     protected synchronized void doGet (HttpServletRequest request, HttpServletResponse
response) throws ServletException, IOException {
        //设置:响应内容类型
        response.setContentType("text/html");
        response.setHeader("content - type", "text/html;charset = UTF - 8");
        response.setCharacterEncoding("UTF - 8");
        //输出文本
        PrintWriter out = response.getWriter();
        out.print("< p >" + "当前被访问:" + count + "次</p >");
        if (count == 1 || count == 2) {
            out.print("< p >" + "Fibonacci 的值为:" + 1 + "</p >");
        } else {
            int prev = 1, curr = 1, sum = 0;
            for (int i = 3; i < = count; i++) {
                sum = prev + curr;
                prev = curr;
                curr = sum;
            }
                out.print("< p >" + "fibonacci 的值为:" + sum + "</p >");
        }
        count++;
    }
}
```

Example6_4_b_compute_fibonacci.jsp

```jsp
< % @ page contentType = "text/html;charset = UTF - 8" language = "java" % >
< html >
< head >
< title >计算 Fibonacci 的值</title >
</head >
< body >
< p >
< a href = "compute_Fibonacci">
        根据用户访问次数,计算 Fibonacci 的值
</a >
</p >
</body >
</html >
```

页面显示如图6-32～图6-34所示。用户单击链接之后可以访问到相应的Servlet,并对内容进行输出。当不同用户或者同一用户多次访问页面时,Servlet通过共享的成员变量对数据进行记录,并根据代码输出相应的内容。

图 6-32　共享变量案例初始化页面显示

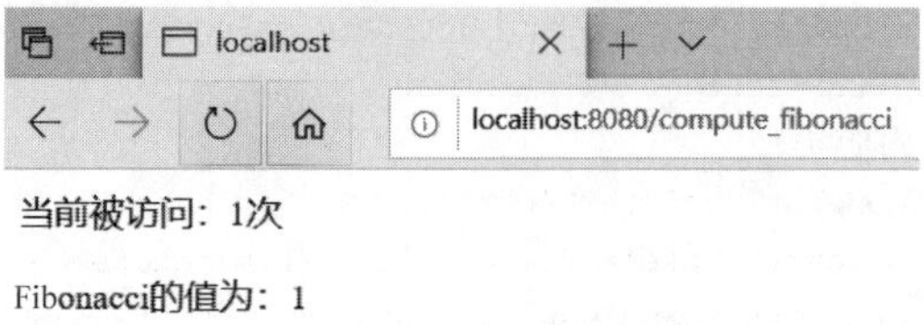

图 6-33　共享变量案例访问页面显示

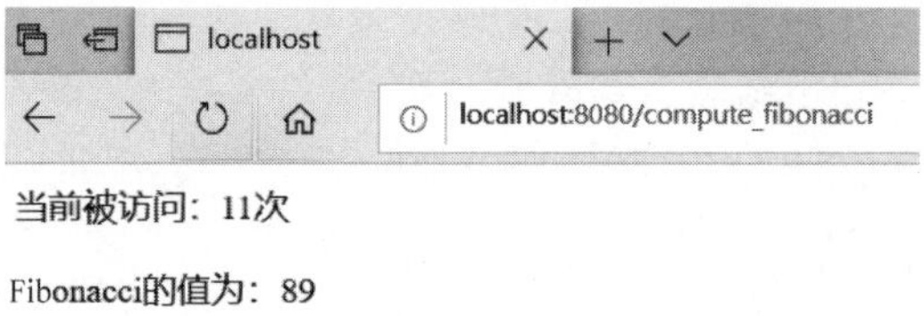

图 6-34　共享变量案例多次访问页面显示

6.6　doGet()、doPost()方法

针对Servlet的功能以及其引擎可以将Servlet的特点概括如下。

(1) 可以在Servlet类中重写doPost()或doGet()方法来响应用户的请求。

(2) 如果不论用户请求类型是POST还是GET,服务器的处理过程完全相同,那么可以只在doPost()方法中编写处理过程,而在doGet()方法中再调用doPost()方法即可,反之也一样。

(3)如果根据请求的类型进行不同的处理,就需要在两个方法中编写不同的处理过程。

下面的案例中,通过在JSP页面提交相同的内容实现post和get方式,提交到Servlet中的doPost()和doGet()方法,并对其提交的数据进行处理。当Servlet获取到来自JSP页面提交的数据之后需要对数据进行解析和输出,其中需要注意对获取的数据和打印的信息做编码的处理,防止页面出现乱码的情况。

注意:

JSP页面提交的目的地址对应的Servlet需要与Web.xml文件中的<url-pattern>相对应,而不是与<servlet-name>对应。

```
Web.xml

<servlet>
<servlet - name> studentGradeServlet </servlet - name>
```

```
<servlet-class>com.programs.Example6_5_a_studentGradeServlet
    </servlet-class>
</servlet>
<servlet-mapping>
<servlet-name>studentGradeServlet</servlet-name>
<url-pattern>/student_grades</url-pattern>
</servlet-mapping>
```

Example6_5_a_studentGradeServlet.java

```
@WebServlet(name = "studentGradeServlet")
public class Example6_5_a_studentGradeServlet extends HttpServlet {
    @Override
    protected void doPost(HttpServletRequest request, HttpServletResponse response) throws
ServletException, IOException {
        //设置:响应内容类型
        response.setContentType("text/html");
        response.setHeader("content-type", "text/html;charset=UTF-8");
        response.setCharacterEncoding("UTF-8");
        //输出文本
        PrintWriter out = response.getWriter();
        String names = request.getParameter("names");
        String math = request.getParameter("math");
        String english = request.getParameter("english");
        String compute = request.getParameter("compute");
        int ave = (Integer.parseInt(math) + Integer.parseInt(english) + Integer.parseInt
(compute))/3;
        out.print("<h4>姓名为" + names + "学生的平均成绩为:" + ave + "</h4>");
    }
    @Override
    protected void doGet(HttpServletRequest request, HttpServletResponse response) throws
ServletException, IOException {
        //设置:响应内容类型
        response.setContentType("text/html");
        response.setHeader("content-type", "text/html;charset=UTF-8");
        response.setCharacterEncoding("UTF-8");
        //输出文本
        PrintWriter out = response.getWriter();
        String names = request.getParameter("names");
        String math = request.getParameter("math");
        String english = request.getParameter("english");
        String compute = request.getParameter("compute");
        int sum = Integer.parseInt(math) + Integer.parseInt(english) + Integer.parseInt(compute);
        out.print("<h4>姓名为" + names + "学生的总成绩为:" + sum + "</h4>");
    }
}
```

Example6_5_b_student_grades.jsp

```
<%@ page contentType="text/html;charset=UTF-8" language="java" %>
```

```html
< html >
< head >
< title >打印学生的成绩</title >
</head >
< body >
< p > post 提交方式</p >
< form action = "student_grades" method = "post">
< b >输入学生姓名:</b >< input type = "text" name = "names">
< p >录入学生成绩</p >
< b >高数:</b >< input type = "text" name = "math">< br >
< b >英语:</b >< input type = "text" name = "English">< br >
< b >计算机:</b >< input type = "text" name = "compute">< br >
< input type = "submit" value = "提交成绩">
</form >
< p > get 提交方式</p >
< form action = "student_grades" method = "get">
< b >输入学生姓名:</b >< input type = "text" name = "names">
< p >录入学生成绩</p >
< b >高数:</b >< input type = "text" name = "math">< br >
< b >英语:</b >< input type = "text" name = "English">< br >
< b >计算机:</b >< input type = "text" name = "compute">< br >
< input type = "submit" value = "提交成绩">
</form >
</body >
</html >
```

页面显示效果如图 6-35～图 6-38 所示。在表单中可以提交相同的数据也可以提交不同的数据,分别实现 post 和 get 方式。通过 post 方式实现求学生的三科成绩的平均分,而通过 get 方式实现求学生的三科成绩的总和。

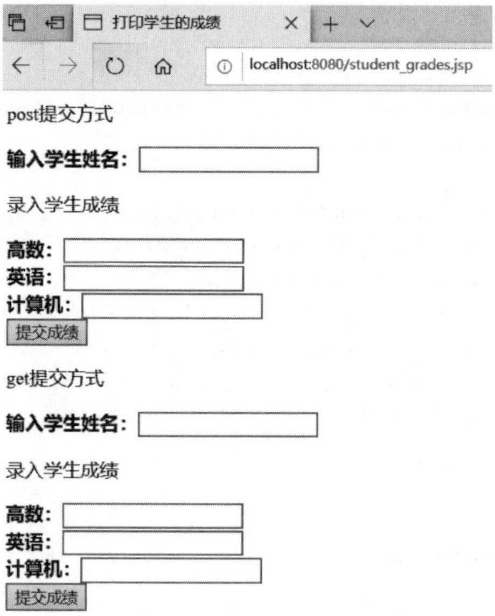

图 6-35　doGet()、doPost()方式提交案例初始页面显示

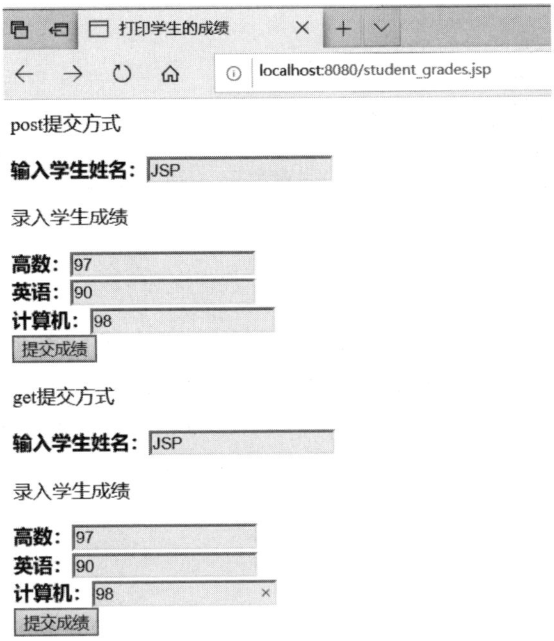

图 6-36　doGet()、doPost()方式提交案例提交页面显示

图 6-37　doGet()、doPost()方式提交案例 post 方式提交页面显示

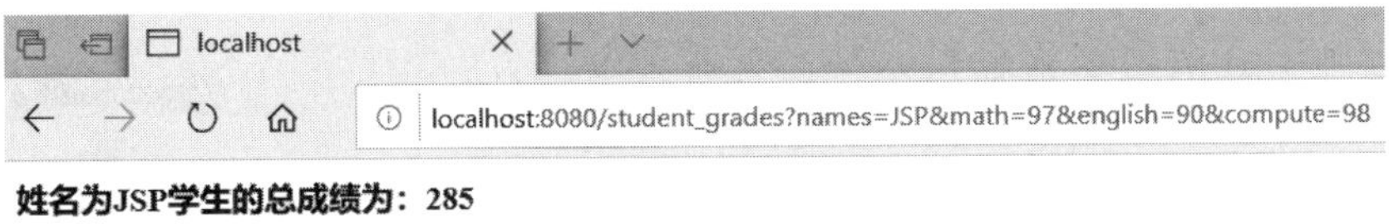

图 6-38　doGet()、doPost()方式提交案例 get 方式提交页面显示

通过观察显示效果可看出，post 和 get 方式的浏览器地址栏显示内容有所不同，通过 post 方式提交时地址栏中没有显示用户提交的各个数据信息，而通过 get 方式提交时地址栏中显示了用户提交的各个数据信息，即地址栏中含有参数。

6.7　重定向与转发

在线视频

先回顾一下 Servlet 的工作原理。Servlet 的工作原理跟小猪同学食堂就餐的过程很类似。小猪同学点了烤鸡腿(要奥尔良风味的)，食堂窗口的服务员记下了菜单，想了想后厨的所有厨师，然后将菜单和餐盘交给专门制作烤鸡腿的厨师。这位大厨根据菜单制作出奥尔良烤鸡腿并放进餐盘，交给窗口服务员，服务员将做好的烤鸡腿交给小猪同学，小猪同学饱餐一顿后，菜单和餐盘就都被清理掉了。模拟情景的图示如图 6-39 所示。

图 6-39　Servlet 工作原理模拟情景

上述过程对应到 Java 中其实就是用户通过浏览器向 Web 服务器发出 HTTP 请求，服务器选择相应的 Servlet 响应浏览器的请求，并将响应结果返回给浏览器。服务器在选择相应 Servlet 的时候会出现一些问题，如果该 Servlet 无法完成本次请求，它会怎么处理这种情况呢？在 Servlet 中有两种机制可以帮助我们解决上述问题。Servlet 工作原理如图 6-40 所示。

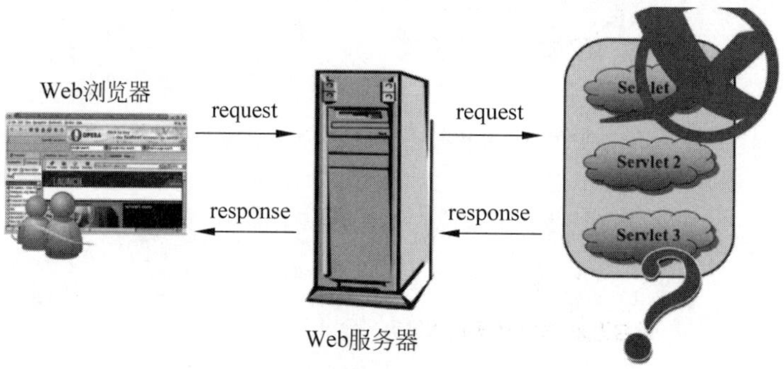

图 6-40　Servlet 工作原理

如果厨师不会做这道菜怎么办呢？有两种解决方案，就是本节的内容——请求转发与重定向，模拟情景如图 6-41 所示。

图 6-41　重定向和转发的由来

6.7.1　请求转发原理

如果小猪到饭店点了麻辣凉粉，饭店的服务员记下了菜单，把这道菜交给了面点师傅。虽然凉粉是淀粉类食品，可是这道菜面点师傅不会做，应该交给炒菜的师傅来完成，于是面点师傅将菜单还给服务员，让服务员去找炒菜的师傅。服务员知道自己搞错了之后立刻把菜单交给炒菜师傅，炒菜师傅根据菜单制作出了麻辣凉粉并放入盘中交给服务员，服务员再将做好的凉粉交给小猪同学。这种在同一个饭店更换厨师并且不需要顾客再次点菜的处理方式叫作请求转发，其模拟情景如图 6-42 所示。

用户通过访问 Web 浏览器提出请求，由 Servlet 引擎创建 Servlet1 实例以及 request 和

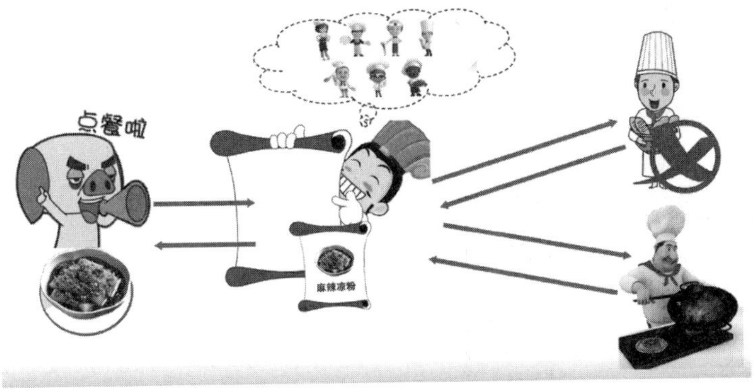

图 6-42 请求转发模拟情景

response 对象，然后调用 Servlet1 的 service()函数响应用户请求，service()方法读取请求内容，写入响应内容，其工作原理如图 6-43 所示。

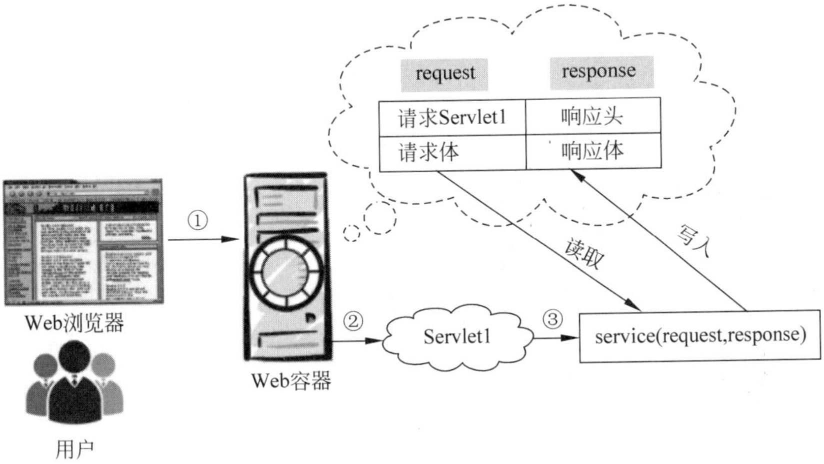

图 6-43 Servlet 工作原理

在执行 service()方法时如果遇到了请求转发 forward 命令，说明当前 Servlet 处理不了用户的请求，就要立刻调整请求头为 forward 命令中请求的 Servlet2，清空响应对象的响应体，然后返回到 Servlet 引擎。请求转发中执行 service()方法的工作原理如图 6-44 所示。

Servlet 引擎得知请求头改变之后创建 Servlet2 实例，然后调用 Servlet2 的 service()函数响应用户请求，同时将刚刚创建的 request 和 response 对象一起传递给 service()方法，service()方法读取请求内容，写入响应内容。请求转发中新的 Servlet 执行 service()方法的工作原理如图 6-45 所示。

service()函数执行完毕后返回，服务器将响应结果发送到 Web 浏览器中。请求转发中 service()方法执行完毕后的工作原理如图 6-46 所示。

6.7.2 重定向原理

可是如果饭店里的厨师都不会做小猪同学点的菜该怎么办呢？接下来就介绍另一种方式。如果小猪到川菜馆点了一份寿司，服务员将菜单递给厨师之后大厨发现所有的厨师都

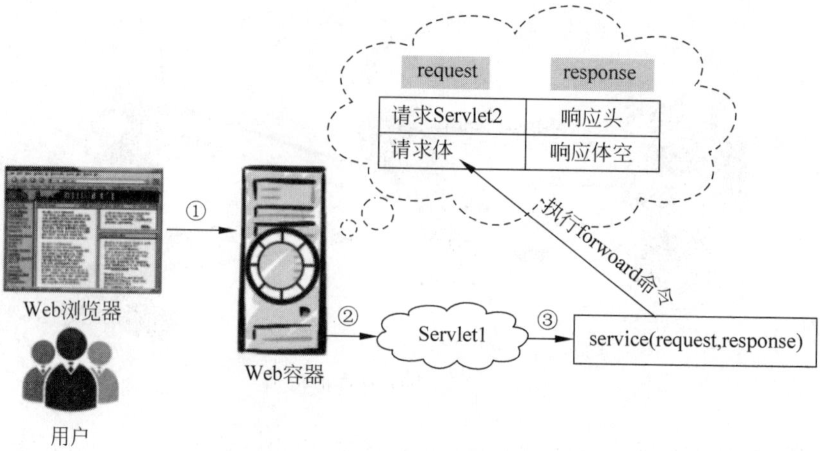

图 6-44 请求转发的工作原理图示 1

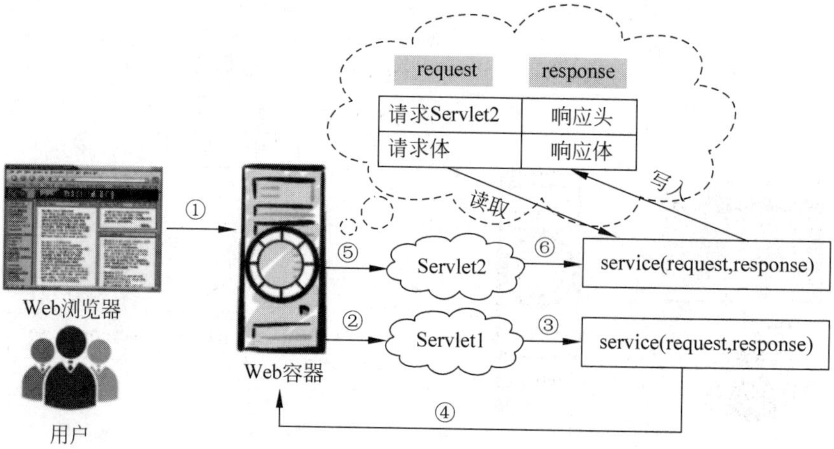

图 6-45 请求转发的工作原理图示 2

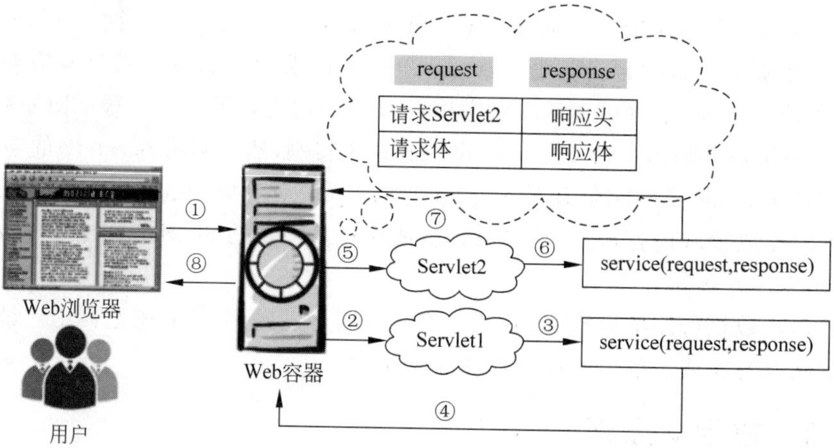

图 6-46 请求转发的工作原理图示 3

不会做寿司，于是川菜师傅将菜单还给服务员并告诉他日料馆的地址，再由川菜馆的服务员告诉小猪川菜馆做不了寿司，他应该去吃货街的日料馆。知道自己找错地方之后小猪就来到吃货街找到日料馆向服务员点了一份寿司，经过点菜、做菜、上菜的流程之后小猪终于如愿吃到了寿司。这种顾客需要到别的饭店重新提出请求的方式叫作重定向，如图 6-47 和图 6-48 所示。

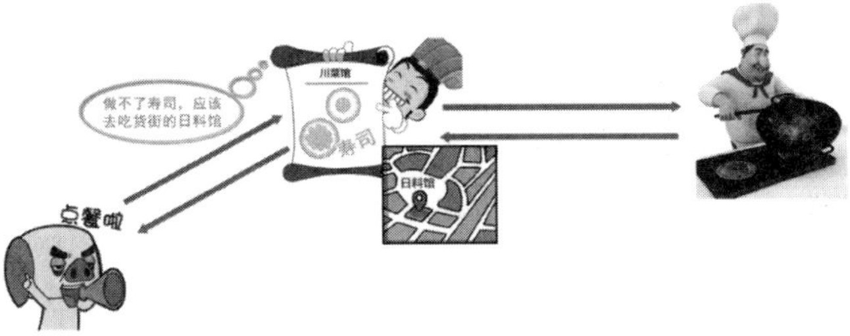

图 6-47　重定向模拟情景 1

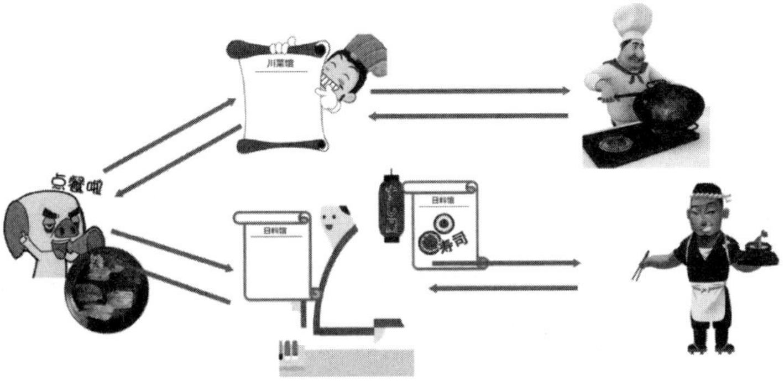

图 6-48　重定向模拟情景 2

用户通过访问 Web 浏览器提出请求，由 Servlet 引擎创建 Servlet1 实例以及 request 和 response 对象，然后调用 Servlet1 的 service()函数响应用户请求，其工作原理如图 6-49 所示。

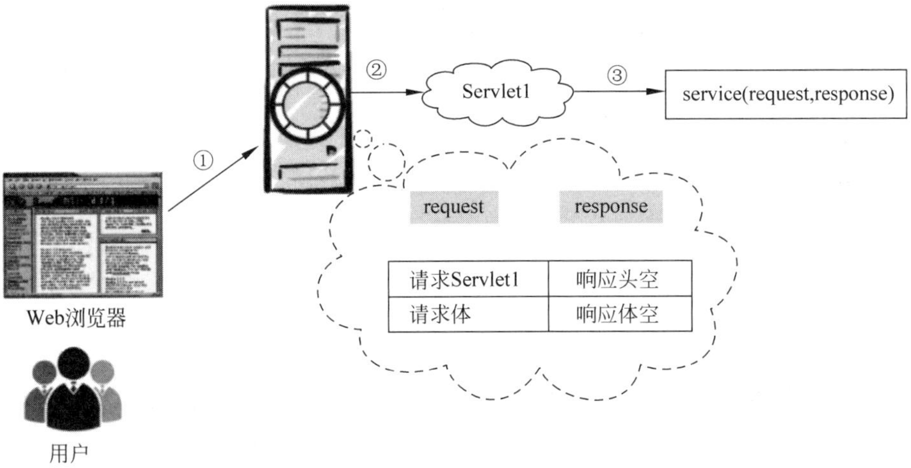

图 6-49　Servlet 工作原理

但是若在 service 中执行到了 sendRedirect()重定向命令，说明当前 Servlet 响应不了用户的请求，需要清空响应体中已经写入的内容，将能够响应用户请求的 Servlet2 的地址写入响应体中，然后将结果返回至服务器。执行 sendRedirect()方法的工作原理如图 6-50 所示。

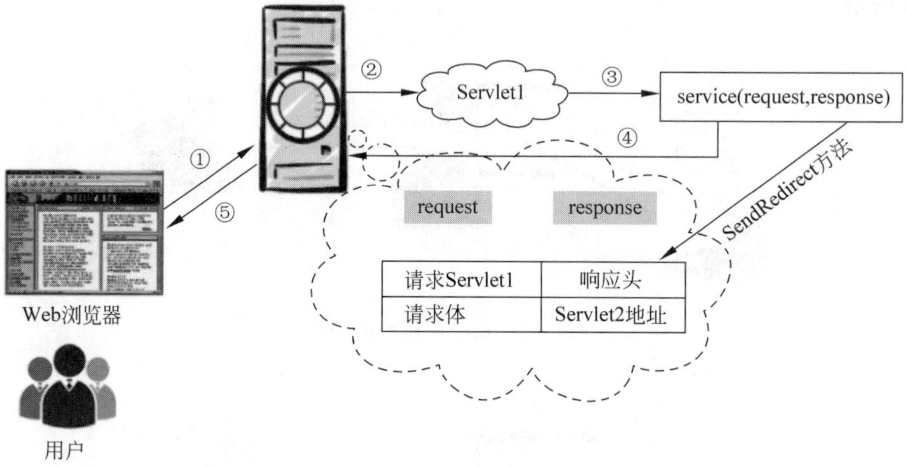

图 6-50　重定向工作原理 1

浏览器接到包含重定向地址的响应信息后会自动重新提交请求，Servlet 引擎创建 Servlet2 实例同时创建新的 request 和 response 对象，然后调用 Servlet2 的 service()函数响应用户请求。request 和 response 方法的工作原理如图 6-51 所示。

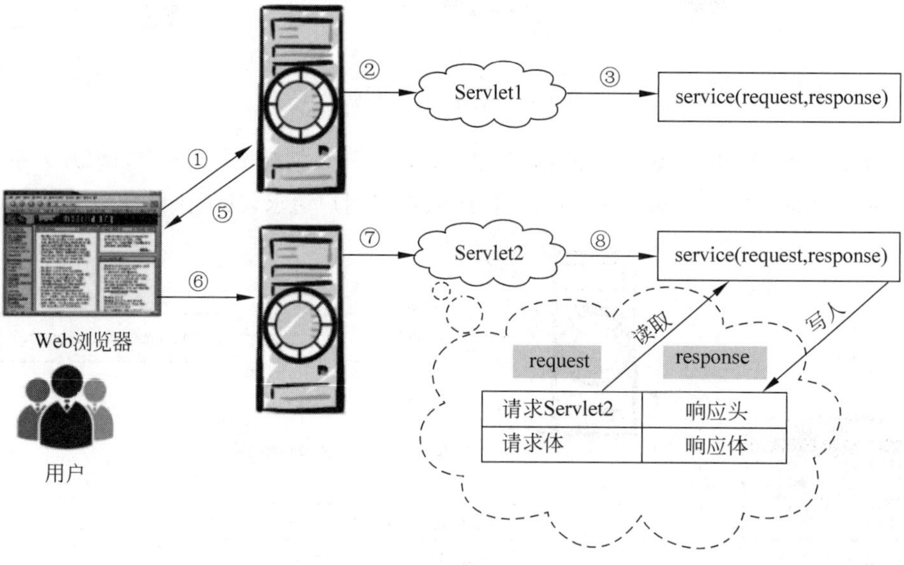

图 6-51　重定向工作原理 2

浏览器接到包含重定向地址的响应信息后会自动重新提交请求，Servlet 引擎创建 Servlet2 实例同时创建新的 request 和 response 对象，然后调用 Servlet2 的 service()函数响应用户请求。新的 Servlet 引擎执行 service()方法的工作原理如图 6-52 所示。

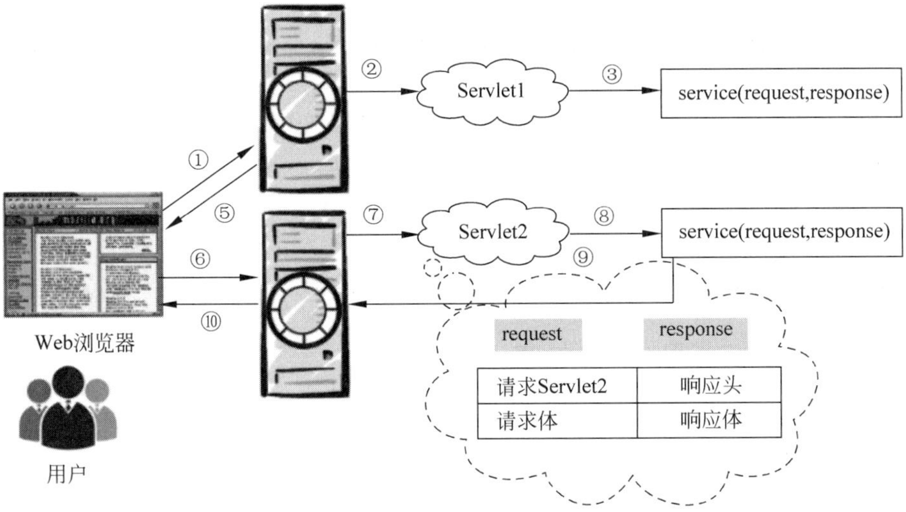

图 6-52 重定向工作原理 3

service()方法读取请求信息,写入响应信息,执行完毕之后返回,由服务器将结果发送至浏览器。

6.7.3 请求转发和重定向

实现请求转发的方式如下。

(1) 得到 RequestDispatcher 对象:

```
RequestDispatcher dispatcher = request.getRequestDispatcher("a.jsp");
```

(2) 转发:

```
dispatcher.forward(request,response);
```

实现重定向的方式如下。

```
response.sendRedirect("a.jsp");
```

RequestDispatcher.forward()方法只能在同一个 Web 应用程序内的资源之间转发请求。

sendRedirect()方法还可以重定向到同一个站点上的其他应用程序中的资源,甚至是使用绝对 URL 重定向到其他站点的资源。

以下案例中用判断三角形的三边是否满足构成三角形的条件来实现请求转发和重定向。通过 Example6_6_b_triangle_judge.jsp 页面输入三角形的三边,然后提交到相应的 Servlet 进行处理和逻辑的判断,在 Servlet 代码中获取来自 JSP 页面的三边数据信息,若三边不构成三角形或者输入的三边均小于 0,则会重定向到初始页面,即 Example6_6_b_triangle_judge.jsp 页面重新输入数据信息,若三边满足构成三角形的条件则会转发到 Example6_6_c_triangle_judge_show.jsp 页面,并在该页面中输出三边的边长和面积。

注意：

JSP 页面提交的目的地址对应的 Servlet 需要与 Web.xml 文件中的<url-pattern>相对应，而不是与<servlet-name>对应。

```
Web.xml

< servlet >
< servlet – name > triangleServlet </servlet – name >
< servlet – class > com.programs.Example6_6_a_triangleServlet </servlet – class >
</servlet >
< servlet – mapping >
< servlet – name > triangleServlet </servlet – name >
< url – pattern >/triangle_judge </url – pattern >
</servlet – mapping >


Example6_6_a_triangleServlet.java

@WebServlet(name = "triangleServlet")
public class Example6_6_a_triangleServlet extends HttpServlet {
    @Override
    protected void doPost(HttpServletRequest request, HttpServletResponse response) throws
ServletException, IOException {
        String sidea = request.getParameter("sidea");
        String sideb = request.getParameter("sideb");
        String sidec = request.getParameter("sidec");
        int sideA = Integer.parseInt(sidea);
        int sideB = Integer.parseInt(sideb);
        int sideC = Integer.parseInt(sidec);
        if (sideA < 0 || sideB < 0 || sideC < 0 ||
                (sideA + sideB <= sideC || sideB + sideC <= sideA || sideA + sideC <=
sideB)) {
            response.sendRedirect("Example6_6_b_triangle_judge.jsp");
        } else {
            RequestDispatcher dispatcher = request.getRequestDispatcher("Example6_6_c_
triangle_judge_show.jsp");
            dispatcher.forward(request, response);     //请求转发
        }
    }

    @Override
    protected void doGet(HttpServletRequest request, HttpServletResponse response) throws
ServletException, IOException {
        doPost(request,response);
    }
}

Example6_6_b_triangle_judge.jsp

<%@ page contentType = "text/html;charset = UTF – 8" language = "java" %>
```

```
< html >
< head >
< title >三角形判断</title >
</head >
< body >
< form action = "triangle_judge">
< p >使用三角形案例实现转发和重定向</p >
< b >输入边长 a:</b >< input type = "text" name = "sidea">< br >
< b >输入边长 b:</b >< input type = "text" name = "sideb">< br >
< b >输入边长 c:</b >< input type = "text" name = "sidec">< br >
< input type = "submit" value = "提交">
</form >
</body >
</html >
```

Example6_6_c_triangle_judge_show.jsp

```
< % @ page contentType = "text/html;charset = UTF - 8" language = "java" % >
< html >
< head >
< title >符合三角形</title >
</head >
< body >
< h3 >这是请求转发得到的界面</h3 >
< p >输入的三角形三边满足构成三角形的条件</p >
< %
    String sidea = request.getParameter("sidea");
    String sideb = request.getParameter("sideb");
    String sidec = request.getParameter("sidec");
% >
< p >三边分别为:< % = sidea % >、< % = sideb % >、< % = sidec % >
</p >
< %
    int sideA = Integer.parseInt(sidea);
    int sideB = Integer.parseInt(sideb);
    int sideC = Integer.parseInt(sidec);
    double p = (sideA + sideB + sideC) / 2.0;
    double area = Math.sqrt(p * (p - sideA) * (p - sideB) * (p - sideC));
% >
其面积为< % = area % >
</body >
</html >
```

页面显示如图 6-53～图 6-56 所示。当输入的三边满足构成三角形条件时,转发到显示页面并输出三角形各边信息和三角形的面积,若不满足构成三角形条件时,则重定向到初始页面中。

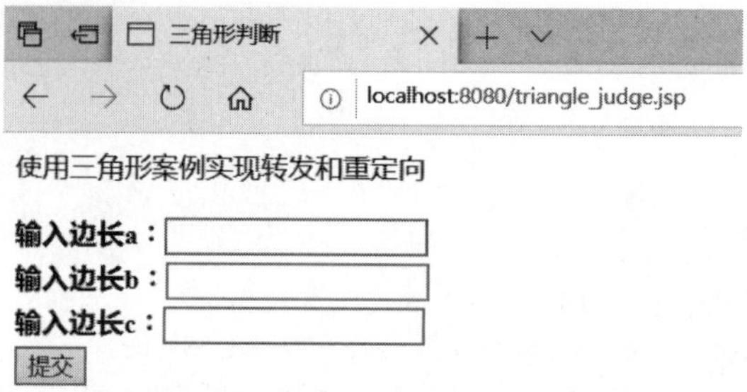

图 6-53　请求转发和重定向案例初始化页面显示

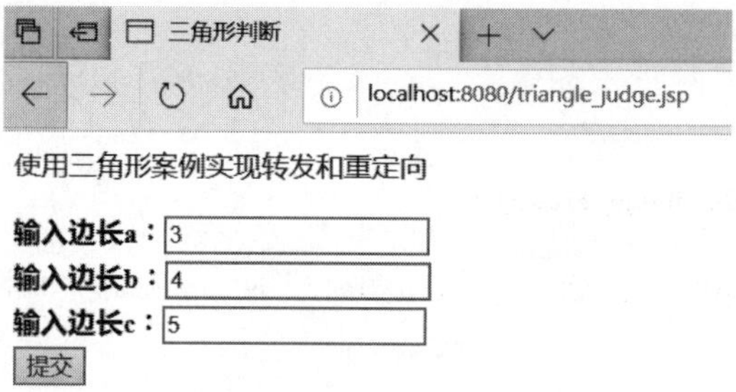

图 6-54　请求转发和重定向案例提交页面显示

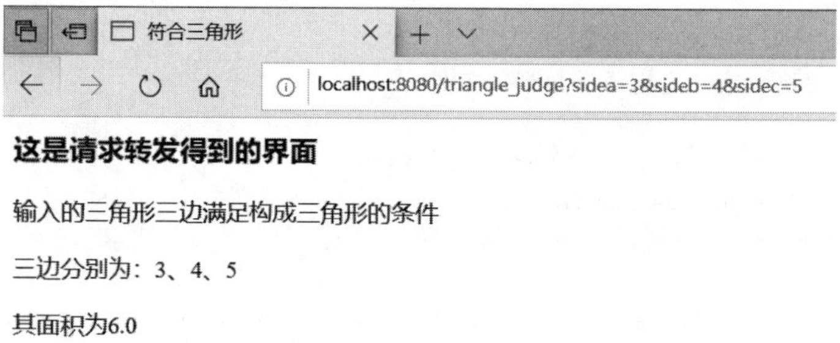

图 6-55　请求转发和重定向案例转发页面显示

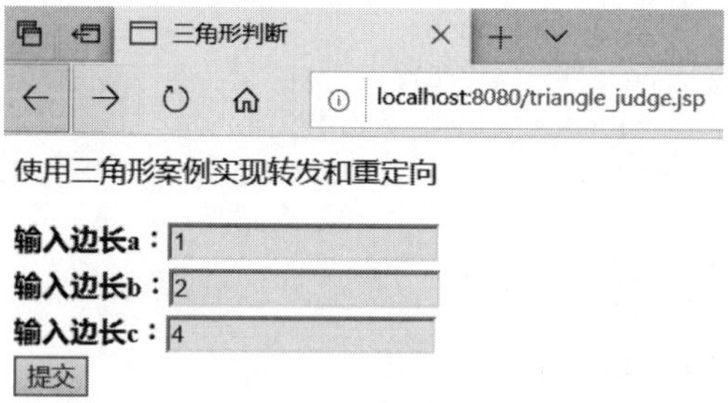

图 6-56　请求转发和重定向案例重定向页面显示

6.7.4　重定向与转发的区别

(1) 资源使用范围不一样。请求转发的转发对象只能是当前 Web 应用程序的服务器中的资源；重定向不仅可以在同一服务器中使用，还可以将请求重定向到其他 Web 服务器。

(2) 请求响应的次数不一样。请求转发只需要一次请求与响应过程；重定向需要两次请求与响应过程。

(3) 请求转发的 URL 地址栏是不变的，因为只有一次请求与响应；重定向会改变地址栏，因为有两次请求与响应过程。

(4) 请求转发的两个 Servlet 实例共用请求响应对象；重定向需要创建两次请求与响应对象。

6.8 上机案例

读者对于本章的内容是否感觉到吃力了？学习完本章的内容后不知读者有什么样的感受，通过结合 JSP+Servlet 的方式可以更方便地处理我们在日常学习中的逻辑编写，还是增添了过多的步骤负担呢？希望读者能够好好掌握本章内容，这一章内容将成为之后 MVC 模式中最重要的一部分，如果还存在一部分知识点难以解决一定要及时巩固，对于不懂的知识点可以结合网络博客或者动手编程加以巩固。

本章的案例将通过 JSP+Servlet 方式实现第 5 章的上机案例，参考代码如下。

```
Web.xml

<servlet>
<servlet-name>staffServlet</servlet-name>
<servlet-class>com.controller.Example6_7_d_staffServlet</servlet-class>
</servlet>
<servlet-mapping>
<servlet-name>staffServlet</servlet-name>
<url-pattern>/staff_servlet</url-pattern>
</servlet-mapping>

Example6_7_a_exam.jsp

<%@ page contentType="text/html;charset=UTF-8" language="java" %>
<html>
<head>
<title>上机案例</title>
</head>
<body>
<h3>添加员工信息</h3>
<form action="staff_servlet" method="post">
<b>员工姓名:</b><input type="text" name="username"><br>
<b>员工年龄:</b><input type="text" name="age"><br>
<b>员工部门:</b><input type="text" name="department"><br>
<b>员工工号:</b><input type="text" name="departmentID"><br>
<input type="submit" value="提交">
</form>
```

```
</body>
</html>
```

Example6_7_b_exam.jsp

```
<%@ page contentType = "text/html;charset = UTF - 8" language = "java" %>
<html>
<head>
<title>上机案例</title>
</head>
<body>
<jsp:useBean id = "staffBean" class = "com.beans.Example6_7_c_Staff" scope = "session"/>
<p>员工姓名:<jsp:getProperty name = "staffBean"
property = "username"></jsp:getProperty></p>
<p>员工年龄:<jsp:getProperty name = "staffBean"
property = "age"></jsp:getProperty></p>
<p>员工部门:<jsp:getProperty name = "staffBean"
property = "department"></jsp:getProperty></p>
<p>员工工号:<jsp:getProperty name = "staffBean"
property = "departmentID"></jsp:getProperty></p>
</body>
</html>
```

Example6_7_c_Staff.java

```
public class Example6_7_c_Staff {
    private String username;
    private int age;
    private String department;
    private String departmentID;
    public String getUsername() {
        return username;
    }
    public void setUsername(String username) {
        this.username = username;
    }
    public int getAge() {
        return age;
    }
    public void setAge(int age) {
        this.age = age;
    }
    public String getDepartment() {
        return department;
    }
    public void setDepartment(String department) {
        this.department = department;
    }
    public String getDepartmentID() {
```

```
        return departmentID;
    }
    public void setDepartmentID(String departmentID) {
        this.departmentID = departmentID;
    }
}

Example6_7_d_staffServlet.java

@WebServlet(name = "staffServlet")
public class Example6_7_d_staffServlet extends HttpServlet {

    @Override
    protected void doPost(HttpServletRequest request, HttpServletResponse response) throws
ServletException, IOException {
        String username = request.getParameter("username");
        String ages = request.getParameter("age");
        String deparment = request.getParameter("department");
        String deparmentID = request.getParameter("departmentID");

        Example6_7_c_Staff staff = new Example6_7_c_Staff();
        HttpSession session = request.getSession(true);
        session.setAttribute("staffBean",staff);

        if (username.trim() == "" || ages.trim() == "" || deparment.trim() == "" ||
deparmentID.trim() == "") {
            response.sendRedirect("Example6_7_a_exam.jsp");
        } else {
            staff.setUsername(username);
            staff.setAge(Integer.parseInt(ages));
            staff.setDepartment(deparment);
            staff.setDepartmentID(deparmentID);
            response.sendRedirect("Example6_7_b_exam.jsp");
        }
    }
    @Override
    protected void doGet(HttpServletRequest request, HttpServletResponse response) throws
ServletException, IOException {
        doPost(request,response);
    }
}
```

小结

(1) Servlet 类继承的 service()方法检查 HTTP 请求类型，在 service()方法中对应地再调用 doGet()或 doPost()方法。因此，Servlet 类直接继承该方法，在 Servlet 类中重写 doPost()或 doGet()方法来响应用户的请求。

（2）RequestDispatcher 对象可以将用户对当前 JSP 页面或 Servlet 的请求和响应传递给所转发的 JSP 页面或 Servlet。也就是说，当前页面所要转发的目标页面或 Servlet 对象可以使用 request 获取用户提交的数据。

本章小结可参考图 6-57。

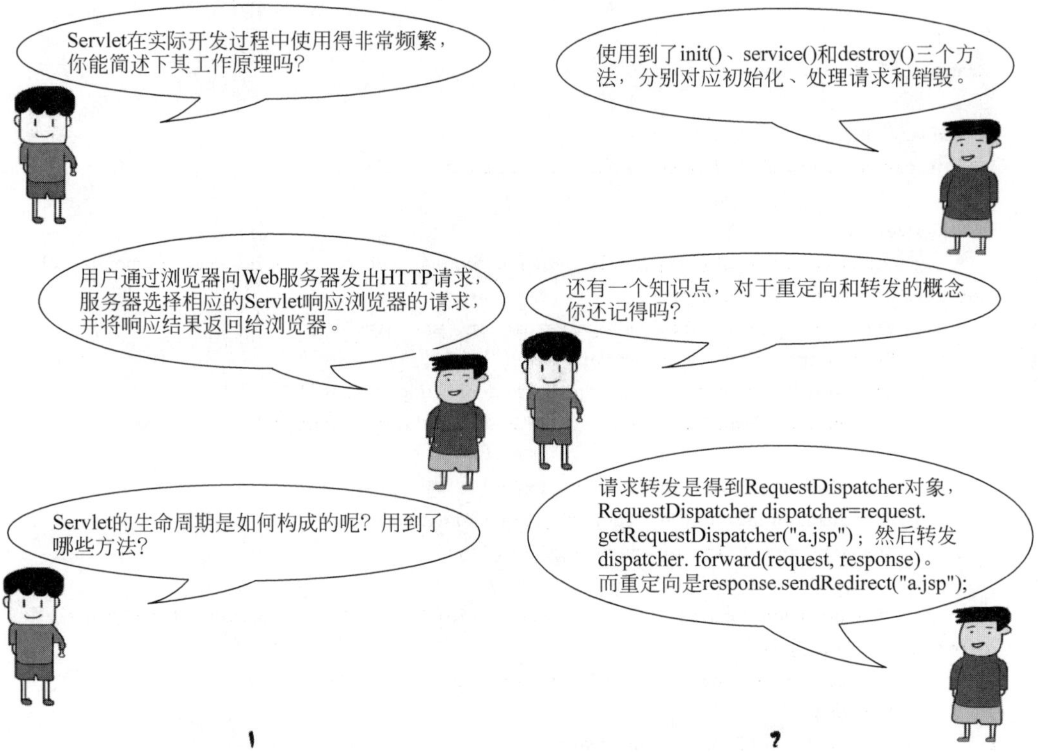

图 6-57　第 6 章小结

习题

1. Servlet 获得初始化参数的对象是（　　）。

　A. Request　　　　B. Response

　C. ServletConfig　　　　D. ServletContext

2. 在 JSP/Servlet 的生命周期中，用于初始化的方法是（　　）。

　A. doPost()　　B. doGet()　　C. init()　　D. destroy()

3. Servlet 文件在 Java Web 开发中的主要作用是（　　）。

　A. 开发页面　　　　B. 作为控制器

　C. 提供业务功能　　　　D. 实现数据库连接

4. Servlet 需要在________中配置。

5. Servlet 运行于__________端，与处于客户端的__________相对应。

6. 在 Servlet 中，主要使用 HttpServletResponse 类的重定向方法__________方法实现

重定向，以及使用__________类的转发方法__________方法实现转发功能。

7. 在 Servlet 接口中，定义了三个用于 Servlet 生命周期的方法，它们是__________、__________、__________方法。

8. 简述 Servlet 的工作过程。

9. 简述 Servlet 与 JSP 的区别。

10. 试结合 Servlet 和 JSP 编写用户登录和注册的案例。

第 7 章

MVC模式

在 JSP 开发中有 3 个核心技术：JSP 页面、Servlet 和 JavaBean。如图 7-1 所示，JSP 页面主要负责数据的显示，可以嵌入 Java 程序片段来处理数据，但这样不利于代码的复用；所以我们学习了 JSP+JavaBean 的模式，由 JavaBean 负责数据的处理和保存；Servlet 擅长数据的处理，也可以嵌入 HTML 标记显示数据，但每次修改显示效果就要重新编译 Servlet。

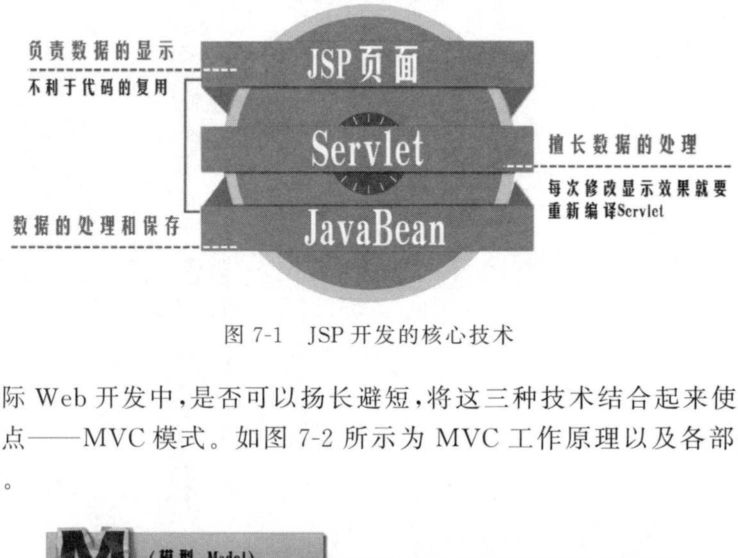

图 7-1　JSP 开发的核心技术

那么在实际 Web 开发中，是否可以扬长避短，将这三种技术结合起来使用呢？这就是本章内容的重点——MVC 模式。如图 7-2 所示为 MVC 工作原理以及各部分模块功能的详细解释图示。

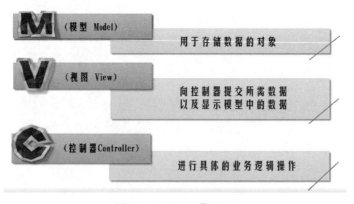

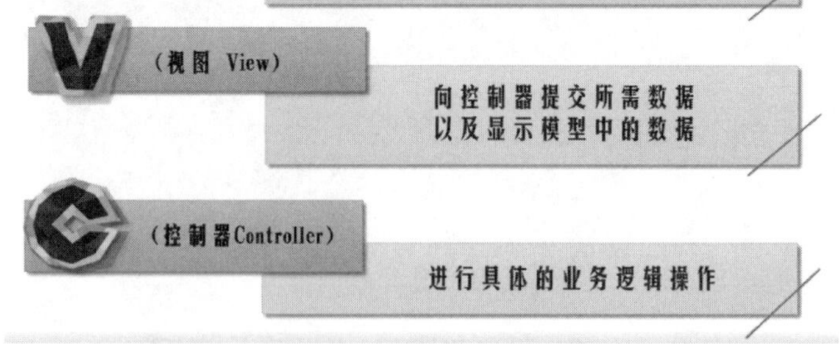

图 7-2　MVC 工作原理

在线视频

7.1　MVC 模式概念

模型，视图，控制器（Model，View，Controller，MVC）是一种通过三个不同部分构造一个软件或组件的理想方法，其核心思想是将数据模型与视图分离开，有效地组合“模型”“视图”“控制器”三个部分，从而使同一程序有不同的表现形式。模型用于存储数据的对象；视图向控制器提交所需数据以及显示模型中的数据；控制器负责具体的业务逻辑操作。如图 7-3 所示为开发工具下 MVC 模式的结构图。

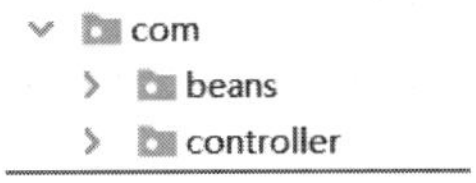

图 7-3　开发工具对应的 MVC 模式结构

对应到具体的开发阶段，可以通过单独实现视图、控制器和模型层的方式来构建 MVC 的整体框架，在 Beans 中创建所需的模型 Model，在 Controller 中创建控制器，而视图的创建即为之前创建 JSP 页面的过程。

下面通过具体的模拟场景解释 MVC 的工作原理。如图 7-4 所示，小鼹鼠同学帮她的朋友猪同学预约了拍艺术照的服务，当她把拍照类型、照片尺寸信息告诉前台工作人员之后，前台的工作人员树懒快速将需求发给了摄影师。摄影师接到消息后开始准备并给猪同学拍照。

图 7-4　MVC 工作原理模拟情景 1

如图 7-5 所示，拍照结束之后要把样片存入存储卡。前台拿到存储卡里的样片之后将照片展示给小鼹鼠，如果她对照片不满意的话，可以再一次提出需求，重新为猪同学拍照。

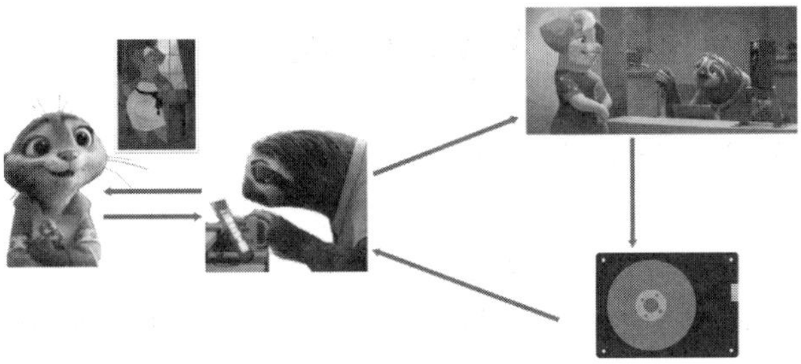

图 7-5　MVC 工作原理模拟情景 2

其实MVC模式的工作原理与去照相馆拍照很类似。如图7-6所示，MVC模式中也有一个类似小鼹鼠这样一个提出需求的角色，也就是用户。①表示用户发出请求之后，接收用户请求的是视图②，相当于照相馆的前台树懒，视图将用户请求提交给控制器(箭头)，控制器处理请求并进行相应的逻辑操作③，这就类似摄影师根据前台树懒发送过来的需求为猪女士拍照，控制器就相当于摄影师。模型保存控制器处理的结果，这就类似照相馆中的摄影师将拍摄好的照片存入存储卡中一样。最后，通过视图显示模型中保存的结果，这就相当于前台将拍摄好的照片展现给小鼹鼠，小鼹鼠获得了照片，用户获得了响应。

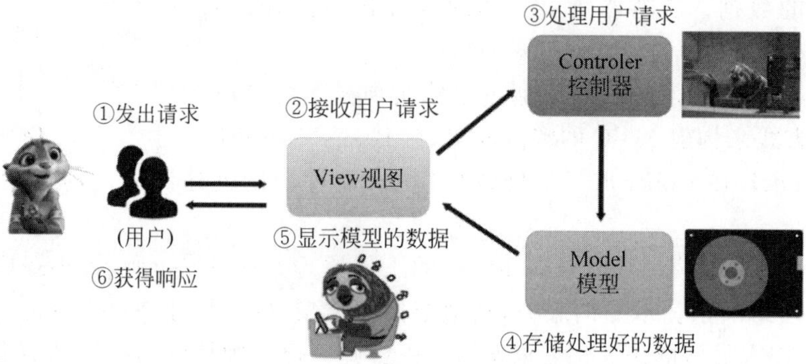

图7-6 情景类比MVC工作原理

JSP＋Servlet＋JavaBean设计模式如图7-7所示。用户通过访问视图层，在视图层对数据的提交、修改和删除等操作反馈到Servlet控制器层，Servlet控制器层将接收到的用户相关操作数据反馈到JavaBean的模型从而更改数据并将更改后是否成功的结果反馈给用户。

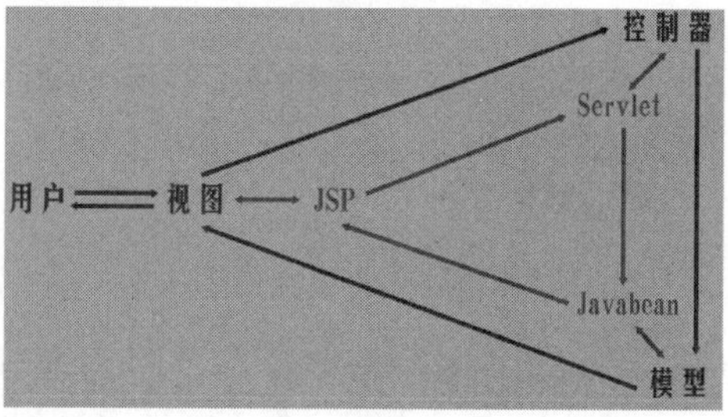

图7-7 JSP＋JavaBean＋Servlet的MVC模式

7.2 基于JSP的MVC模式

(1) 基于JSP的Web开发中，JSP、Servlet、JavaBean就是通过MVC有机地联系到了一起。

(2) JSP作为视图，负责提供页面为用户展示数据。

(3) Servlet作为控制器，用来接受用户提交的请求，进行数据处理。

(4) JavaBean作为模型，用来存储用户提交的数据以及数据处理的结果。

7.3 MVC 模式案例

下面通过实现简单的计算三角形面积的案例来了解 MVC 设计模式的原理和操作过程,从而对 MVC 的设计模式有一个更加深入的了解。

计算三角形的面积实现过程和思路如下:通过 JSP 页面 Example7_1_b_triangle_mvc. jsp 提供视图即 View,用户在 JSP 页面中录入相应的数据信息交给 Servlet 控制器即 Controller,由 控 制 器 进 行 运 算 和 数 据 整 理,该 控 制 器 的 实 现 由 Example7_1_a_ triMVCServlet. java 类 进 行 创 建,JavaBean 则 负 责 存 储 运 算 数 和 运 算 结 果,此 例 中 的 JavaBean 由 Example7_1_c_triangle. java 进行创建。

```
Web.xml

< servlet >
< servlet - name > triMVCServlet </ servlet - name >
< servlet - class > com. controller. Example7_1_a_triMVCServlet
        </ servlet - class >
</ servlet >
< servlet - mapping >
< servlet - name > triMVCServlet </ servlet - name >
< url - pattern >/triangle_mvc </ url - pattern >
</ servlet - mapping >

Example7_1_a_triMVCServlet. java

@WebServlet(name = "triMVCServlet")
public class Example7_1_a_triMVCServlet extends HttpServlet {
    @Override
    protected void doPost(HttpServletRequest request, HttpServletResponse response) throws
ServletException, IOException {
        String sidea = request. getParameter("sidea");
        String sideb = request. getParameter("sideb");
        String sidec = request. getParameter("sidec");
        double sideA = Integer. parseInt(sidea);
        double sideB = Integer. parseInt(sideb);
        double sideC = Integer. parseInt(sidec);
        Example7_1_triangle triangleBean = new Example7_1_triangle();
        HttpSession session = request. getSession(true);
        session. setAttribute("triangleBean", triangleBean);
        if (sideA < 0 || sideB < 0 || sideC < 0 ||
                (sideA + sideB < = sideC || sideB + sideC < = sideA || sideA + sideC < =
sideB)) {
            triangleBean. setResult("录入数据有误");
            response. sendRedirect("triangle_mvc. JSP");
        } else {
            double p = (sideA + sideB + sideC) / 2.0;
            double area = Math. sqrt(p * (p - sideA) * (p - sideB) * (p - sideC));
```

```
                triangleBean.setSideA(sideA);
                triangleBean.setSideB(sideB);
                triangleBean.setSideC(sideC);
                triangleBean.setResult(area + "");
                response.sendRedirect("triangle_mvc.JSP");
            }
        }
        @Override
        protected void doGet(HttpServletRequest request, HttpServletResponse response) throws
ServletException, IOException {
            doPost(request,response);
        }
}
```

Example7_1_b_triangle_mvc.jsp

```
<%@ page contentType = "text/html;charset = UTF - 8" language = "java" %>
<html>
<head>
<title>计算三角形面积 MVC 模式</title>
</head>
<body>
<jsp:useBean id = "triangleBean" class = "com.beans.Example7_1_triangle " scope = "session"/>
<form action = "triangle_mvc" method = "post">
<p>计算三角形的面积</p>
<b>三角形边 A:</b><input type = "text" name = "sidea"><br>
<b>三角形边 B:</b><input type = "text" name = "sideb"><br>
<b>三角形边 C:</b><input type = "text" name = "sidec"><br>
<input type = "submit" value = "提交">
</form>
<b>三角形面积为</b><jsp:getProperty name = "triangleBean" property = "result"/>
</body>
</html>
```

Example7_1_c_triangle.java

```
public class Example7_1_c_triangle {
    private double sideA,sideB,sideC;
    private String result;

    public double getSideA() {
        return sideA;
    }

    public void setSideA(double sideA) {
        this.sideA = sideA;
    }

    public double getSideB() {
```

```
            return sideB;
        }

        public void setSideB(double sideB) {
            this.sideB = sideB;
        }

        public double getSideC() {
            return sideC;
        }

        public void setSideC(double sideC) {
            this.sideC = sideC;
        }

        public String getResult() {
            return result;
        }

        public void setResult(String result) {
            this.result = result;
        }
    }
```

首先用户想要得到答案必须要在 JSP 页面中输入三角形的三边长度，并单击“提交”按钮。通过代码可以看到 JSP 页面是通过表单接收用户输入的数据并传递运算数据给 Servlet 控制器进行处理，Servlet 控制器在获取到表单中的数据之后进行数据整理和运算，并求出结果。通过 JavaBean 存储运算结果，最后 JSP 页面向用户显示最终的结果，页面显示效果如图 7-8 和图 7-9 所示。

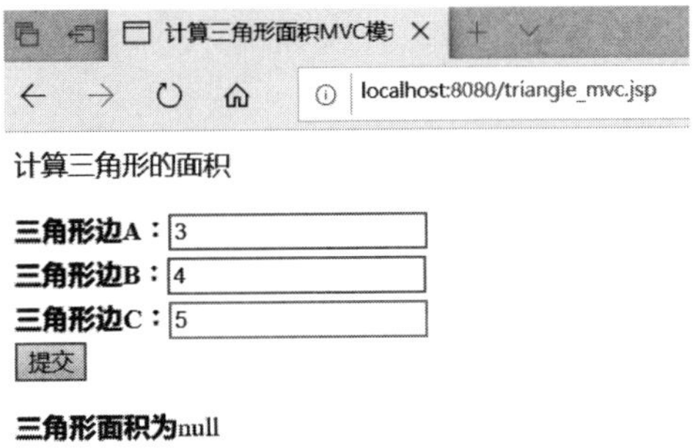

图 7-8　MVC 模式案例初始化页面显示

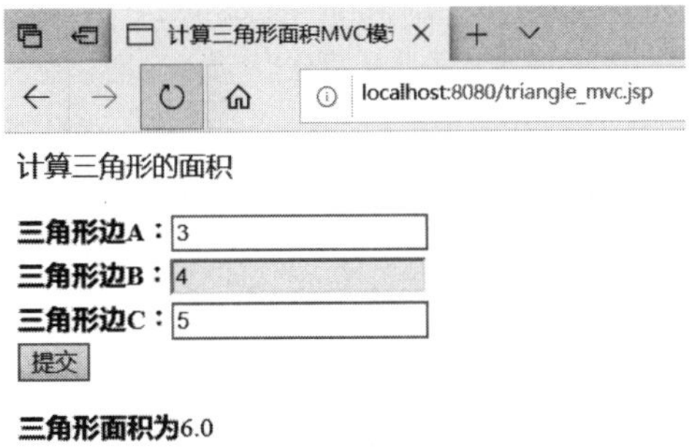

图 7-9　MVC 模式案例输出页面显示

看了上面的例子，读者可能会有一个疑惑：我们可以通过 JavaBean 获取用户输入的数值，可 Servlet 计算的数值是如何存储到 JavaBean 中的？JSP 页面又是如何显示计算结果呢？其实这一切都是由控制器 Servlet 完成的，三者之间的关系如图 7-10 所示。

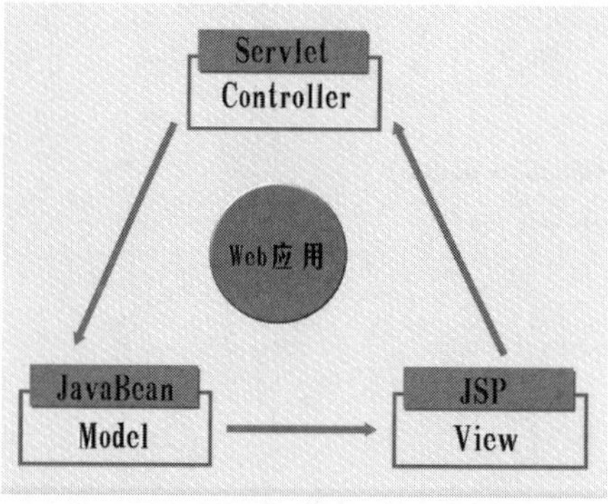

图 7-10　MVC 模式关系

 7.4　上机案例

编写一个案例,使用 MVC 的方式实现用户的注册,注册信息不需要包含太多信息,只需要包含必要的用户名和密码即可。也可以对其进行拓展,在用户完成注册之后需要在页面显示注册成功与否,若注册成功需要返回用户的相关信息,否则反馈注册失败的信息。

下面的案例为参考代码,可以在此代码基础上修改和添加,实现该案例功能,了解 MVC 的构建和应用方式。

```
Web.xml

< servlet >
< servlet - name > stuInfoServlet </servlet - name >
< servlet - class > com.controller.Example7_2_d_stuInfoServlet </servlet - class >
</servlet >
< servlet - mapping >
< servlet - name > stuInfoServlet </servlet - name >
< url - pattern >/stuinfo_mvc </url - pattern >
</servlet - mapping >

Example7_2_a_stuInfo_mvc.jsp

<% @ page contentType = "text/html;charset = UTF - 8" language = "java" %>
< html >
< head >
<title>注册信息</title>
</head >
< body >
< form action = "stuinfo_mvc" method = "post">
<p>输入用户需要注册信息</p>
<b>用户名:</b>< input type = "text" name = "username">< br >
<b>密 码:</b>< input type = "password" name = "password">< br >
<b>年 龄:</b>< input type = "text" name = "age">< br >
< input type = "submit" value = "提交">
```

```
</form>
</body>
</html>
```

Example7_2_b_stuInfo_mvc_show.JSP

```
<%@ page contentType="text/html;charset=UTF-8" language="java" %>
<html>
<head>
<title>注册成功信息</title>
</head>
<body>
<jsp:useBean id="stuInfo" class="com.beans.Example7_2_c_stuInfo" scope ="session"/>
<b>用户名为:</b><jsp:getProperty name ="stuInfo" property ="username"/>
<b>年龄:</b><jsp:getProperty name ="stuInfo" property ="age"/>
</body>
</html>
```

Example7_2_d_stuInfoServlet.java

```
import com.beans.Example7_2_c_stuInfo;
@WebServlet(name = "stuInfoServlet")
public class Example7_2_d_stuInfoServlet extends HttpServlet {
    @Override
    protected void doPost(HttpServletRequest request, HttpServletResponse response) throws
ServletException, IOException {
        response.setContentType("text/html");
        response.setHeader("content-type", "text/html;charset=UTF-8");
        response.setCharacterEncoding("UTF-8");
        String username = request.getParameter("username");
        String age = request.getParameter("age");
        int ages = Integer.parseInt(age);
        Example7_2_c_stuInfo stuInfo = new Example7_2_c_stuInfo();

        HttpSession session = request.getSession(true);
        session.setAttribute("stuInfo", stuInfo);
        stuInfo.setUsername(username);
        stuInfo.setAge(ages);
        response.sendRedirect("Example7_2_b_stuInfo_mvc_show.jsp");
    }

    @Override
    protected void doGet(HttpServletRequest request, HttpServletResponse response) throws
ServletException, IOException {
        doPost(request, response);
    }
}
```

页面显示效果如图 7-11 和图 7-12 所示。在页面中填写用户的用户名、密码和年龄等信息,若注册成功,将跳转至新的页面显示注册成功之后的用户信息。

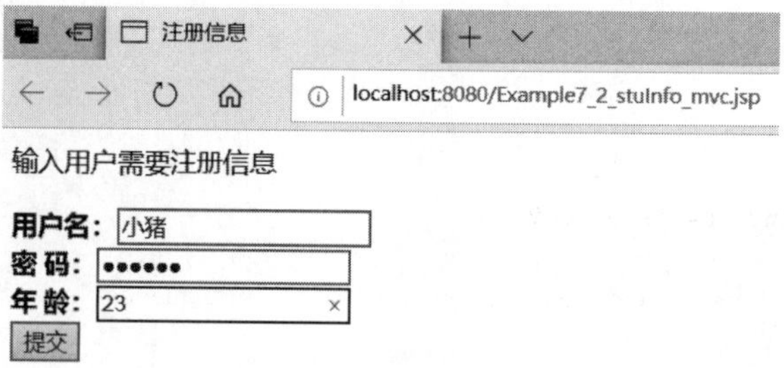

图 7-11 注册信息页面显示

图 7-12 注册成功页面显示

小结

最后总结本章的内容,可参考如图 7-13 所示漫画。MVC 模式被广泛运用在 Web 开发中,它的主要思想是将业务逻辑、数据、显示三者相分离。在基于 JSP 的 Web 应用开发中,

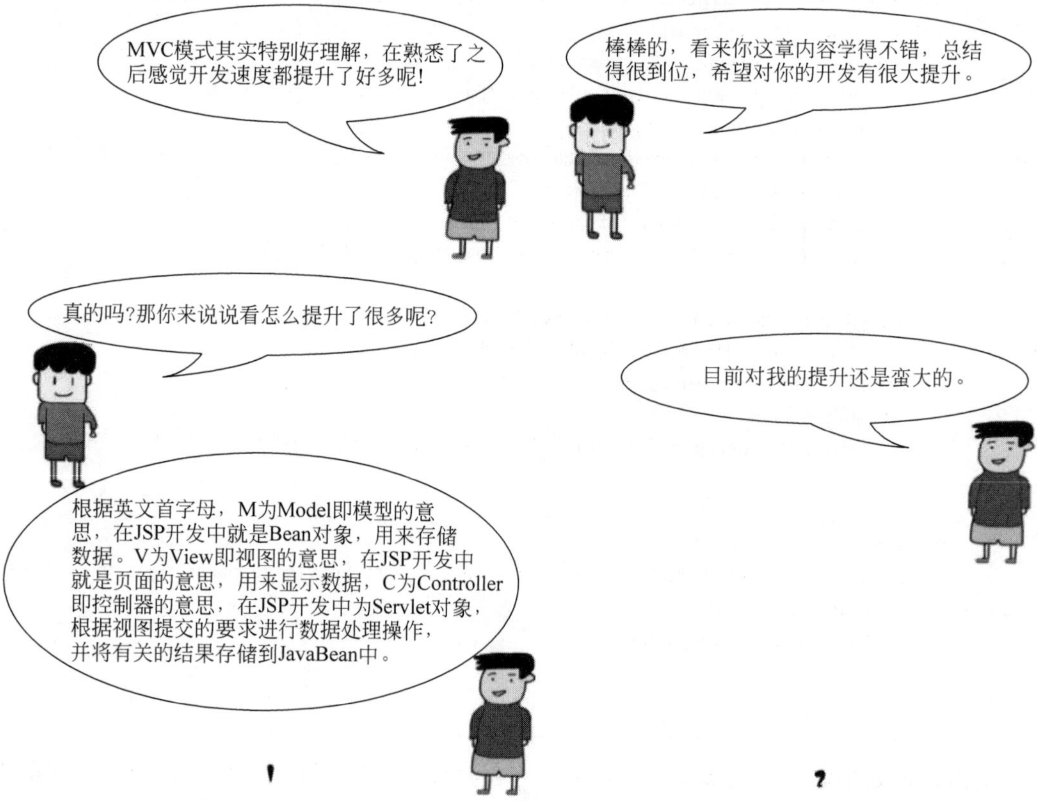

图 7-13 第 7 章小结

视图是一个或多个 JSP 页面,其作用主要是向控制器提交必要的数据和为模型提供数据显示;模型是一个或多个 JavaBean 对象,用于存储数据;控制器是一个或多个 Servlet 对象,根据视图提交的要求进行数据处理操作,并将有关的结果存储到 JavaBean 中,然后 Servlet 请求视图中的某个 JSP 页面更新显示。其中,Servlet 是三者的核心,通过 Servlet 将三个部分联系起来。

习题

1. 关于 MVC 架构的缺点,下列的叙述哪一项是不正确的?( )

A. 提高了对开发人员的要求　　B. 增加了文件管理的难度

C. 代码复用率低　　D. 产生较多的文件

2. 按照 MVC 设计模式,JSP 用于实现( )。

A. Model　　B. View　　C. Controller　　D. 容器

3. 在 MVC 设计模式中,JavaBean 的作用是( )。

A. Controller　　B. Model

C. 业务数据的封装　　D. View

4. 按照 MVC 设计模式,Servlet 用于实现( )。

A. Controller　　B. View　　C. Model　　D. 容器

5. MVC 分别代表________、________和________几个部分。

6. 基于 JSP 的 Web 开发中,________、________和________就是通过 MVC 有机地联系到了一起。

7. MVC 设计模式中,M、V、C 分别代表什么?有什么作用?

8. 简述 MVC 的三种架构模式及其工作原理。

9. 使用 MVC 设计模式编写一个实现用户登录、注册的案例。

10. 使用 MVC 设计模式编写一个实现学生信息表获取、注册等功能的案例。

第 8 章

在JSP中使用数据库

JDBC(Java DataBase Connection)是 Java 运行平台的核心类库中的一部分,提供了访问数据库的 API,它由一些 Java 类和接口组成。在 JSP 中可以使用 JDBC 实现对数据库中表记录的查询、修改和删除等操作。使用 JDBC 的应用程序一旦和数据库建立连接,就可以使用 JDBC 提供的 API 操作数据库。

经常使用 JDBC 进行如下操作:与一个数据库建立连接,向已连接的数据库发送 SQL 语句,处理 SQL 语句返回的结果。

应用程序为了能和数据库交互信息,必须首先和数据库建立连接,连接数据库的常用方式有建立 JDBC-ODBC 桥接器和加载纯 Java 数据库。

在线视频

8.1 数据库管理系统概述

8.1.1 数据库

在很多 Web 应用中,服务器需要和用户进行必要的数据交互,数据库是提供数据的基地,它能保存数据并能使用户方便地访问数据。数据库在数据查询、修改、保存、安全等方面有着其他数据处理手段无法代替的地位,详细功能介绍如图 8-1 所示。

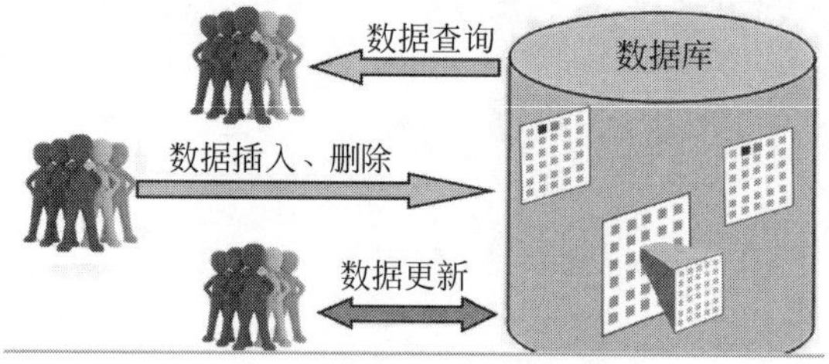

图 8-1 数据库的详细功能

为了方便地管理数据,数据库中的数据按照一定的结构进行存储。最常用的四类数据库结构有关系类数据库、树形数据库、网状数据库、对象数据库,对应的结构和类型如图 8-2 所示。

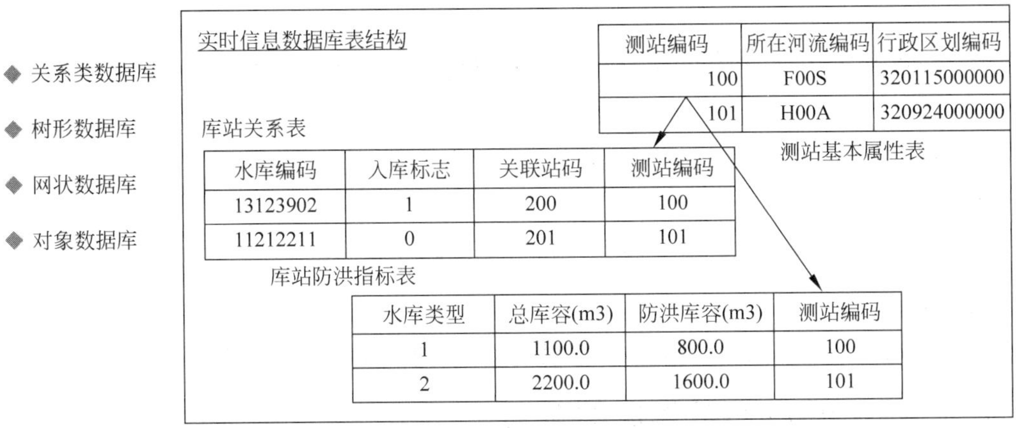
◆ 关系类数据库
◆ 树形数据库
◆ 网状数据库
◆ 对象数据库
实时信息数据库表结构
测站编码 所在河流编码 行政区划编码
100 F00S 320115000000
101 H00A 320924000000
测站基本属性表
库站关系表
水库编码 入库标志 关联站码 测站编码
13123902 1 200 100
11212211 0 201 101
库站防洪指标表
水库类型 总库容(m3) 防洪库容(m3) 测站编码
1 1100.0 800.0 100
2 2200.0 1600.0 101

图 8-2 数据库的结构和类型

8.1.2 数据库管理系统

数据库是数据的汇集，数据管理系统也就是常说的 DBMS 是管理数据库的软件，它实现了数据库系统的各种功能。DBMS 包含面向用户接口功能和面向系统维护功能。

面向用户接口功能是提供用户访问数据库的一些必要手段。

面向系统维护功能是为数据库管理者提供数据库的维护工具。

目前常见的数据库管理系统有 Oracle、Sybase、Informix、Microsoft SQL Server、MySQL。

8.1.3 DBMS 的结构

通常通过两层结构来访问数据库，称为 Client/Server 结构，具体工作原理是客户端软件发送数据操作请求到数据库服务器端，数据库服务器端将结果返回给客户端软件，其结构如图 8-3 所示。

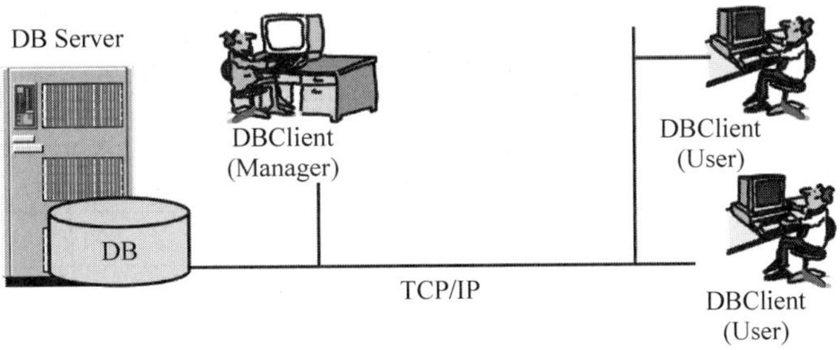

图 8-3 DBMS 的结构

这两层之间的语言用的是 SQL 语句。

8.1.4 常用 SQL 语句

SQL 按其功能可分四大部分：数据定义语言、查询语言、数据操作语言。数据控制语言，其中常用的 SQL 语句可实现增删改查的功能。

1. 增

sql="insert into 数据表(字段1,字段2,字段3…) values(值1,值2,值3…)"

2. 删

sql="delete from 数据表 where 条件表达式"

3. 改

sql="update 数据表 set 字段名=字段值 where 条件表达式"

4. 查

sql="select * from 数据表 where 字段名=字段值 orderby 字段名"

8.1.5 DBMS与数据库的关系

从图8-4中可以看到,应用程序必须通过DBMS访问数据库。

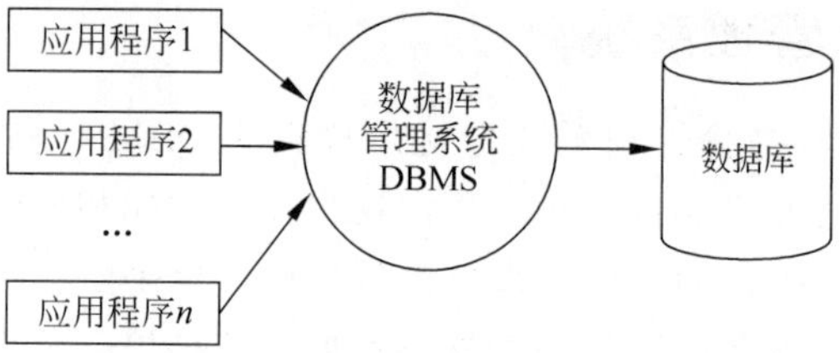

图8-4 DBMS与数据库的关系

8.1.6 关系型数据库

关系型数据库是最常见的数据库,结构如图8-5所示,它是基于E. F. Codd教授发明的关系型数学模型组织数据的数据库。

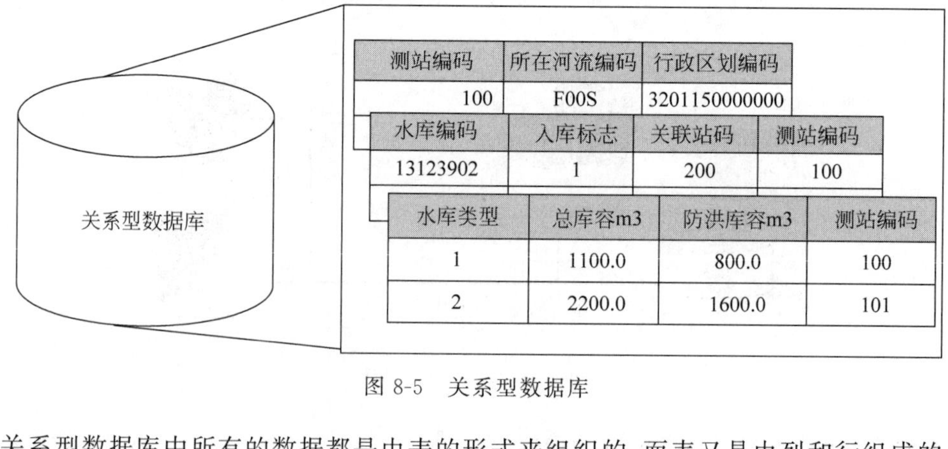

图8-5 关系型数据库

关系型数据库中所有的数据都是由表的形式来组织的,而表又是由列和行组成的,概念图示如图8-6所示。

表的每一列都代表了实体的一项属性,概念图示如图8-7所示。

每一列又叫表的一个字段。每一个字段都有一个字段名。每一个字段都只能包含同样数据类型的数据。每一个字段长度是有限的。

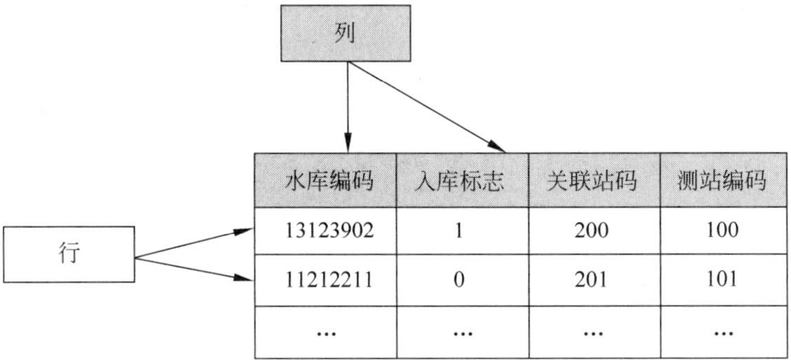

图 8-6　关系型数据库表的概念

水库编码	入库标志	关联站码	测站编码
13123902	1	200	100
11212211	0	201	101
…	…	…	…

图 8-7　关系型数据库列的概念

表的每一行都代表实体的一个实例，概述图示如图 8-8 所示。

水库类型	总库容(m^3)	防洪库容(m^3)	测站编码	…
1	1100.0	800.0	100	…
2	2200.0	1600.0	101	…
…	…	…	…	…

图 8-8　关系型数据库行的概念

创建一个表必须考虑以下事情。

(1) 为表取一个名字并且名字不能重复。

(2) 这个表有多少个字段。

(3) 为每一个字段取一个名字。

(4) 为每一个字段选取相应的数据类型和长度。

通俗地说，数据库是表的集合，数据库的操作主要是对表进行操作。表的操作有三种类型：选择、映射和关联，如图 8-9 所示。

图 8-9　关系型数据库表的操作

8.2　数据库系统 MySQL

在线视频

MySQL 数据库管理系统，简称 MySQL，是世界上最流行的开源数据库管理系统之一，其社区版(MySQL Community Edition)是世界上最流行的免费下载的开源数据库管理系统之一。

目前许多 Web 开发项目都选用 MySQL，其主要原因是 MySQL 社区版性能卓越，对满足许多 Web 应用已经绰绰有余，而且 MySQL 社区版是开源数据库管理系统，可以降低软件的开发和使用成本。

8.2.1 下载、安装与启动 MySQL

1. 下载

要使用 MySQL 要去官网下载、安装，下载界面如图 8-10 所示。

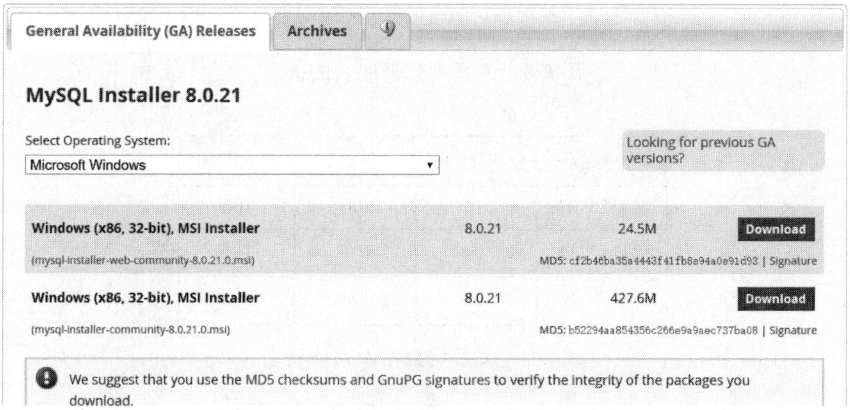

图 8-10 MySQL 下载网址界面

在 MySQL 官网 www.mysql.com 中选择 downloads，然后选择 community 版本进行下载，即 MySQL Community Server，最后根据用户计算机的型号和系统选择相应的版本进行下载。其具体的下载路径为 dev.mysql.com/downloads/windows/installer/8.0.html。

2. 安装

安装的过程中可以一直单击 Next 按钮，但是在执行到下面的界面时需要设置数据库登录的密码，安装过程中需要注意的步骤如图 8-11 所示。

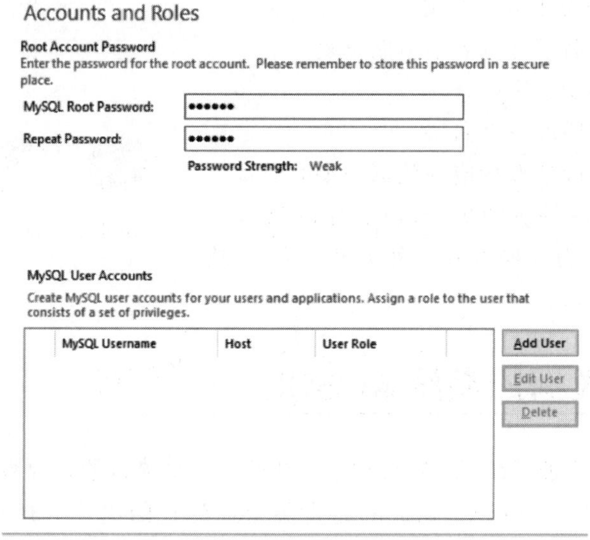

图 8-11 安装过程注意步骤

然后继续单击 Next 按钮一直到 MySQL 安装完成。

3. 启动

启动 MySQL 数据库服务器后，就可以建立数据库，并在数据库中创建表，其启动的相关过程如图 8-12 所示。

可以下载图形界面的 MySQL 管理工具，并使用该工具进行创建数据库、在数据库中创建表等操作，MySQL 管理工具有免费的也有需要购买的。可以使用 Navicat 的图形界面管理工具对 MySQL 进行相关操作，该应用程序的图标如图 8-13 所示。

也可以使用 MySQL 提供的命令行工具进行创建数据库、在数据库中创建表等操作，MySQL 监视器的执行过程如图 8-14 所示。

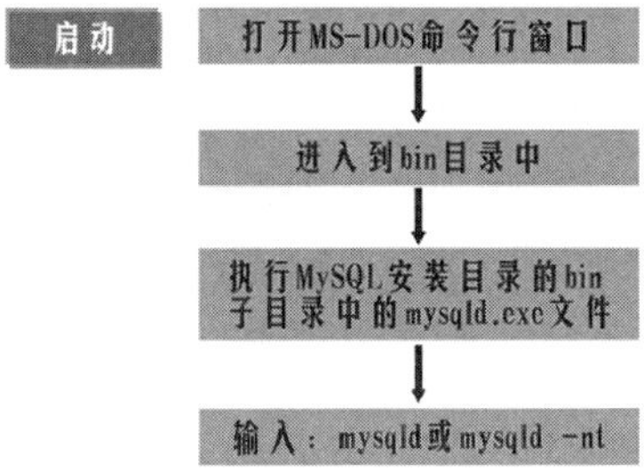

图 8-12　MySQL 启动过程

图 8-13　推荐图形界面 MySQL 管理工具

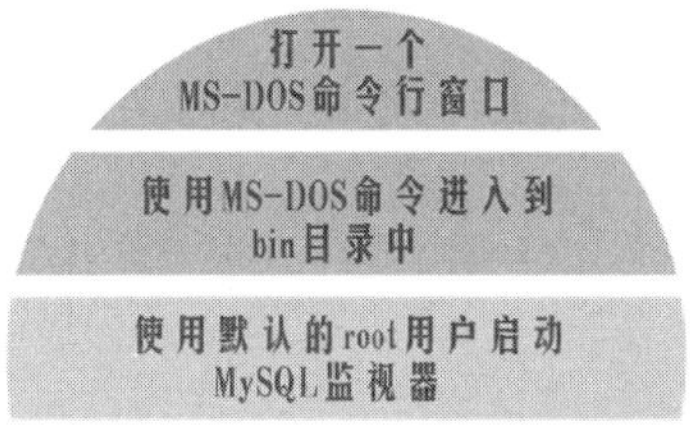

图 8-14　MySQL 监视器

MySQL 提供的监视器(MySQL Monitor)，允许用户使用命令行方式管理数据库。如果有比较好的数据库知识，特别是 SQL 语句的知识，那么使用命令行方式管理 MySQL 数据库也是很方便的。

需要再打开一个 MS-DOS 命令行窗口，并使用 MS-DOS 命令进入到 bin 目录中，然后使用默认的 root 用户启动 MySQL 监视器(在安装 MySQL 时 root 用户是默认的一个用户，没有密码)。

命令如下：

```
mysql - u root
```

8.2.2　建立数据库

启动 MySQL 监视器后就可以使用 SQL 语句进行创建数据库、建表等操作。在 MS-DOS 命令行窗口输入 SQL 语句需要用“;”号结束，在编辑 SQL 语句的过程中可以使用\c 终止当前 SQL 语句的编辑。可以把一个完整的 SQL 语句命令分成几行来输入，最后用分号作结束标志即可。

注意在输入完整的 SQL 语句之后一定要以分号结束。

例如，可以使用 MySQL 监视器创建一个名字为 Student 的数据库，在当前 MySQL 监视器占用的命令行窗口输入创建数据库的 SQL 语句：“create database Student;”，如图 8-15 所示为命令行和反馈结果。

使用数据库 Student：“use Student;”，该命令使用方式如图 8-16 所示。

图 8-15　创建数据库

图 8-16　使用数据库

然后在数据库 Student 中建立一个名字为 t_info 的表。

```
CREATE TABLE t_info(
    `id` INT UNSIGNED AUTO_INCREMENT,
    `name` VARCHAR(100) NOT NULL,
    `age` INT NOT NULL,
    `grade` VARCHAR(20) NOT NULL,
    PRIMARY KEY (`id`)
)ENGINE = InnoDB DEFAULT CHARSET = utf8;
```

在表中插入记录和查询记录可以使用下列的 SQL 语句。

```
insert into t_info values(1,'小猪',20,'计算机');

select * from t_info;
```

为了使用方便，可以事先将需要的 SQL 语句保存在一个扩展名是.sql 的文本文件中，然后在 MySQL 监视器占用的命令行窗口中使用 source 命令导入.sql 的文本文件中的 SQL 语句。test.sql 文本文件的内容如下。

```
drop table t_grade;
create table t_grade(
    `id` INT UNSIGNED AUTO_INCREMENT,
    `subject` VARCHAR(20) NOT NULL,
    PRIMARY KEY(`id`)
)ENGINE = InnoDB DEFAULT CHARSET = utf8;
insert into t_grade values(1,'数据结构');
insert into t_grade values(2,'操作系统');
select * from t_grade;
```

然后在当前 MySQL 监视器占用的命令行窗口中输入如下命令，其中 source 后面为 test.sql 的绝对路径。

```
source ./test.sql
```

MySQL 还提供了删除操作。

（1）删除数据库的命令："drop database <数据库 名>;"。例如，删除名为 Student 的数据库：

```
drop database Student;
```

（2）删除表的命令："drop table <表名>;"。例如，使用 book 数据库后，执行 drop table t_info;将删除 book 数据库中的 t_info 表。

8.2.3 JDBC

JDBC 提供了访问数据库的 API,即由一些 Java 类和接口组成,是 Java 运行平台的核心类库中的一部分。在 JSP 中可以使用 JDBC 实现对数据库中表的记录的查询、修改和删除等操作。JDBC 的作用可参考图 8-17。

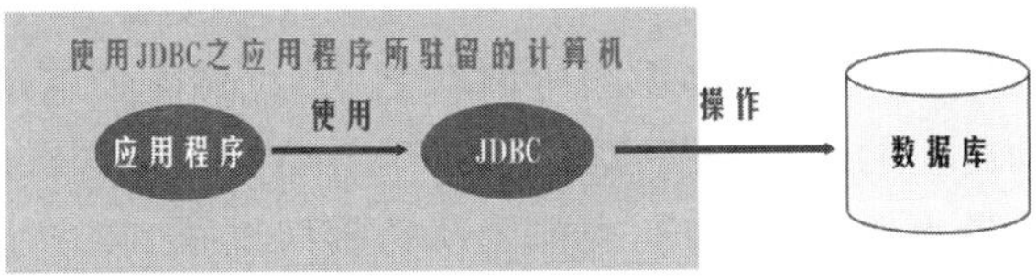

图 8-17　JDBC 的作用

我们经常使用 JDBC 进行如下的操作。

(1) 与一个数据库建立连接。

(2) 向已连接的数据库发送 SQL 语句。

(3) 处理 SQL 语句返回的结果。

JDBC 提供了如图 8-18 所示的重要的接口和类。

名称	描述
DriverManager类	依据数据库的不同,管理JDBC驱动
Connection接口	负责连接数据库,并担任传送数据的任务
Statement接口	由Connection产生,负责执行SQL语句
PreparedStatement接口	创建一个可以编译的SQL语句对象,该对象可以被多次执行,以提高执行的效率
ResultSet接口	负责保存Statement执行后所产生的查询结果

图 8-18　JDBC 提供了以下重要的接口和类

其实通过 JDBC 操作数据库的工作原理与贵妃向内务府找药的流程类似。JDBC 的工作原理如图 8-19 所示。

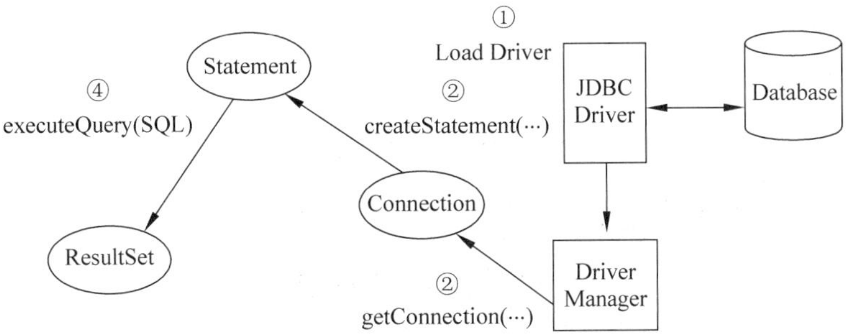

图 8-19　JDBC 的工作原理

JDBC 的工作原理模拟情景的详细图示如图 8-20 所示。通过 JDBC 操作数据库的流程中也有一个类似贵妃这样一个提出请求的角色,也就是用户,用户发出请求之后相当于生成一个需求的执行代码，相当于贵妃手下的丫鬟，执行代码再加载 JDBC 驱动，相当于内务府的大总管，映射到故事里就是丫鬟到内务府找大总管，然后 JDBC 驱动产生 DriverManager，这类似于内务府的大总管找他手下的御医落实帮贵妃找药这件事情，DriverManager 开始执行 getConnection(…)方法，这类似于御医开始挑选去往药膳坊的信鸽，挑选出的信鸽也就是产生的 Connection 对象，接着 Connection 对象执行 createStatement(…)方法，类似于图中信鸽携带的信封，信封就是产生的 Statement 对象，然后数据库开始执行 executeQuery(SQL)方法进行查询工作，数据库相当于图中的药膳房，存储着所有的药物，相当于信鸽将信封送到药膳房根据信封上的信息查找出药，相当于最后的 ResultSet 对象，ResultSet 对象直接返回给执行代码然后再返回给用户，类似于从药膳房查找到的药交给丫鬟，再由丫鬟交到贵妃手上。

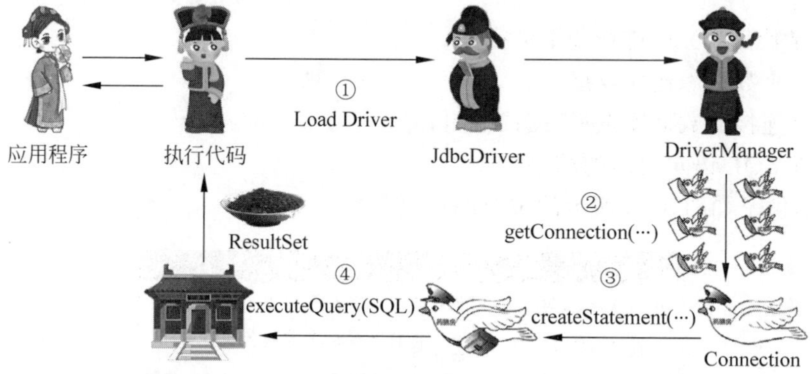

图 8-20　JDBC 的工作原理模拟情景

8.3　连接 MySQL 数据库

在线视频

应用程序为了能和数据库交互信息，必须首先和数据库建立连接。目前在开发中常用的连接数据库的方式是加载 JDBC 数据库驱动程序。

使用 JDBC-数据库驱动程序方式和数据库建立连接需要经过两个步骤，概念图如图 8-21 所示。

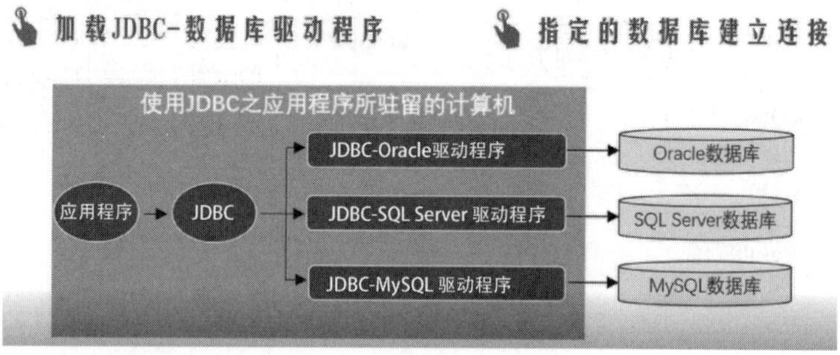

图 8-21　连接 MySQL 数据库步骤

(1) 加载 JDBC-数据库驱动程序。

(2) 指定的数据库建立连接。

8.3.1　加载 JDBC-数据库驱动程序

(1) 用 Java 语言编写的数据库驱动程序称为 JDBC 数据库驱动程序。本书下载的版本为 mysql-connector-java-8.0.21.zip。解压后获得的 mysql-connector-java-8.0.21-bin.jar 文件就是连接 MySQL 数据库的 JDBC-数据库驱动程序。下载路径为 repo1.maven.org/maven2/mysql/mysql-connector-java/,需要根据用户计算机的 JDK 和 MySQL 版本选择相应的驱动程序进行下载。

(2) 将该驱动程序复制到 Tomcat 服务器所使用的 JDK 的扩展目录 E:\Java\jre\lib\ext 或 Tomcat 服务器安装目录的\lib 文件夹中。

加载 MySQL 的 JDBC-数据库驱动程序代码如下。

```
try{
    Class.forName("com.mysql.jdbc.Driver");
}
catch(Exception e){}
```

8.3.2　数据库建立连接

1. 方式一

使用三个参数——URL、用户名、密码调用 Connection getConnection (String,String,String)建立连接。默认情况下本机的 IP 地址为 127.0.0.1。

```
Connection conn = null;

try {
    //注册 JDBC 驱动
    Class.forName("com.mysql.cj.jdbc.Driver");
    String url = "jdbc:mysql://localhost:3306/Student";
    String user = "root";
    String password = "123456";
    //打开连接
    conn = DriverManager.getConnection(url, user, password);
    //完成所有操作后关闭
    conn.close();
} catch (SQLException | ClassNotFoundException e) {
    System.out.println(e);
}
```

2. 方式二

使用 ConnectiongetConnection(String)方法建立连接。

```
Connection conn = null;
try {
    //注册 JDBC 驱动
```

```
        String url = " jdbc:mysql://localhost:3306/Student?user = root&
        password = 123456";
        //打开连接
        conn = DriverManager.getConnection(url);
        //完成所有操作后关闭
        conn.close();
    } catch (SQLException e) {
        System.out.println(e);
    }
```

如果 root 用户没有设置密码，那么将上述 url 中的 &password＝123456 更改为 &password＝。

3. 方式三

避免操作数据库出现中文乱码，需要使用 ConnectiongetConnection(String)方法建立连接，连接代码为：

```
Connection conn = null;
try {
    //注册 JDBC 驱动
    String url = " jdbc:mysql://localhost:3306/Student?user = root&
    password = 123456&characterEncoding = UTF8";
    //打开连接
    conn = DriverManager.getConnection(url);
    //完成所有操作后关闭
    conn.close();
} catch (SQLException e) {
    System.out.println(e);
}
```

用户要和连接 MySQL 驻留在同一计算机上，使用的 IP 地址可以是 127.0.0.1 或 localhost。

8.3.3 MySQL 乱码解决

因为我们使用的中文，所以有可能出现乱码的现象，在 MySQL 中有两种乱码的解决方案。

1. 方案一：数据库和表使用支持中文的字符编码，在创建数据库时指定

比如在创建数据库时使用如下字符编码：

```
create 数据库名 CHARACTER SET 字符编码
```

创建表时，可以指定某个字段使用的字符编码：

```
字段名 类型 CHARACTER SET 字符编码
```

```
create Student CHARACTER SET utf8
create table t_list(
```

```
    `id` int,
    `names` varchar(100) CHARACTER SET UTF8,
    PRIMARY KEY (id)
);
```

2. 方案二：连接数据库支持中文编码

JSP 中连接 MySQL 数据库时，需要使用 ConnectiongetConnection(String) 建立连接，而且向该方法参数传递的字符串是：

"jdbc:mysql://地址/数据库?user = 用户 &password = 密码 &characterEncoding = utf8"

```
< servlet >
< servlet - name > jdbctest </ servlet - name >
< servlet - class > com.controller.testJDBCServlet </ servlet - class >
</ servlet >
< servlet - mapping >
< servlet - name > jdbctest </ servlet - name >
< url - pattern >/jdbc_test </ url - pattern >
</ servlet - mapping >
```

8.3.4　编写部署文件 Web.xml

在具体的 Web 应用中，首先要在 Web.xml 中加入 MySQL 的类地址。然后需要在 JSP 文件中写入加载驱动和连接数据库的指令。这样就可以在 JSP 中使用数据库了。

在下面的案例中，首先在数据库中创建一个名为 Student 的数据库，之后在该数据库中创建一个表名为 t_info，在本节及之后的内容中将以图形管理工具 Navicat 为主要进行讲解。

t_info 表的结构如图 8-22 所示。

名	类型	长度	小数点	不是 null	
id	int	0	0	☑	🔑1
name	varchar	20	0	☑	
age	int	0	0	☑	
▶ class	varchar	50	0	☑	

图 8-22　连接 MySQL 数据库的 JDBC 驱动程序案例数据库表的结构

通过图形工具新建了两组数据，其可视化界面如图 8-23 所示。

id	name	age	class
1	jsp	20	计算机1班
▶ 2	小猪	22	计算机2班

图 8-23　连接 MySQL 数据库的 JDBC 驱动程序案例数据库表的内容

```
Example8_1_test_jdbc.jsp

< % @ page import = "java.sql.Connection" % >
< % @ page import = "java.sql.PreparedStatement" % >
```

```
<%@ page import="java.sql.ResultSet" %>
<%@ page import="java.sql.DriverManager" %>
<%@ page contentType="text/html;charset=UTF-8" language="java" %>
<html>
<head>
<title>测试 JDBC</title>
</head>
<body>
<%
    Connection conn = null;
    PreparedStatement ps = null;
    ResultSet rs = null;
    try{
        Class.forName("com.mysql.cj.jdbc.Driver");
        String url= "jdbc:mysql://localhost:3306/Student?&useSSL=
    false&serverTimezone=UTC";
        String user="root";
        String password="123456";
        conn= DriverManager.getConnection(url,user,password);
        String sql = "SELECT * FROM t_info";
        ps = conn.prepareStatement(sql);
        rs = ps.executeQuery();
        out.print("<table border=2>");
        out.print("<tr>");
        out.print("<th width=20>" + "编号");
        out.print("<th width=100>" + "姓名");
        out.print("<th width=40>" + "年龄");
        out.print("<th width=100>" + "班级");
        out.print("</TR>");
        while(rs.next()){
            out.print("<tr>");
            out.print("<td>" + rs.getInt(1) + "</td>");
            out.print("<td>" + rs.getString(2) + "</td>");
            out.print("<td>" + rs.getInt(3) + "</td>");
            out.print("<td>" + rs.getString(4) + "</td>");
            out.print("</tr>") ; }
        out.print("</table>");
        conn.close();
    }
    catch(Exception e){
        out.print("JDBC 驱动加载失败,请重新检查驱动是否加载成功!");
    }
%>
</body>
</html>
```

页面显示效果如图 8-24 所示。

该案例中,通过 select 查询语句获得数据库中表的信息,并结合 JSP 代码将其内容显示在页面上。

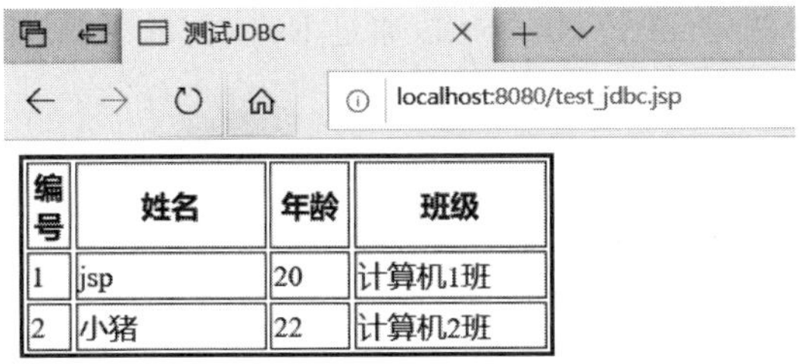

图 8-24　连接 MySQL 数据库的 JDBC 驱动程序案例页面显示

8.4　查询记录

在线视频

和数据库建立连接后，就可以使用 JDBC 提供的 API 和数据库交互信息。

JDBC 和数据库表进行交互的主要方式是使用语句 SQL，JDBC 提供的 API 可以将标准的 SQL 语句发送给数据库，实现和数据库的交互。

8.4.1　结果集与查询

当用户对一个数据库的表进行查询，查询结果就会返回到一个 ResultSet 对象中，习惯上称这个对象为结果对象集。

要想查询结果集中的数据，首先需要使用 statement 声明一个 SQL 语句对象，让连接对象 con 调用方法 createStatement()创建执行 SQL 语句的 Statement 对象。

sql 对象就可以调用相应的方法，实现对数据库中表的查询和修改，并将查询结果存放在一个 ResultSet 类声明的对象中。

对于 ResultSet rs= sql.executeQuery("SELECT name,class FROM Student");这条语句，内存的结果集对象 rs 只有两列，第 1 列是 name 列、第 2 列是 class 列。

ResultSet 结果集一次只能看到一个数据行，使用 next()方法走到下一数据行，获得一行数据后，ResultSet 结果集可以使用 getXxx()方法获得字段值(列值)，将位置索引(第一列使用 1，第二列使用 2 等)或列名传递给 getXxx()方法的参数即可，该类的相关方法如图 8-25 所示。

返回类型	方法名称
boolean	next()
byte	getByte(int columnIndex)
Date	getDate(int columnIndex)
double	getDouble(int columnIndex)
float	getFloat(int columnIndex)
int	getInt(int columnIndex)
long	getLong(int columnIndex)
String	getString(int columnIndex)
byte	getByte(String columnName)
Date	getDate(String columnName)
double	getDouble(String columnName)
float	getFloat(String columnName)
int	getInt(String columnName)
long	getLong(String columnName)
String	getString(String columnName)

图 8-25　ResultSet 类的方法

其中，比较重要的方法是 getXxx()方法，通过 ResultSet 接口中的 getXxx()方法，可以取出数据，按类型取 getInt、getString、getFloat 等。

```
int id = rs.getInt("id");
String classes = rs.getString("class");
String names = rs.getString("name");
```

无论字段是何种属性，总是可以使用 getString()返回字段值的串表示。

8.4.2 结果集的列名与列的数目

程序查询的时候，为了使代码更加容易维护，希望知道数据库表的字段(列)的名字以及表的字段的个数，一个方法是使用返回到程序中的结果集来获取相关的信息。主要有以下三种方法，如图 8-26 所示。

图 8-26 结果集的列名与列的数目方法

(1) 使用 getMetaData()得到元数据对象 metaData。

(2) 调用 getColumnCount()得到结果集的列的个数，即共有几列。

(3) 使用 getColumnName(i)得知结果集 rs 中的第 i 列的名字。

8.4.3 随机查询

使用 Result 的 next()方法可以顺序地查询数据，但有时候需要在结果集中前后移动或显示结果集指定的一条记录等。这时必须要返回一个可滚动的结果集。这种查询方法叫作随机查询。为了得到一个可滚动的结果集，必须使用 createStatement()方法先获得一个 Statement 对象：

```
Statement stmt = con.createStatement(int type ,int concurrency);
```

然后，根据参数 type、concurrency 的取值情况，返回相应类型的结果集：

```
ResultSet  re = stmt.executeQuery(SQL 语句);
```

随机查询里有两个重要的参数：type，concurrency。其中，type 的取值决定滚动方式，如图 8-27 所示，取值可以是以下几种。

ResultSet.TYPE_FORWORD_ONLY：说明结果集的游标只能向下滚动。

ResultSet.TYPE_SCROLL_INSENSITIVE：说明结果集的游标可以上下移动，当数据库变化时，当前结果集不变。

ResultSet. TYPE_SCROLL_SENSITIVE：说明返回可滚动的结果集，当数据库变化时，当前结果集同步改变。

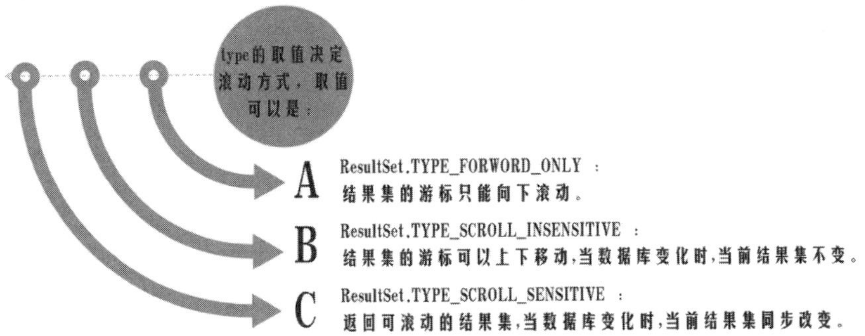

图 8-27 随机查询 type 取值

concurrency 的取值决定是否可以用结果集更新数据库，其解释如图 8-28 所示。

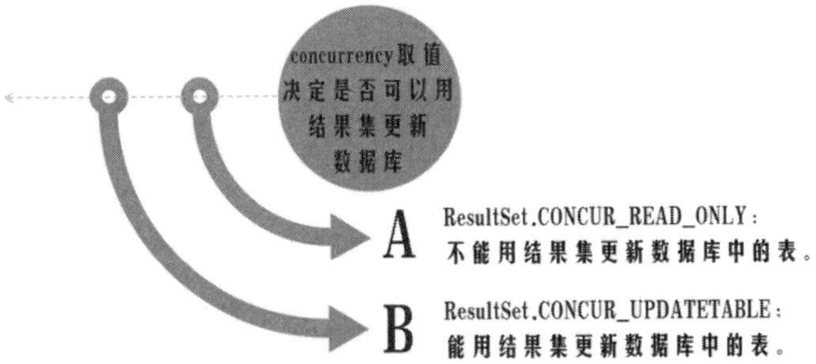

图 8-28 随机查询 concurrency 取值

ResultSet. CONCUR_READ_ONLY：不能用结果集更新数据库中的表。

ResultSet. CONCUR_UPDATETABLE：能用结果集更新数据库中的表。

图 8-29 为滚动查询中 ResultSet()方法的详细介绍。

方法名	描述
public boolean previous()	将游标向上移动，当移到结果集第一行之前时返回false
public void beforeFirst()	将游标移动到结果集的初始位置，即在第一行之前
public void afterLast()	将游标移到结果集最后一行之后
public void first()	将游标移到结果集的第一行
public void last()	将游标移到结果集的最后一行
public boolean isAfterLast()	判断游标是否在最后一行之后
public boolean isBeforeFirst()	判断游标是否在第一行之前
public boolean ifFirst()	判断游标是否指向结果集的第一行
public boolean isLast()	判断游标是否指向结果集的最后一行
public int getRow()	得到当前游标所指行的行号行号从1开始，如果没有则返回0
public boolean absolute(int row)	将游标移到参数row指定的行号。如果row取负值，就是倒数的行数

图 8-29 滚动查询的 ResultSet()方法

8.4.4　条件查询

查询数据时还可以有条件地筛选自己想要的结果,这种方法叫作条件查询。SQL 查询语句中使用 where 子语句给出进一步的查询条件。

形如:

select… from　表 where 字段 满足的条件

例如:

select ＊ from product where price ＞ 2000 and price ＜ 5000
select ＊ from product where name ＝ 'java'

模糊查询,使用"％"表示零个或多个字符,用"_"表示任意一个字符。

select ＊ from product where name like '％里％'

8.4.5　排序查询

可以在 SQL 语句中使用 ORDER BY 子语句,对记录排序。在下面的例子中,使用 SQL 语句的 ORDER BY 子语句查询所有同学的成绩,可以选择按 3 科的总分从低到高排列记录、按姓氏拼音排序或按英语成绩排序。

SELECT ＊ FROM student ORDER BY 总分

下面的案例中使用条件查询的方式查询给定数据库中表的信息,在 Example8_2_a_ select_jdbc.jsp 页面中用户输入条件查询所需的年龄,即大于多少年龄段的用户信息可以被查询出来,同时还需要用户输入登录数据库所需的密码,当用户输入完所有信息后数据将提交到 Example8_2_b_selectJDBCServlet.java 类代码中,在该类代码中需要判断用户输入的数据是否有问题,即如果用户输入的年龄段为空或者输入的年龄为负值将会返回到提交页面 Example8_2_a_select_jdbc.jsp 中重新输入并提示相应的信息,若用户加载数据库驱动出现问题也将会返回值提交页面 Example8_2_a_select_jdbc.jsp 中重新输入并提示相应的信息,若用户提交的年龄段在数据库表格中为空也将会返回值提交页面 Example8_2_a_ select_jdbc.jsp 中重新输入并提示相应的信息。

当用户输入的密码出错,即无法登录到数据库管理系统,也将会返回值提交页面 Example8_2_a_select_jdbc.jsp 中重新输入并提示相应的信息。

当用户输入的年龄和密码均满足条件时并且在数据库中查询到多项记录时,页面将跳转到 Example8_2_c_select_jdbc_show.jsp 页面中,在该页面中将显示查询到的记录。该案例通过 List 链表的方式进行记录。

```
Web.xml

< servlet >
< servlet - name > selectjdbc </ servlet - name >
< servlet - class > com.controller.Example8_2_b_selectJDBCServlet
      </ servlet - class >
```

```
</servlet>
<servlet-mapping>
<servlet-name>selectjdbc</servlet-name>
<url-pattern>/select_jdbc</url-pattern>
</servlet-mapping>
```

Example8_2_a_select_jdbc.jsp

```
<%@ page contentType="text/html;charset=UTF-8" language="java" %>
<html>
<head>
<title>查询操作的 JDBC</title>
</head>
<body>
<form action="select_jdbc?dataBase=Student&tables=t_info"
method="post">
<p>查询 Student 数据库中表名为 t_info 的数据</p>
<b>输入年龄大于:</b><input type="text" name="age"><br>
<b>输入数据库密码:</b><input type="password" name="password"><br>
<input type="submit" value="提交">
</form>
<p style="color: red">
<%
      String problem = (String) request.getAttribute("problem");
      if (problem == null || problem.length() == 0) {
        out.print("");
      } else {
        out.print(problem);
      }
    %>
</p>
</body>
</html>
```

Example8_2_b_selectJDBCServlet.java

```
@WebServlet(name = "selectJDBCServlet")
public class Example8_2_b_selectJDBCServlet extends HttpServlet {
    @Override
    protected void doPost(HttpServletRequest request, HttpServletResponse response) throws
ServletException, IOException {
        ArrayList<Example8_2_d_studentInfo> lists = new ArrayList<>();
        Connection conn = null;
        PreparedStatement ps = null;
        ResultSet rs = null;
        try {
            //注册 JDBC 驱动
            Class.forName("com.mysql.cj.jdbc.Driver");
            String database = request.getParameter("dataBase");
```

```
            String tables = request.getParameter("tables");
            String ages = request.getParameter("age");
            if (ages.length() == 0 || ages == null || ages.contains("-")) {
                request.setAttribute("problem", "年龄输入有误");
                RequestDispatcher rd = request.getRequestDispatcher
    ("Example8_2_b_select_jdbc.jsp");
                rd.forward(request, response);
            }
            String url = "jdbc:mysql://localhost:3306/" + database + "?&
    useSSL = false&serverTimezone = UTC";
            String user = "root";
            String password = request.getParameter("password");

            //打开连接
            conn = DriverManager.getConnection(url, user, password);
            String sql = "select * from " + tables + " where age >?";
            ps = conn.prepareStatement(sql);
            ps.setInt(1, Integer.parseInt(ages));
            rs = ps.executeQuery();
            if (rs == null) {
                request.setAttribute("problem", "查询结果为空");
                RequestDispatcher rd = request.getRequestDispatcher
("Example8_2_a_select_jdbc.jsp");
                rd.forward(request, response);
            }
            while (rs.next()) {
                Example8_2_d_studentInfo info = new
                Example8_2_d_studentInfo();
                info.setAge(rs.getInt("age"));
                info.setName(rs.getString("name"));
                info.setClasses(rs.getString("class"));
                lists.add(info);
            }
            request.setAttribute("list", lists);
            RequestDispatcher rd = request.getRequestDispatcher
("Example8_2_c_select_jdbc_show.jsp");
            rd.forward(request, response);
        } catch (SQLException e) {
            request.setAttribute("problem", "数据库密码输入有误");
            RequestDispatcher rd = request.getRequestDispatcher
("Example8_2_a_select_jdbc.jsp");
            rd.forward(request, response);
        } catch (ClassNotFoundException e) {
            request.setAttribute("problem", "加载驱动失败");
            RequestDispatcher rd = request.getRequestDispatcher
("Example8_2_b_select_jdbc.jsp");
            rd.forward(request, response);
        }
    }
```

```
    @Override
    protected void doGet(HttpServletRequest request, HttpServletResponse response) throws
ServletException, IOException {
        doPost(request,response);
    }
}
```

Example8_2_c_select_jdbc_show.jsp

```
<%@ page import="java.util.ArrayList" %>
<%@ page import="com.beans.Example8_2_d_studentInfo" %>
<%@ page contentType="text/html;charset=UTF-8" language="java" %>
<html>
<head>
<title>查询操作的JDBC显示界面</title>
</head>
<body>
<jsp:useBean id="studentInfo"
class="com.beans.Example8_2_d_studentInfo" scope="request"/>
<table border="1">
<tr>
<th>序号</th>
<th>姓名</th>
<th>年龄</th>
<th>班级</th>
</tr>
<%
    ArrayList<Example8_2_d_studentInfo> list = (ArrayList<Example8_2_d_studentInfo>)
request.getAttribute("list");
    for (int i = 0; i < list.size(); i++) {
  %>
<tr>
<td><%=i+1%></td>
<td><%=list.get(i).getName()%></td>
<td><%=list.get(i).getAge()%></td>
<td><%=list.get(i).getClasses()%></td>
</tr>
<%
    }
  %>
</table>
</body>
</html>
```

Example8_2_d_studentInfo.java

```
public class Example8_2_d_studentInfo {
    private int age;
    private String name;
```

```
        private String classes;

        public int getAge() {
            return age;
        }

        public void setAge(int age) {
            this.age = age;
        }

        public String getName() {
            return name;
        }

        public void setName(String name) {
            this.name = name;
        }

        public String getClasses() {
            return classes;
        }

        public void setClasses(String classes) {
            this.classes = classes;
        }
    }
```

显示效果如图 8-30～图 8-34 所示，当用户首次进入该案例中，显示为案例的初始化页面，需要用户输入部分数据信息，其中有年龄信息和数据库登录的密码，当输入的数据均满足条件时，将会跳转至显示界面显示查询到的数据信息。而当用户输入的数据库登录密码有误时，将会跳转至初始化页面显示对象的信息，即数据库密码输入有误。

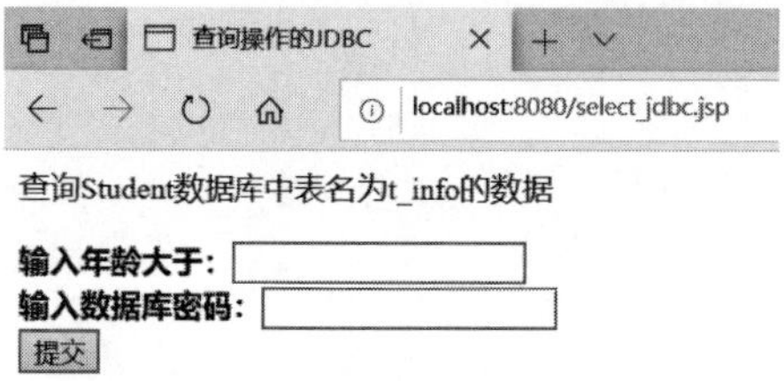

图 8-30　条件查询案例初始化页面显示

图 8-31　条件查询案例提交数据

图 8-32　条件查询案例提交数据显示界面

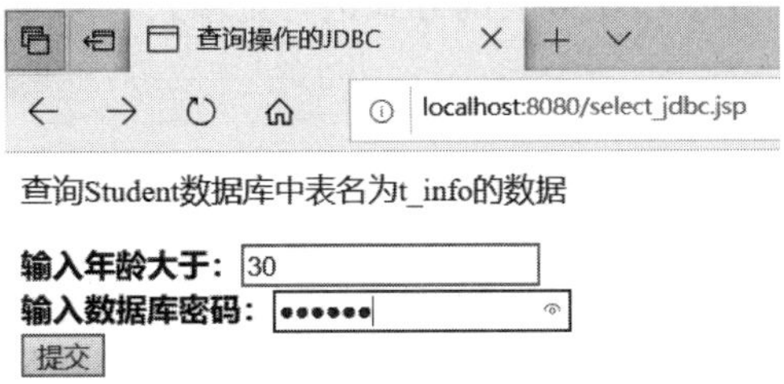

图 8-33　条件查询案例提交有误信息

图 8-34　条件查询案例提交有误信息结果页面

8.5　更新、添加、删除记录

在线视频

本节内容将学习如何在数据库中更新、添加、删除记录。Statement 对象调用方法：

```
public int executeUpdate(String sqlStatement);
```

executeUpdate()实现对数据库表中记录的字段值的更新、添加和删除。UPDATE 表示更新、INSERT 表示添加、DELETE 表示删除。

例如：

```
executeUpdate("UPDATE t_info SET age = 28 WHERE name = '小猪'");
executeUpdate("INSERT INTO t_info VALUES (5,'小华','计算机 1 班')");
executeUpdate("DELETE FROM t_info WHERE name = '小猪'");
```

下面的案例为删除操作的案例，需要用户在 delete_jdbc_Example46_1.jsp 页面中输入所需的数据，其中包括删除用户的姓名和登录数据库所需的密码。当用户输入完所有信息后数据将提交到 deleteJDBCServlet_Example46_3.java 类代码中，在该类代码中需要判断用户输入的数据是否有问题，即如果用户输入的姓名在数据库中无此记录时将会返回到提交页面 delete_jdbc_Example46_1.jsp 中重新输入并提示相应的信息“查询结果为空”，若用户加载数据库驱动出现问题也将会返回值提交页面 delete_jdbc_Example46_1.jsp 中重新输入并提示相应的信息。若用户输入的密码出错，即无法登录到数据库管理系统，也将会返回值提交页面 delete_jdbc_Example46_1.jsp 中重新输入并提示相应的信息。

当用户输入的年龄和密码均满足条件时并且在数据库中查询到多项记录时，页面将跳转到 delete_jdbc_show_Example46_2.jsp 页面中，在该页面中将显示数据库表格中所有查询到的记录。在该案例中通过 List 链表的方式进行记录。

```
Web.xml

< servlet >
< servlet – name > deletejdbc </ servlet – name >
< servlet – class > com. controller. Example8_3_c_deleteJDBCServlet
        </ servlet – class >
</ servlet >
< servlet – mapping >
< servlet – name > deletejdbc </ servlet – name >
< url – pattern >/ delete_jdbc </ url – pattern >
</ servlet – mapping >


Example8_3_a_delete_jdbc.jsp

< % @ page contentType = "text/html;charset = UTF – 8" language = "java" % >
< html >
< head >
< title >删除操作的 JDBC </ title >
</ head >
< body >
< form action = "delete_jdbc?dataBase = Student&tables = t_info"
method = "post">
< p >删除 Student 数据库中表名为 t_info 的数据</ p >
< b >输入需要删除的用户姓名 :</ b >< input type = "text" name = "names">< br >
< b >输入数据库密码:</ b >< input type = "password" name = "password">< br >
< input type = "submit" value = "提交">
</ form >
< p style = "color: red">
< %
        String problem = (String) request. getAttribute("problem");
        if (problem == null || problem. length() == 0) {
          out. print("");
        } else {
          out. print(problem);
        }
    % >
</ p >
</ body >
</ html >


Example8_3_b_delete_jdbc_show.jsp
```

```
<%@ page import = "java.util.ArrayList" %>
<%@ page import = "com.beans.Example8_3_d_studentInfo" %>
<%@ page contentType = "text/html;charset = UTF-8" language = "java" %>
<html>
<head>
<title>删除操作的 JDBC 显示界面</title>
</head>
<body>
<jsp:useBean id = "studentInfo"
class = "com.beans.Example8_3_d_studentInfo"
scope = "request"/>
<table border = "1">
<tr>
<th>序号</th>
<th>姓名</th>
<th>年龄</th>
<th>班级</th>
</tr>
<%
  ArrayList<Example8_3_d_studentInfo> list =
  (ArrayList<Example8_3_d_studentInfo>) request.getAttribute("list");
    for (int i = 0; i < list.size(); i++) {
   %>
<tr>
<td><% = i + 1 %></td>
<td><% = list.get(i).getName() %></td>
<td><% = list.get(i).getAge() %></td>
<td><% = list.get(i).getClasses() %></td>
</tr>
<%
     }
   %>
</table>
</body>
</html>
```

Example8_3_c_deleteJDBCServlet.java

```
@WebServlet(name = "deleteJDBCServlet")
public class Example8_3_c_deleteJDBCServlet extends HttpServlet {
    @Override
    protected void doPost(HttpServletRequest request, HttpServletResponse response) throws
ServletException, IOException {
        //设置:响应内容类型
```

```
        response.setContentType("text/html");
        response.setHeader("content - type", "text/html;charset = UTF - 8");
        response.setCharacterEncoding("UTF - 8");
        ArrayList < Example8_3_d_studentInfo > lists = new ArrayList <>();
        Connection conn = null;
        PreparedStatement ps = null;
        ResultSet rs = null;
        try {
            //注册 JDBC 驱动
            Class.forName("com.mysql.cj.jdbc.Driver");
            String database = request.getParameter("dataBase");
            String tables = request.getParameter("tables");
            String names = new String(request.getParameter("names").
getBytes("iso - 8859 - 1"), "utf - 8");
            System.out.println(names);
            if (names.length() == 0 || names == null ) {
                request.setAttribute("problem", "姓名输入有误");
                RequestDispatcher rd = request.getRequestDispatcher
("Example8_3_a_delete_jdbc.jsp");
                rd.forward(request, response);
            }
            String url = "jdbc:mysql://localhost:3306/" + database + "?&
useSSL = false&serverTimezone = UTC&useUnicode = true&characterEncoding = utf - 8";
            String user = "root";
            String password = request.getParameter("password");
            //打开连接
            conn = DriverManager.getConnection(url, user, password);
            String sql = "DELETE FROM " + tables + " where name = ?";
            ps = conn.prepareStatement(sql);
            ps.setString(1, names);
            int result = ps.executeUpdate();
            if (result == 0) {
                request.setAttribute("problem", "查询结果为空");
                RequestDispatcher rd = request.getRequestDispatcher
("Example8_3_a_delete_jdbc.jsp");
                rd.forward(request, response);
            } else {
                String sql_select = "select * from " + tables;
                ps = conn.prepareStatement(sql_select);
                rs = ps.executeQuery();
            }
            while (rs.next() && result == 1) {
                Example8_3_d_studentInfo info = new
Example8_3_d_studentInfo();
```

```
                info.setAge(rs.getInt("age"));
                info.setName(rs.getString("name"));
                info.setClasses(rs.getString("class"));
                lists.add(info);
            }
            request.setAttribute("list", lists);
            RequestDispatcher rd = request.getRequestDispatcher
("Example8_3_b_delete_jdbc_show.jsp");
            rd.forward(request, response);
        } catch (SQLException e) {
            request.setAttribute("problem", "数据库密码输入有误");
            RequestDispatcher rd = request.getRequestDispatcher
("Example8_3_a_delete_jdbc.jsp");
            rd.forward(request, response);
        } catch (ClassNotFoundException e) {
            request.setAttribute("problem", "加载驱动失败");
            RequestDispatcher rd = request.getRequestDispatcher
("Example8_3_a_delete_jdbc.jsp");
            rd.forward(request, response);
        }
    }
}
```

Example8_3_d_studentInfo.java

```
public class Example8_3_d_studentInfo {
    private int age;
    private String name;
    private String classes;

    public int getAge() {
        return age;
    }

    public void setAge(int age) {
        this.age = age;
    }

    public String getName() {
        return name;
    }

    public void setName(String name) {
        this.name = name;
    }
```

```
    public String getClasses() {
        return classes;
    }

    public void setClasses(String classes) {
        this.classes = classes;
    }
}
```

页面显示效果如图 8-35～图 8-40 所示，当用户输入的密码有误时页面将会提示用户输入的密码有误，当用户输入的密码正确但输入的姓名查询无结果时页面将会提示当前数据库中查询结果为空，当用户输入的密码正确且输入的姓名均满足条件时页面将会跳转至新的界面并显示数据库中含有的所有信息数据，以表格的格式进行显示。

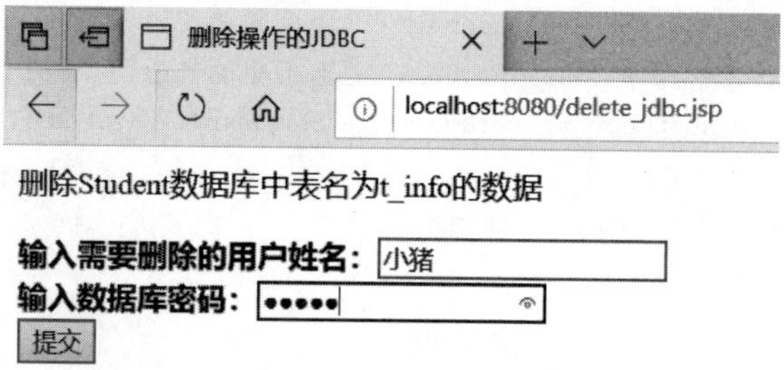

图 8-35　删除案例输入有误密码页面显示

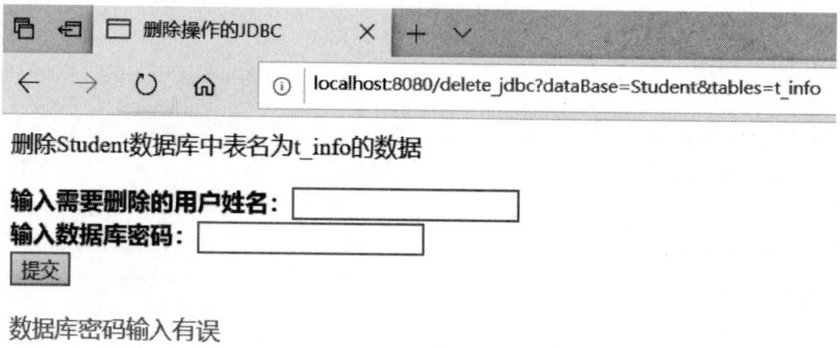

图 8-36　删除案例输入有误数据反馈结果页面显示

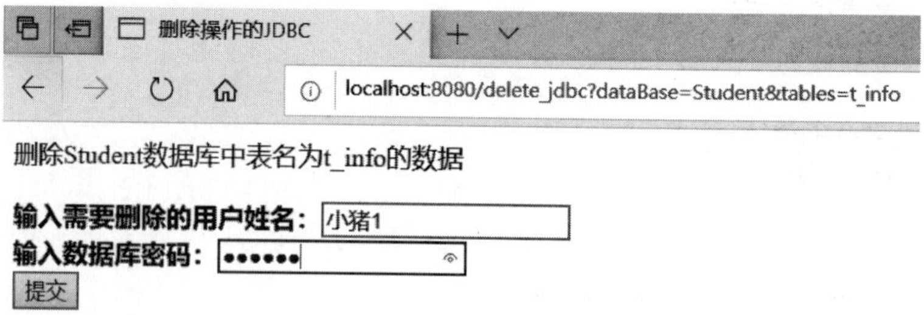

图 8-37　删除案例输入空数据页面显示

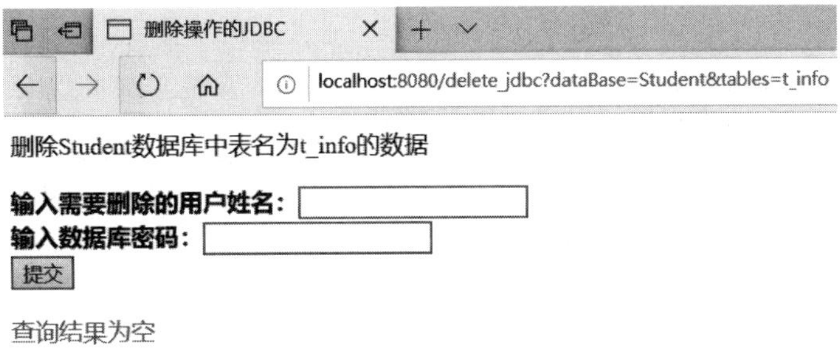

图 8-38　删除案例输入空数据反馈结果页面显示

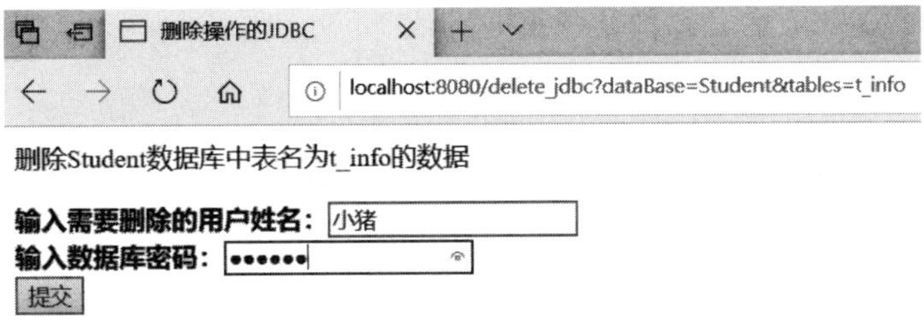

图 8-39　删除案例输入数据页面显示

图 8-40　删除案例输入数据反馈结果页面显示

在线视频

8.6　用结果集操作数据库中的表

尽管可以用 SQL 语句对数据库中的表进行更新、插入操作，但也可以使用内存中 ResultSet 结果集对底层数据库表进行更新和插入操作，这些操作由系统自动转换为相应的 SQL 语句，优点是不必熟悉有关更新、插入的 SQL 语句，而且方便编写代码，缺点是必须要事先返回结果集。

8.6.1　使用结果集更新数据库表中第 n 行记录中的某列

使用结果集更新数据库表中第 n 行记录中某列的值的步骤如下，图 8-41 为其具体解释。

(1) 使用 absolute(n)将结果集 rs 的游标移动到第 n 行。

```
rs.absolute(n);
```

(2) 使用 updateDate()将结果集将第 n 行的某列的列值更新，例如，下面这条语句可以

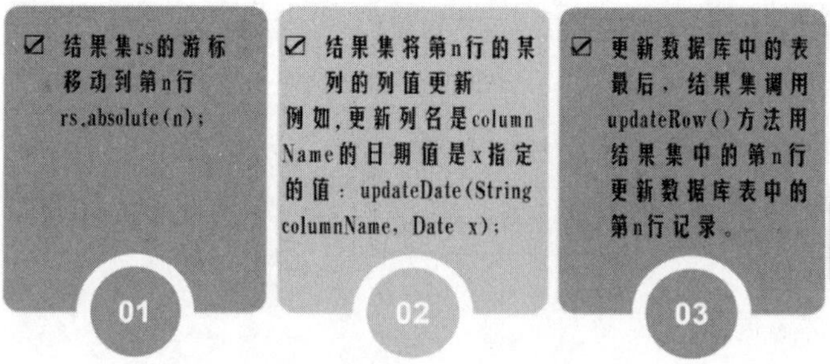

图 8-41 使用结果集更新数据库表中第 n 行记录中的某列

更新列名是 columnName 的日期值是 x 指定的值。

```
updateDate(String columnName, Date x);
```

(3) 结果集调用 updateRow()方法用结果集中的第 n 行更新数据库表中的第 n 行记录。

```
rs.updateRow();
```

8.6.2 使用结果集向数据库表中插入(添加)一行记录

使用结果集向数据库表中插入(添加)一行记录的步骤如下，图 8-42 为其具体解释。

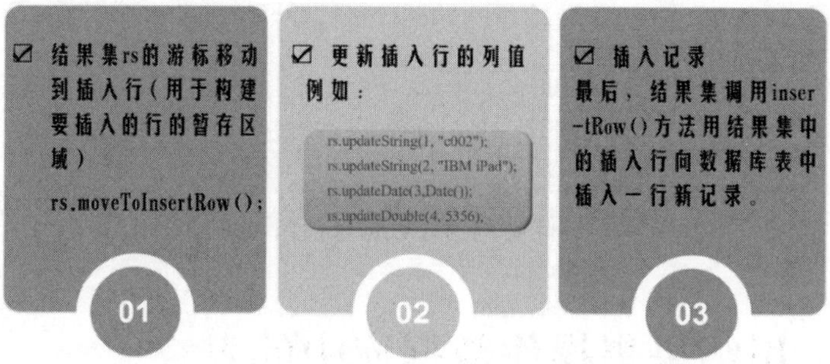

图 8-42 使用结果集向数据库表中插入(添加)一行记录

(1) 使用 moveToInsertRow()结果集 rs 的游标移动到插入行(用于构建要插入的行的暂存区域)。

```
rs.moveToInsertRow();
```

(2) 使用 update()更新插入行的列值，例如：

```
rs.updateString(1, 6);
rs.updateString(2, "小明");
rs.updateDate(3,29);
rs.updateDouble(4, "计算机 1 班");
```

(3) 结果集调用 insertRow()方法用结果集中的插入行向数据库表中插入一行新记录。

下面的案例中使用结果集进行插入数据,使用的数据库还是之前所建立的数据库,但是使用的方式就有所不同,本例中使用结果集进行操作,用户在 Example8_4_a_insert_jdbc_rs.jsp 页面中输入需要插入的数据库,其中包含数据库表所需的姓名、年龄和班级信息,同样也需要输入登录数据库所需的密码,当用户输入完所有信息后数据将提交到 Example8_4_c_insertJDBCRSServlet.java 类代码中,在该类代码中需要判断用户输入的数据是否有问题,即若用户输入的姓名为空、年龄为空、年龄含负数等情况时将会返回到值提交页面 Example8_4_a_insert_jdbc_rs.jsp 中并提示相应的信息起到交互的效果,若用户加载数据库驱动出现问题也将会返回值提交页面 Example8_4_a_insert_jdbc_rs.jsp 中重新输入并提示相应的信息。若用户输入的密码出错,即无法登录到数据库管理系统,也将会返回值提交页面 Example8_4_a_insert_jdbc_rs.jsp 中重新输入并提示相应的信息。

当用户输入的相关信息均满足条件时并且在数据库中登录成功后,类代码执行将跳转到 Example8_4_b_insert_jdbc_rs_show.jsp 页面中,在该页面中将显示数据库表格中所有查询到的记录。在该案例中通过 List 的方式记录。

```
Web.xml

< servlet >
< servlet - name > insertjdbcrs </ servlet - name >
< servlet - class > com.controller.Example8_4_c_insertJDBCRSServlet
        </ servlet - class >
</ servlet >
< servlet - mapping >
< servlet - name > insertjdbcrs </ servlet - name >
< url - pattern >/insert_jdbc_rs </ url - pattern >
</ servlet - mapping >

Example8_4_a_insert_jdbc_rs.jsp

< % @ page contentType = "text/html;charset = UTF - 8" language = "java"  % >
< html >
< head >
< title >插入操作的 JDBC 的数据集案例</ title >
</ head >
< body >
< form action = "insert_jdbc_rs?dataBase = Student&tables = t_info"
method = "post">
< p >插入 Student 数据库中表名为 t_info 的数据</ p >
< b >输入姓名:</ b >< input type = "text" name = "names"></ br >
< b >输入年龄:</ b >< input type = "text" name = "age">< br >
< b >输入班级:</ b >< input type = "text" name = "classes">< br >
< b >输入数据库密码:</ b >< input type = "password" name = "password">< br >
< input type = "submit" value = "提交">
</ form >
< p style = "color: red">
< %
```

```
        String problem = (String) request.getAttribute("problem");
        if (problem == null || problem.length() == 0) {
          out.print("");
        } else {
          out.print(problem);
        }
      %>
</p>
</body>
</html>
```

Example8_4_b_insert_jdbc_rs_show.jsp

```
<%@ page import="java.util.ArrayList" %>
<%@ page import="com.beans.Example8_4_d_studentInfo" %>
<%@ page contentType="text/html;charset=UTF-8" language="java" %>
<html>
<head>
<title>插入操作的 JDBC 的数据集案例显示界面</title>
</head>
<body>
<jsp:useBean id="studentInfo"
class="com.beans.Example8_4_d_studentInfo" scope="request"/>
<table border="1">
<tr>
<th>序号</th>
<th>姓名</th>
<th>年龄</th>
<th>班级</th>
</tr>
<%
    ArrayList<Example8_4_d_studentInfo> list = (ArrayList<Example8_4_d_studentInfo>)
request.
getAttribute("list");
    for (int i = 0; i < list.size(); i++) {
  %>
<tr>
<td><%=i+1%></td>
<td><%=list.get(i).getName()%></td>
<td><%=list.get(i).getAge()%></td>
<td><%=list.get(i).getClasses()%></td>
</tr>
<%
    }
  %>
</table>
</body>
</html>
```

```
Example8_4_c_insertJDBCRSServlet.java

@WebServlet(name = "insertJDBCRSServlet")
public class Example8_4_c_insertJDBCRSServlet extends HttpServlet {
    @Override
  protected void doPost(HttpServletRequest request, HttpServletResponse response) throws
ServletException, IOException {
        //设置:响应内容类型
        response.setContentType("text/html");
        response.setHeader("content-type", "text/html;charset=UTF-8");
        response.setCharacterEncoding("UTF-8");
        ArrayList<Example8_4_d_studentInfo> lists = new ArrayList<>();
        Connection conn = null;
        Statement statement = null;
        PreparedStatement ps = null;
        ResultSet rs = null;
        try {
            //注册 JDBC 驱动
            Class.forName("com.mysql.cj.jdbc.Driver");
            String database = request.getParameter("dataBase");
            String tables = request.getParameter("tables");
            String names = new String(request.getParameter("names").
getBytes("iso-8859-1"), "utf-8");
            String age = request.getParameter("age");
            String classes = new String(request.getParameter("classes").
getBytes("iso-8859-1"), "utf-8");
            if (names.length() == 0 || names == null ) {
                request.setAttribute("problem", "姓名输入有误");
                RequestDispatcher rd = request.getRequestDispatcher
("Example8_4_a_insert_jdbc_rs.jsp");
                rd.forward(request, response);
            }
            if (age.length() == 0 || age == null || age.contains("-")) {
                request.setAttribute("problem", "年龄输入有误");
                RequestDispatcher rd = request.getRequestDispatcher
("Example8_4_a_insert_jdbc_rs.jsp");
                rd.forward(request, response);
            }
            if (classes.length() == 0 || classes == null ) {
                request.setAttribute("problem", "班级输入有误");
                RequestDispatcher rd = request.getRequestDispatcher
("Example8_4_a_insert_jdbc_rs.jsp");
                rd.forward(request, response);
            }
            String url = "jdbc:mysql://localhost:3306/" + database + "?&
useSSL=false&serverTimezone=UTC&useUnicode=true&characterEncoding=utf-8";
            String user = "root";
            String password = request.getParameter("password");
            //打开连接
```

```
            conn = DriverManager.getConnection(url, user, password);
            String sql = "SELECT * FROM " + tables;
            statement = conn.createStatement
(ResultSet.TYPE_SCROLL_SENSITIVE,ResultSet.CONCUR_UPDATABLE);
            rs = statement.executeQuery(sql);
            rs.last();
            int newId = rs.getInt("id") + 1;
            rs.moveToInsertRow();
            rs.updateInt(1,newId);
            rs.updateString(2, names);
            rs.updateInt(3, Integer.parseInt(age));
            rs.updateString(4, classes);
            rs.insertRow();
            ps = conn.prepareStatement(sql);
            rs = ps.executeQuery();
            if (rs == null) {
                request.setAttribute("problem", "查询结果为空");
                RequestDispatcher rd = request.getRequestDispatcher
("Example8_4_a_insert_jdbc_rs.jsp");
                rd.forward(request, response);
            }
            while (rs.next() ) {
                Example8_4_d_studentInfo info = new
Example8_4_d_studentInfo();
                info.setAge(rs.getInt("age"));
                info.setName(rs.getString("name"));
                info.setClasses(rs.getString("class"));
                lists.add(info);
            }
            request.setAttribute("list", lists);
            RequestDispatcher rd = request.getRequestDispatcher
("Example8_4_b_insert_jdbc_rs_show.jsp");
            rd.forward(request, response);
        } catch (SQLException e) {
            request.setAttribute("problem", "数据库密码输入有误");
            RequestDispatcher rd = request.getRequestDispatcher
("Example8_4_a_insert_jdbc_rs.jsp");
            rd.forward(request, response);
        } catch (ClassNotFoundException e) {
            request.setAttribute("problem", "加载驱动失败");
            RequestDispatcher rd = request.getRequestDispatcher
("Example8_4_ad_insert_jdbc_rs.jsp");
            rd.forward(request, response);
        }
    }
    @Override
    protected void doGet(HttpServletRequest request, HttpServletResponse response) throws
ServletException, IOException {
        doPost(request,response);
    }
}
```

Example8_4_d_studentInfo.java

```
public class Example8_4_d_studentInfo {
    private int age;
    private String name;
    private String classes;

    public int getAge() {
        return age;
    }

    public void setAge(int age) {
        this.age = age;
    }

    public String getName() {
        return name;
    }

    public void setName(String name) {
        this.name = name;
    }

    public String getClasses() {
        return classes;
    }

    public void setClasses(String classes) {
        this.classes = classes;
    }
}
```

页面显示效果如图 8-43～图 8-46 所示。当用户输入的登录数据库密码错误时将会返回到提交页面并显示对应的信息"数据库密码输入错误"，而当用户录入的数据均满足上述介绍的条件时，页面将会通过类代码跳转至 Example8_4_b_insert_jdbc_rs_show.jsp，并且在该页面中显示出数据库当前所有记录，最后以表格的形式展现。

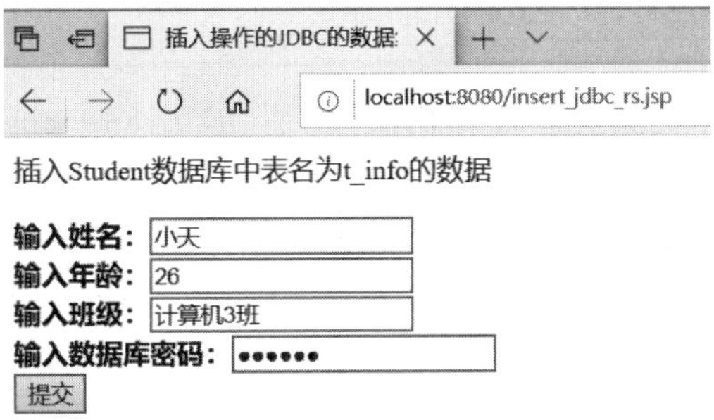

图 8-43　插入数据结果集案例提交有误数据页面显示

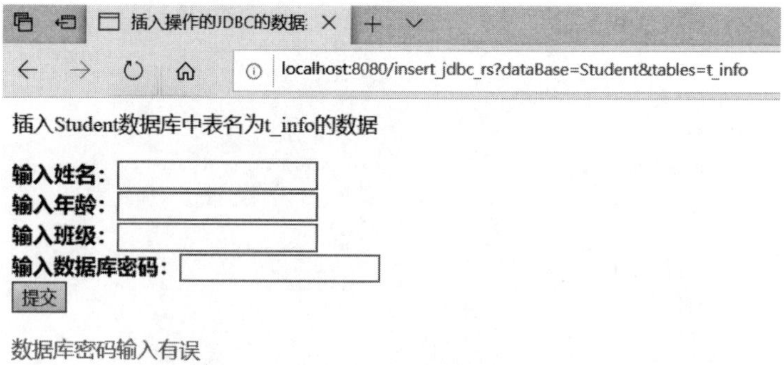

图 8-44　插入数据结果集案例提交有误数据反馈结果页面显示

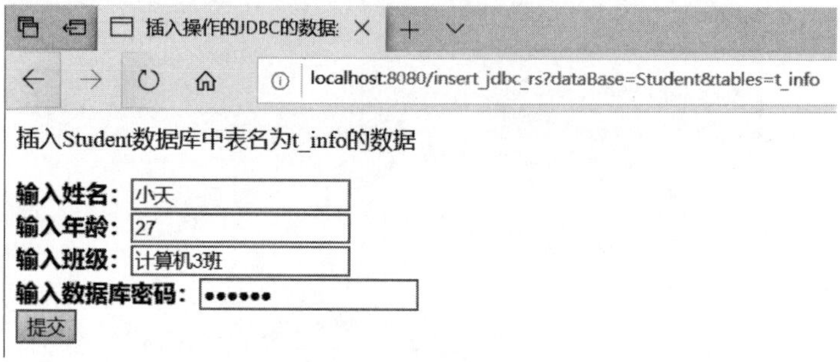

图 8-45　插入数据结果集案例提交数据页面显示

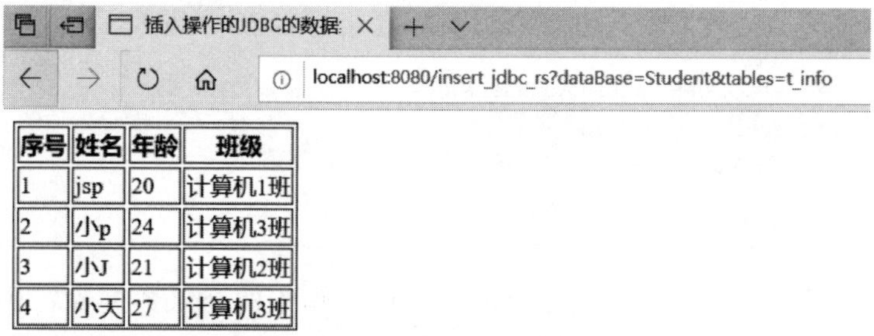

图 8-46　插入数据结果集案例提交数据反馈结果页面显示

在线视频

8.7　预处理语句

Java 提供了更高效率的数据库操作机制，就是 prepareStatement 对象，该对象被习惯地称作预处理语句对象。

对于 JDBC，如果使用 Connection 和某个数据库建立了连接对象 con，那么 con 就可以调用 prepareStatement(String sql)方法，方法对参数 sql 指定的 SQL 语句进行预编译处理，生成该数据库底层的内部命令，并将该命令封装在 PreparedStatement 对象中。

```
PreparedStatement pre = prepareStatement(String sql)
```

prepareStatement 对象可以随时调用下列方法，使得该底层内部命令被数据库执行，提高了数据库的访问速度。

```
boolean execute()
int executeUpdate()
ResultSet executeQuery()
```

在下面的案例中使用 prepareStatement 对象查询数据库中表的字段，在该案例中将查询到的结果全部以表格的形式展示出来。

Example8_5_a_select_all_jdbc.jsp

```
<%@ page import="java.util.ArrayList" %>
<%@ page import="com.beans.Example8_5_b_studentInfo" %>
<%@ page import="java.sql.*" %>
<%@ page contentType="text/html;charset=UTF-8" language="java" %>
<html>
<head>
<title>预处理语句的查询结果</title>
</head>
<body>
<jsp:useBean id="studentInfo"
class="com.beans.Example8_5_b_studentInfo" scope="request"/>
<table border="1">
<tr>
<th>序号</th>
<th>姓名</th>
<th>年龄</th>
<th>班级</th>
</tr>
<%
    ArrayList<Example8_5_b_studentInfo> lists = new ArrayList<>();
    Connection conn = null;
    PreparedStatement ps = null;
    ResultSet rs = null;
    try {
      //注册 JDBC 驱动
      Class.forName("com.mysql.cj.jdbc.Driver");
      String url = "jdbc:mysql://localhost:3306/Student?&useSSL=false&
serverTimezone=UTC";
      String user = "root";
      String password = "123456";
      //打开连接
      conn = DriverManager.getConnection(url, user, password);
      System.out.println(conn);
      String sql = "select * from t_info";
      ps = conn.prepareStatement(sql);
      rs = ps.executeQuery();
      while (rs.next()) {
        Example8_5_b_studentInfo info = new Example8_5_b_studentInfo();
        info.setAge(rs.getInt("age"));
```

```
            info.setName(rs.getString("name"));
            info.setClasses(rs.getString("class"));
            lists.add(info);
          }
          conn.close();
        } catch (SQLException e) {
          request.setAttribute("problem", "数据库密码输入有误");
        } catch (ClassNotFoundException e) {
          request.setAttribute("problem", "加载驱动失败");
        }
        for (int i = 0; i < lists.size(); i++) {
      %>
    <tr>
    <td><%=i+1%></td>
    <td><%=lists.get(i).getName()%></td>
    <td><%=lists.get(i).getAge()%></td>
    <td><%=lists.get(i).getClasses()%></td>
    </tr>
    <%
        }
      %>
    </table>
    </body>
    </html>
```

页面显示效果如图 8-47 所示，页面中显示的当前数据库中 t_info 表含有的所有记录，以表格的形式显示在页面中。

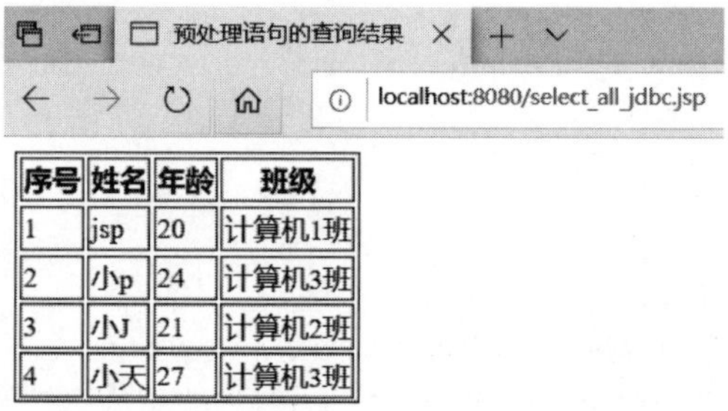

序号	姓名	年龄	班级
1	jsp	20	计算机1班
2	小p	24	计算机3班
3	小J	21	计算机2班
4	小天	27	计算机3班

图 8-47　预处理语句案例页面显示

在对 SQL 进行预处理时可以使用通配符"?"来代替字段的值。

```
prepareStatement pre = con.prepareStatement("SELECT * FROM t_info WHERE age < ? ");
```

那么在 sql 对象执行之前，必须调用相应的方法设置通配符？的具体代表值。

例如，pre.setDouble(1,6565)；指定上述预处理语句 pre 中第 1 个通配符"?"代表的值是 6565。

预处理语句设置通配符"?"的值有下列三种方法。

```
void setDate(int parameterIndex,Date x)
```

```
void setDouble( int parameterIndex, double x)
void setFloat( int parameterIndex, float x)
```

在下面的案例中使用预处理语句查询数据库中表的信息,通过 Example8_6_a_select_jdbc_ps.jsp 页面获取用户输入的数据,当用户输入完所有信息后数据将提交到 Example8_6_c_selectPSJDBCServlet.java 类代码中,在该类代码中需要判断用户输入的数据是否有问题,即如果用户输入的姓名在数据库中无此记录时将会返回到提交页面 Example8_6_a_select_jdbc_ps.jsp 中重新输入并提示相应的信息"查询结果为空",若用户加载数据库驱动出现问题也将会返回值提交页面 Example8_6_a_select_jdbc_ps.jsp 中重新输入并提示相应的信息。若用户输入的密码出错,即无法登录到数据库管理系统,也将会返回值提交页面 Example8_6_a_select_jdbc_ps.jsp 中重新输入并提示相应的信息。

当用户输入的年龄和密码均满足条件,并且在数据库中查询到相应的记录时,页面将跳转到 Example8_6_b_select_jdbc_ps_show.jsp,在该页面中将显示数据库表格中该用户所对应的记录。在该案例中通过 List 的方式进行记录。

```
Web. xml

< servlet >
< servlet – name > seletcpstjdbc </servlet – name >
< servlet – class > com. controller. Example8_6_c_selectPSJDBCServlet2
    </servlet – class >
</servlet >
< servlet – mapping >
< servlet – name > seletcpstjdbc </servlet – name >
< url – pattern >/select_pre_jdbc </url – pattern >
</servlet – mapping >

Example8_6_a_select_jdbc_ps. jsp

< % @ page contentType = "text/html;charset = UTF – 8" language = "java" % >
< html >
< head >
< title >预处理语句中查询操作的 JDBC </title >
</head >
< body >
< form action = "select_pre_jdbc?dataBase = Student&tables = t_info"
method = "post">
<p>通过预处理语句查询 Student 数据库中表名为 t_info 的数据</p>
<b>输入需要查询的姓名:</b>< input type = "text" name = "names"><br>
<b>输入数据库密码:</b>< input type = "password" name = "password"><br>
< input type = "submit" value = "提交">
</form >
< p style = "color: red">
< %
    String problem = (String) request.getAttribute("problem");
    if (problem == null || problem.length() == 0) {
      out. print("");
```

```
        } else {
          out.print(problem);
        }
      %>
</p>
</body>
</html>
```

Example8_6_b_select_jdbc_ps_show.jsp

```
<%@ page import = "java.util.ArrayList" %>
<%@ page import = "com.beans.Example8_6_d_studentInfo" %>
<%@ page contentType = "text/html;charset = UTF - 8" language = "java" %>
<html>
<head>
<title>预处理语句中查询操作的 JDBC</title>
</head>
<body>
<jsp:useBean id = "studentInfo"
class = "com.beans.Example8_6_d_studentInfo" scope = "request"/>
<table border = "1">
<tr>
<th>序号</th>
<th>姓名</th>
<th>年龄</th>
<th>班级</th>
</tr>
<%
    ArrayList<Example8_6_d_studentInfo> list = (ArrayList<>) request.
getAttribute("list");
    for (int i = 0; i < list.size(); i++) {
  %>
<tr>
<td><% = i + 1 %></td>
<td><% = list.get(i).getName() %></td>
<td><% = list.get(i).getAge() %></td>
<td><% = list.get(i).getClasses() %></td>
</tr>
<%
    }
  %>
</table>
</body>
</html>
```

Example8_6_c_selectPSJDBCServlet.java

```
@WebServlet(name = "selectPSJDBCServlet")
public class Example8_6_c_selectPSJDBCServlet extends HttpServlet {
```

```
    @Override
    protected void doPost(HttpServletRequest request, HttpServletResponse response) throws
ServletException, IOException {
        ArrayList<Example8_6_d_studentInfo> lists = new ArrayList<>();
        Connection conn = null;
        PreparedStatement ps = null;
        ResultSet rs = null;
        try {
            //注册 JDBC 驱动
            Class.forName("com.mysql.cj.jdbc.Driver");
            String database = request.getParameter("dataBase");
            String tables = request.getParameter("tables");
            String names = new String(request.getParameter("names").
getBytes("iso-8859-1"), "utf-8");
            if (names.length() == 0 || names == null ) {
                request.setAttribute("problem", "姓名输入有误");
                RequestDispatcher rd = request.getRequestDispatcher
("Example8_6_a_select_jdbc_ps.jsp");
                rd.forward(request, response);
            }
            String url = "jdbc:mysql://localhost:3306/" + database + "?&
useSSL=false&serverTimezone=UTC";
            String user = "root";
            String password = request.getParameter("password");
            //打开连接
            conn = DriverManager.getConnection(url, user, password);
            String sql = "select * from " + tables + " where name =?";
            ps = conn.prepareStatement(sql);
            ps.setString(1,names);
            rs = ps.executeQuery();
            if (rs == null) {
                request.setAttribute("problem", "查询结果为空");
                RequestDispatcher rd = request.getRequestDispatcher("Example8_6_a_select
_jdbc_ps.jsp");
                rd.forward(request, response);
            }
            while (rs.next()) {
                Example8_6_d_studentInfo info = new
Example8_6_d_studentInfo();
                info.setAge(rs.getInt("age"));
                info.setName(rs.getString("name"));
                info.setClasses(rs.getString("class"));
                lists.add(info);
            }
            request.setAttribute("list", lists);
            RequestDispatcher rd = request.getRequestDispatcher
("Example8_6_b_select_jdbc_ps_show.jsp");
            rd.forward(request, response);
        } catch (SQLException e) {
```

```
            request.setAttribute("problem", "数据库密码输入有误");
            RequestDispatcher rd = request.getRequestDispatcher
("Example8_6_a_select_jdbc_ps.jsp");
            rd.forward(request, response);
        } catch (ClassNotFoundException e) {
            request.setAttribute("problem", "加载驱动失败");
            RequestDispatcher rd = request.getRequestDispatcher
("Example8_6_a_select_jdbc_ps.jsp");
            rd.forward(request, response);
        }
    }

    @Override
    protected void doGet(HttpServletRequest request, HttpServletResponse response) throws
ServletException, IOException {
        doPost(request,response);
    }
}
```

页面显示效果如图 8-48～图 8-51 所示，当用户输入的数据在数据库表中无此记录时将会返回到数据提交界面 Example8_6_a_select_jdbc_ps.jsp 并提示相应的信息“查询结果为空”，而当用户输入的密码无法登录数据库时即数据库密码输入错误也将会返回到数据提交界面 Example8_6_a_select_jdbc_ps.jsp 并提示相应的信息“数据库密码错误”。

只有当数据库密码输入正确且在数据库可查询到该用户数据时才会发生跳转，跳转至 Example8_6_b_select_jdbc_ps_show.jsp 页面并显示该用户的相关信息。

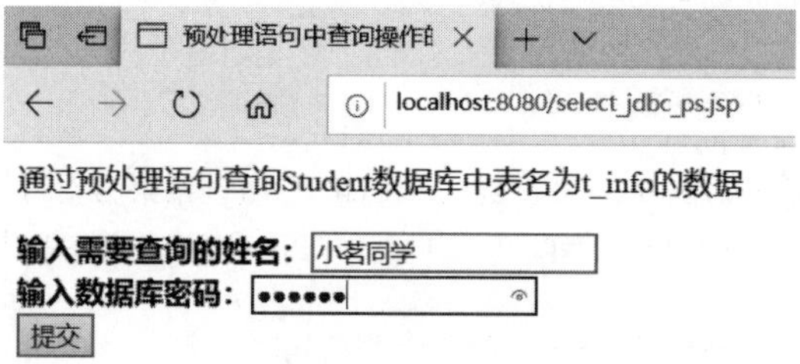

图 8-48 预处理语句案例输入空数据页面显示

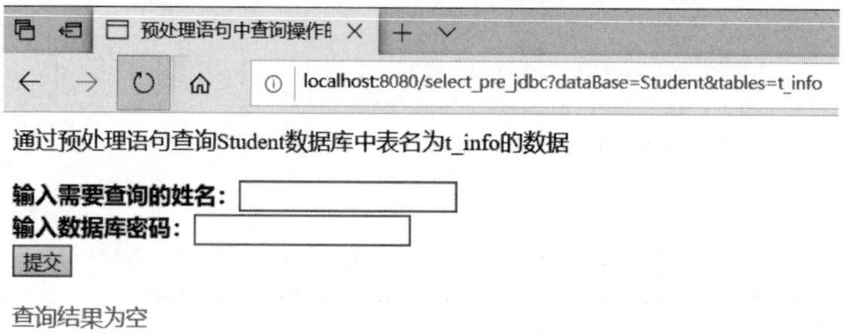

图 8-49 预处理语句案例输入空数据反馈结果页面显示

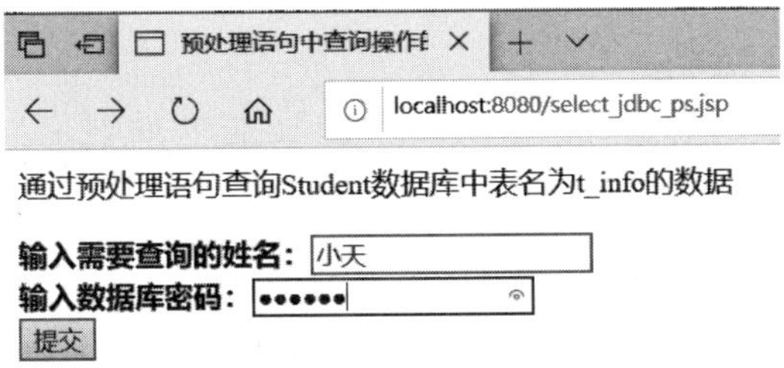

图 8-50　预处理语句案例输入数据页面显示

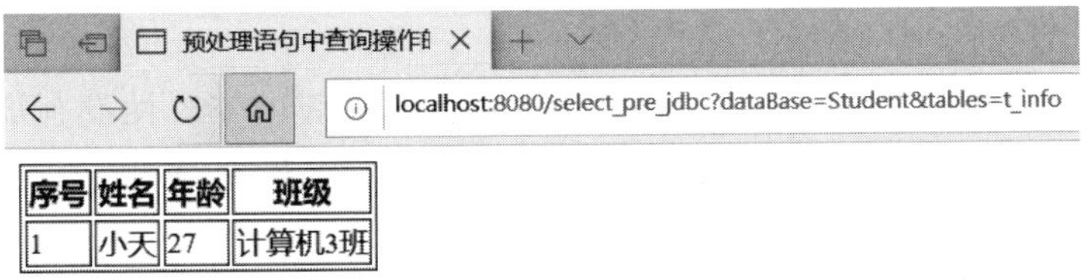

图 8-51　预处理语句案例输入数据反馈结果页面显示

8.8　事务

在线视频

事务由一组 SQL 语句组成，所谓“事务处理”是指：应用程序保证事务中的 SQL 语句要么全部都执行，要么一个都不执行。就好比我们去银行转账，转账和接账是两个不可分的操作，如果转账失败了，接账操作肯定没法成功。事务的模拟场景如图 8-52 所示。

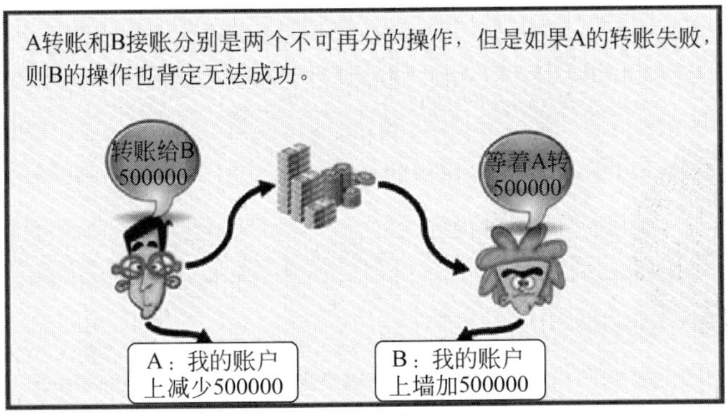

图 8-52　事务的模拟情景

关于事务的处理方式如图 8-53 所示。

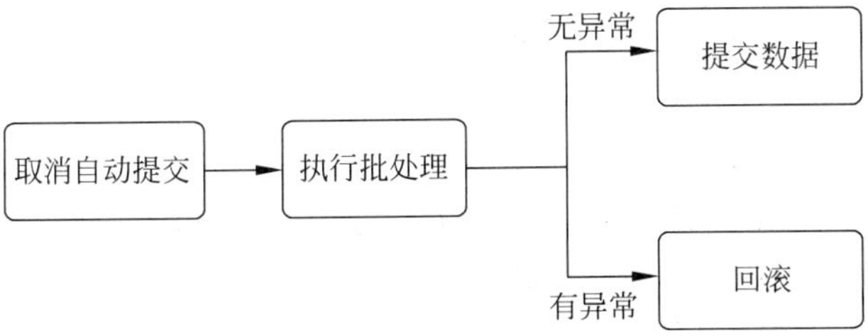

图 8-53　事务处理定义

8.8.1 事务的特性

事务处理是指应用程序保证事务中的 SQL 语句要么全部执行成功,要么全部失败,可以保证数据的完整性。

一般来说,事务必须满足 4 个条件(ACID):原子性(Atomicity,或称不可分割性)、一致性(Consistency)、隔离性(Isolation,又称独立性)、持久性(Durability)。

(1) 原子性:一个事务中的所有操作,要么全部完成,要么全部不完成,不会结束在中间某个环节。事务在执行过程中发生错误,会被回滚(Rollback)到事务开始前的状态,就像这个事务从来没有执行过一样。

(2) 一致性:在事务开始之前和事务结束以后,数据库的完整性没有被破坏。这表示写入的资料必须完全符合所有的预设规则,这包含资料的精确度、串联性以及后续数据库可以自发性地完成预定的工作。

(3) 隔离性:数据库允许多个并发事务同时对其数据进行读写和修改,隔离性可以防止多个事务并发执行时由于交叉执行而导致数据的不一致。事务隔离分为不同级别,包括读未提交(Read Uncommitted)、读提交(Read Committed)、可重复读(Repeatable Read)和串行化(Serializable)。

(4) 持久性:事务处理结束后,对数据的修改就是永久的,即便系统故障也不会丢失。

8.8.2 事务处理步骤

事务是保证数据库中数据完整性与一致性的重要机制。事务处理步骤如下,图 8-54 为其步骤的解释。

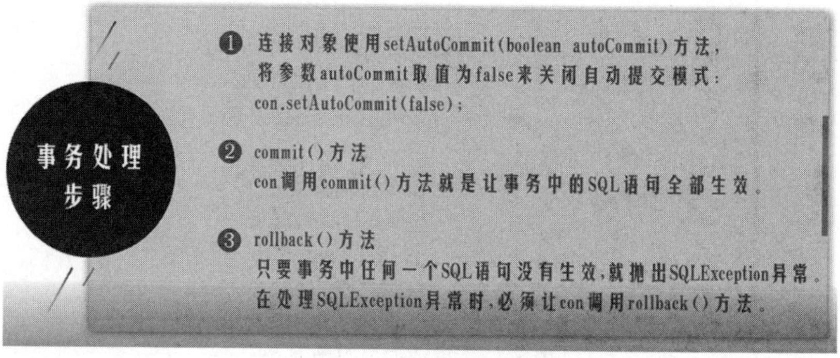

图 8-54 事务处理步骤

第一步:使用 setAutoCommit()方法关闭自动提交模式,因为如果是自动模式,该连接的 con 会立刻执行所有的 SQL 语句,使得数据库中的数据发生变化,这显然不能满足事务处理的要求。

连接 con 调用 setAutoCommit()方法后,产生的 statement 对象对数据库提交的任何一个 SQL 语句操作都不会立刻生效,这样就有机会让 statement 对象提交多个 SQL 语句,这些 SQL 语句就是一个事务。直到连接 con 调用 commit()方法。

第二步:commit()方法就是让事务中的 SQL 语句全部执行。

第三步:连接 con 调用 commit()方法进行事务处理时,只要事务中任何一个 SQL 语句没有生效，就抛出 SQLException 异常。在处理 SQLException 异常时，必须让 con 调用 rollback()方法，其作用是撤销事务中成功执行过的 SQL 语句对数据库所做的更新、插入或删除操作，将数据库数据恢复到 commit()执行之前的状态。

在下面的案例中通过事务处理机制模拟打怪的过程，当攻击方对防守方攻击时将会减弱防守方的血量，而攻击方的血量将会增加，通过事务机制处理多个 SQL 语句的更新操作，并将攻击前后血量的值显示在页面中。

Example8_7_a_update_blood_jdbc.jsp

```
<%@ page import="java.util.ArrayList" %>
<%@ page import="com.beans.Example8_7_b_studentInfo" %>
<%@ page import="java.sql.*" %>
<%@ page contentType="text/html;charset=UTF-8" language="java" %>
<html>
<head>
<title>事务处理操作</title>
</head>
<body>
<jsp:useBean id="studentInfo"
class="com.beans.Example8_7_b_studentInfo" scope="request"/>
<%
    ArrayList<Example8_7_b_studentInfo> lists = new ArrayList<>();
    Connection conn = null;
    PreparedStatement ps = null;
    ResultSet rs = null;
    Statement statement = null;
    try {
      //注册 JDBC 驱动
      Class.forName("com.mysql.cj.jdbc.Driver");
      String url = "jdbc:mysql://localhost:3306/Student?&
    useSSL=false&serverTimezone=UTC";
      String user = "root";
      String password = "123456";
      //打开连接
      conn = DriverManager.getConnection(url, user, password);
      conn.setAutoCommit(false);
      String sql_garen = "select blood from t_game where name = 'Garen'";
      ps = conn.prepareStatement(sql_garen);
      rs = ps.executeQuery();
      rs.next();
      String bloold_garen = rs.getString("blood");
      String sql_nunu = "select blood from t_game where name = 'Nunu'";
      ps = conn.prepareStatement(sql_nunu);
      rs = ps.executeQuery();
      rs.next();
      String bloold_nunu = rs.getString("blood");
      out.print("攻击前 Garen 的血量为" + bloold_garen);
      out.print("攻击前 Nunu 的血量为" + bloold_nunu + "<br>");
```

```
        if (Integer.parseInt(bloold_nunu) - 100 > 0) {
          statement = conn.createStatement();
          String update_blood_garen = (Integer.parseInt(bloold_garen) + 100) + "";
          String update_blood_nunu = (Integer.parseInt(bloold_nunu) - 100) + "";
           statement.executeUpdate("update t_game set blood = " + update_blood_garen + "
where name = 'Garen'");
           statement.executeUpdate("update t_game set blood = " + update_blood_nunu + "
where name = 'Nunu'");
          conn.commit();
          String sql_update_after_garen = "select blood from t_game where name = 'Garen'";
          String sql_update_after_nunu = "select blood from t_game where name = 'Nunu'";
          ps = conn.prepareStatement(sql_update_after_garen);
          rs = ps.executeQuery();
          rs.next();
          String bloold_update_after_garen = rs.getString("blood");
          ps = conn.prepareStatement(sql_update_after_nunu);
          rs = ps.executeQuery();
          rs.next();
          String bloold_update_after_nunu = rs.getString("blood");
          out.print("攻击后 Garen 的血量为" + bloold_update_after_garen);
          out.print("攻击后 Nunu 的血量为" + bloold_update_after_nunu);
        }
        conn.close();
      } catch (SQLException e) {
        conn.rollback();
      } catch (ClassNotFoundException e) {
      }

  %>
</body>
</html>
```

页面显示效果如图 8-55 所示。

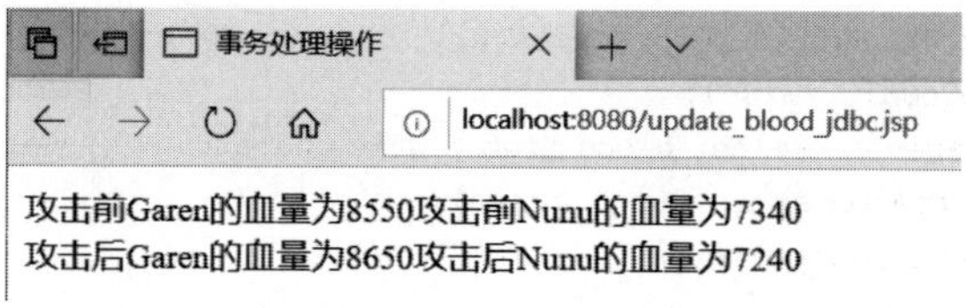

图 8-55　事务处理操作案例页面显示

8.9　数据库连接

数据库连接的常用方式有以下两种。

(1) 使用纯 Java 数据库驱动程序加载 MySQL 驱动程序：

```
Class.forName("com.mysql.jdbc.Driver");
```

（2）建立一个 JDBC-ODBC 桥接器：

```
Class.forName("sun.jdbc.odbc.JdbcOdbcDriver");
```

用 Java 语言编写的数据库驱动程序称作 Java 数据库驱动程序，操作不同类型的数据库使用不同的驱动进行处理，相应的驱动程序和过程如图 8-56 所示。

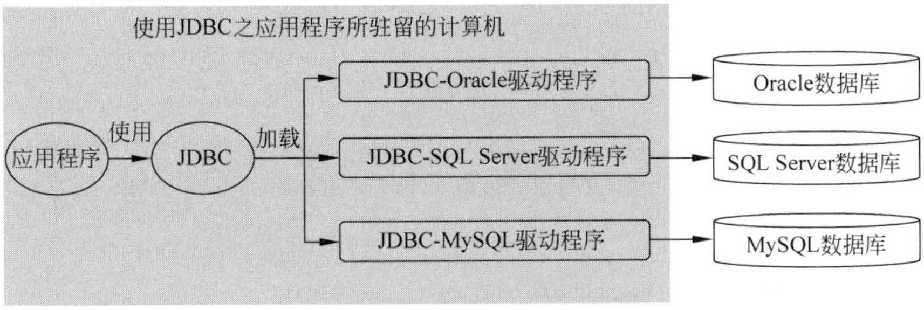

图 8-56 Java 数据库驱动程序

首先是使用纯 Java 数据库驱动程序加载 MySQL 驱动程序，Java 数据库驱动程序是用 Java 语言编写的数据库驱动程序。本节介绍 SQL Server 2019 和 Oracle 的连接方式。

8.9.1 纯 Java 数据库驱动程序加载 MySQL 驱动程序

1. 连接 SQL Server 2019

第一步：配置驱动程序（以连接 SQL Server 2019 为例）。

第二步：连接 SQL Server 2019 用的纯 Java 驱动程序（从 www.microsoft.com 下载）下载地址为 https://www.microsoft.com/en-au/sql-server/sql-server-downloads。

第三步：安装此文件后，在 enu 子目录中找到驱动文件 sqljdbc.jar，将其复制到 Tomcat 所用的 JDK 的\jre\lib\ext 文件夹中或 Tomcat 的安装目录\common\lib 中。

第四步：加载驱动程序：

```
try { Class.forName("com.microsoft.sqlserver.jdbc.SQLServerDriver"); }
catch(Exception e){ out.print(e); }
```

调用 DriverManager 类的 getConnection()方法建立连接，该方法有以下三个参数。

第一个字符串是 JDBC URL，格式为：

```
jdbc:子协议:子名称
```

其中，jdbc 表示协议，子协议是驱动程序类的名称，子名称为数据库的名称，如果是远程数据库，还应该包括网络地址，格式如下：

```
主机名:端口;数据库名
```

第二个参数是用户名。

第三个参数是密码。

其格式如下。

```
String url = "jdbc:sqlserver://IP 地址:端口;DatabaseName = 数据库名";
String user = "username";
String password = "password";
Connection con = DriverManager.getConnection(url,user,password);
```

具体代码如下。

```
Connection conn = null;
try {
  Class.forName("com.microsoft.sqlserver.jdbc.SQLServerDriver");
  String url = "jdbc:sqlserver://192.168.0.1:1433;DatebaseName = warehouse";
  String user = "root";
  String password = "123456";
  conn = DriverManager.getConnection(url, user, password);
} catch (SQLException e) {
  e.printStackTrace();
} catch (ClassNotFoundException e) {
  e.printStackTrace();
}
```

2. 连接 Oracle

通过直接加载 Oracle 的 Java 数据库驱动程序来连接数据库。

安装 Oracle 后，下载路径为 https://www.oracle.com/cn/downloads/，找到目录 jdbc/lib 中的 classes12.jar，即用 Java 编写 Oracle 数据库驱动程序。将 classes12.jar 复制到 Tomcat 引擎所使用的 JDK 的扩展目录中。通过如下两个步骤和一个 Oracle 数据库建立连接。

(1) 加载驱动程序。

```
Class.forName("oracle.jdbc.driver.OracleDriver");
```

(2) 建立连接。

```
Connection con = DriverManager.getConnection("jdbc:oracle:thin:@主机 host:端口号:数据库名","用户名","密码" );
```

8.9.2 建立 JDBC-ODBC 桥接器

使用 JDBC-ODBC 桥接器方式的机制是：应用程序只需建立 JDBC 和 ODBC 之间的连接，即所谓的建立 JDBC-ODBC 桥接器，而和数据库的连接由 ODBC 去完成。

JDBC-ODBC 桥接器的方式处理过程如图 8-57 所示。

使用 JDBC-ODBC 桥接器访问数据库的步骤如下。

(1) 建立 JDBC-ODBC 桥接器。

(2) 创建 ODBC 数据源：Windows 控制面板→管理工具→ODBC 数据源。

(3) 和 ODBC 数据源建立连接。

无论使用哪种连接方法，都不要忘记关闭数据库。所有的数据库在操作之后都必须

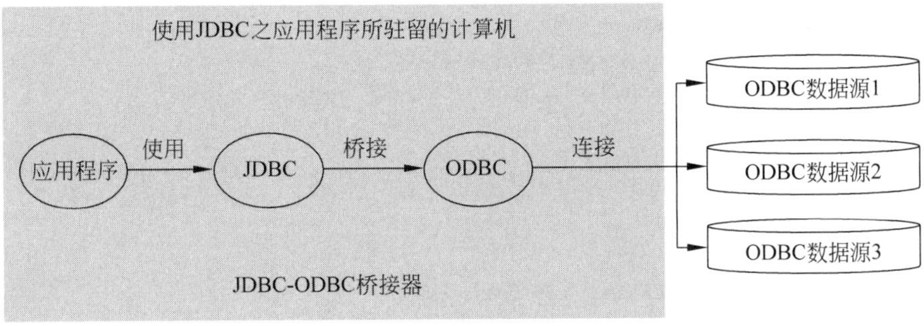

图 8-57 JDBC-ODBC 桥接器

关闭。

关闭数据库操作的顺序与打开数据库操作的顺序相反，关闭数据库的步骤如图 8-58 所示。

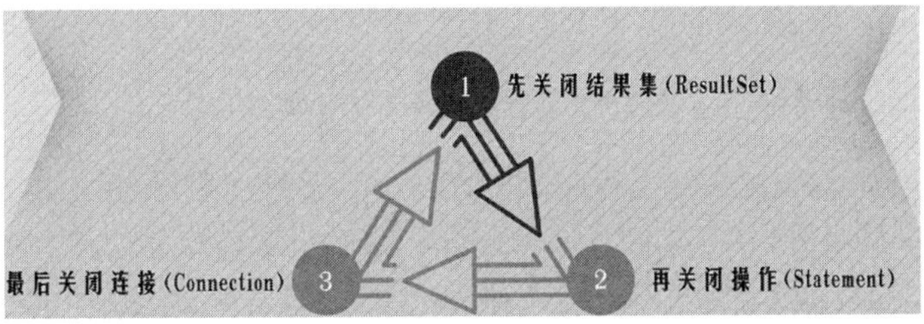

图 8-58 关闭数据库步骤

(1) 关闭结果集(ResultSet)。
(2) 关闭操作(Statement)。
(3) 关闭连接(Connection)。

8.10 上机案例

本章的内容已经全部结束了，此章的内容是不是让你在开发项目的过程中多了一些新的想法呢？你有没有觉得此章的内容又多了很多的趣味？实际上，在日常的开发过程中与数据库交互的次数远远多于现在，对于每一个成熟的项目而言，数据库是必不可少的。本章的内容为 MySQL 数据库，MySQL 数据库是关系型数据库，此外读者也可以查阅相关资料了解一些非关系型数据库，对今后的实战过程会添加很多的乐趣。

在本章的上机案例中继续对第 6 章的案例进行巩固和修改，通过使用数据库的方式将员工信息存储在数据库中并通过查询、修改或者删除等方式对员工数据进行对应的操作，加深对数据库知识点的掌握，进一步提升自身的编程能力，参考代码如下。

```
Example8_8_a_exam.jsp

<%@ page import = "java.util.ArrayList" %><%@ page import = "com.beans.Example8_5_b_
studentInfo" %>
```

```
<%@ page import = "java.sql.*" %>
<%@ page import = "com.beans.Example8_8_b_Staff" %>
<%@ page contentType = "text/html;charset = UTF-8" language = "java" %>
<html>
<head>
<title>上机案例</title>
</head>
<body>
<jsp:useBean id = "staff" class = "com.beans.Example8_8_b_Staff"
scope = "request"/>
<table border = "1">
<tr>
<th>序号</th>
<th>姓名</th>
<th>年龄</th>
<th>班级</th>
</tr>
<%
    ArrayList<Example8_8_b_Staff> lists = new ArrayList<>();
    Connection conn = null;
    PreparedStatement ps = null;
    ResultSet rs = null;
    try {
      //注册 JDBC 驱动
      Class.forName("com.mysql.cj.jdbc.Driver");
      String url = "jdbc:mysql://localhost:3306/Student?&useSSL = false&serverTimezone = UTC";
      String user = "root";
      String password = "123456";
      //打开连接
      conn = DriverManager.getConnection(url, user, password);
      System.out.println(conn);
      String sql = "select * from t_staff";
      ps = conn.prepareStatement(sql);
      rs = ps.executeQuery();
      while (rs.next()) {
        Example8_8_b_Staff staffinfo = new Example8_8_b_Staff();
        staffinfo.setUsername(rs.getString("username"));
        staffinfo.setAge(rs.getInt("age"));
        staffinfo.setDepartment(rs.getString("department"));
        staffinfo.setDepartmentID(rs.getString("departmentID"));
        lists.add(staffinfo);
      }
      conn.close();
    } catch (SQLException e) {
      request.setAttribute("problem", "数据库密码输入有误");
    } catch (ClassNotFoundException e) {
      request.setAttribute("problem", "加载驱动失败");
    }
    for (int i = 0; i < lists.size(); i++) {
```

```
    %>
<tr>
<td><%=i+1%></td>
<td><%=lists.get(i).getUsername()%></td>
<td><%=lists.get(i).getAge()%></td>
<td><%=lists.get(i).getDepartment()%></td>
<td><%=lists.get(i).getDepartmentID()%></td>
</tr>
<%
    }
    %>
</table>
</body>
</html>
```

Example8_8_b_Staff.java

```
public class Example8_8_b_Staff {
    private String username;
    private int age;
    private String department;
    private String departmentID;
    public String getUsername() {
        return username;
    }

    public void setUsername(String username) {
        this.username = username;
    }

    public int getAge() {
        return age;
    }

    public void setAge(int age) {
        this.age = age;
    }

    public String getDepartment() {
        return department;
    }

    public void setDepartment(String department) {
        this.department = department;
    }

    public String getDepartmentID() {
        return departmentID;
    }
```

```
        public void setDepartmentID(String departmentID) {
            this.departmentID = departmentID;
        }
    }
```

小结

在 Web 开发中,可以在 JSP 中使用数据库管理数据,JSP 使用 JDBC 提供的 API 和数据库进行交互信息。使用 JDBC 的应用程序一旦和数据库建立连接,就可以使用 JDBC 提供的 API 操作数据库。

需要注意当查询 ResultSet 对象中的数据时,不可以关闭和数据库的连接。

为了提高数据库的效率,可以使用 PreparedStatement 对象。

本章的小结可参考如图 8-59 所示的漫画。

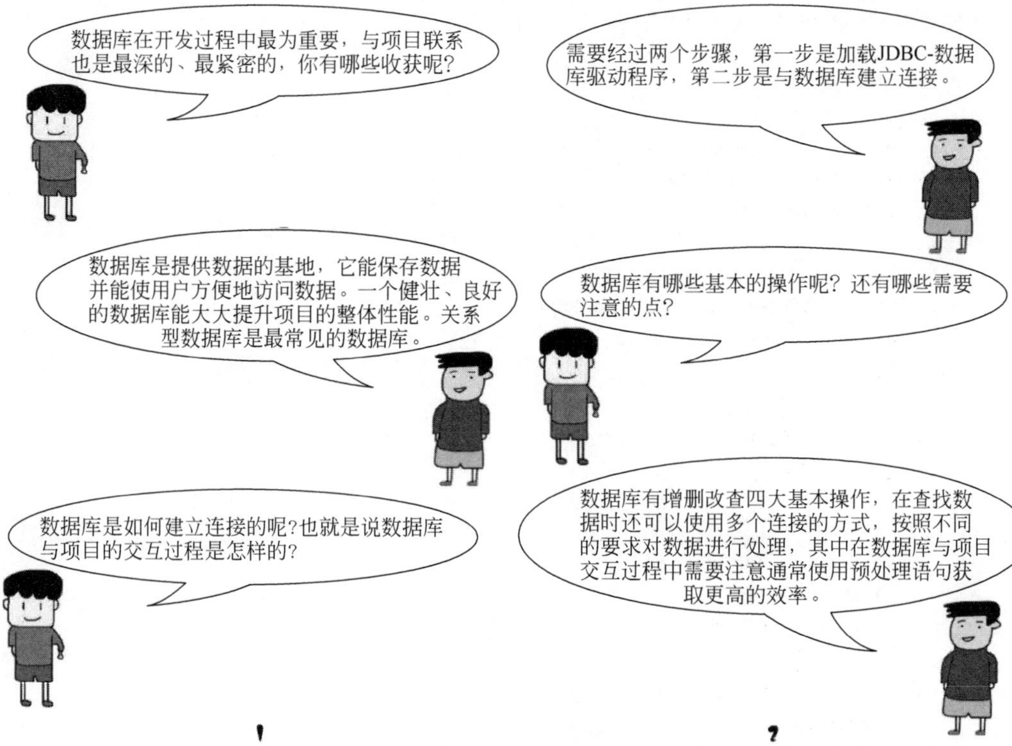
数据库在开发过程中最为重要,与项目联系也是最深的、最紧密的,你有哪些收获呢?
需要经过两个步骤,第一步是加载JDBC-数据库驱动程序,第二步是与数据库建立连接。
数据库是提供数据的基地,它能保存数据并能使用户方便地访问数据。一个健壮、良好的数据库能大大提升项目的整体性能。关系型数据库是最常见的数据库。
数据库有哪些基本的操作呢?还有哪些需要注意的点?
数据库是如何建立连接的呢?也就是说数据库与项目的交互过程是怎样的?
数据库有增删改查四大基本操作,在查找数据时还可以使用多个连接的方式,按照不同的要求对数据进行处理,其中在数据库与项目交互过程中需要注意通常使用预处理语句获取更高的效率。

图 8-59 第 8 章小结

习题

1. DriverManager 类的 getConnection(String url,String user,String password)方法中,参数 url 的格式为 jdbc:<子协议>:<数据库名称>,下面哪个 url 正确?(   )

A. jdbc.mysql://localhost:80/数据库名

B. jdbc.odbc:数据源

C. jdbc:oracle:thin@host:端口号:数据库名

D. jdbc:sqlserver://172.0.0.1:1443;DatabaseName=数据库名

2. 给出了如下的查询条件字符串 String condition="insert book value(?,?,?,?)";下列哪个接口适合执行 SQL 查询?( )

A. Statement　　B. PreparedStatement

C. CallableStatement　　D. 不确定

3. JDBC 提供了 3 个接口来实现 SQL 语句的发送,其中执行简单不带参数 SQL 语句的是( )。

A. Statement　　B. PreparedStatement

C. CallableStatement　　D. DriverStatement

4. ________是一种用于执行 SQL 语句的 Java API。

5. SQL 语句中插入操作是________。

6. 查询结果集 ResultSet 对象是以统一的行列形式组织数据的,执行 ResultSetrs=stmt.executeQuery("select username,age,classes from t_student");语句,得到的结果集 rs 第一列为__________;而每一次 rs 只能看到__________行,要再看到下一行,必须使用__________方法移动当前行。ResultSet 对象使用__________方法获得当前行字段的值。

7. 简述 JDBC 的作用。

8. 简述描述 JDBC 连接数据库的过程,写出连接数据的两条语句,要求捕获异常。

9. 使用 JDBC 的方式实现学生成绩的获取并在页面中以表格显示。

10. 使用 JDBC 的方式实现不同用户的登录和注册并显示登录之后的不同信息反馈。

第9章

JSP文件操作

有时候服务器需要将用户提交的信息保存到文件中，有时候则需要将服务器端文件的内容显示到客户端，JSP 通过 Java 的输入/输出流来实现文件的读写操作，文件的操作用处如图 9-1 所示。

◆ 应用：文件上传、文件下载
◆ 输入/输出流

图 9-1　文件的操作用处

在线视频

9.1　File 类

9.1.1　File 类的常用方法

File 类的对象主要用来获取文件本身的一些信息，例如，文件所在目录、文件的长度、文件的读写权限等，不涉及对文件的读写操作。

创建一个 File 对象的构造方法有以下三种方式。

```
File(String filename);
File(String directoryPath,String filename);
File(File f, String filenam e);
```

在实现代码的过程中经常会使用 File 类的方法获取文件本身的一些信息，如图 9-2 所示。

方法名	作用
public String getName()	获取文件的名字
public boolean canRead()	判断文件是否是可读的
public boolean canWrite()	判断文件是否可被写入
public boolean exists()	判断文件是否存在
public long length()	获取文件的长度（单位是字节）
public String getAbsolutePath()	获取文件的绝对路径
public String getParent()	获取文件的父目录
public boolean isFile()	判断是否正常文件，而不是目录
public boolean isDirectory()	判断文件是否是一个目录
public boolean isHidden()	判定是否隐藏文件
public long lastModified()	获取最后修改时间

图 9-2　File 类的常用方法

在下面的案例中实现了 File 类的部分方法，获取当前文件的绝对路径地址和判断当前文件是否为一个目录，这里的当前文件指的是 Tomcat 所在的目录中，即 bin 目录中。而 File 类的其他方法的使用也是如此，可以参看 File 类的常用方法图示。

Example9_1_file_method.jsp

```
<%@ page import="java.io.File" %>
<%@ page contentType="text/html;charset=UTF-8" language="java" %>
<html>
<head>
<title>File类的常用方法</title>
</head>
<body>
<%
    File file = new File("");
    String path = file.getAbsolutePath();
    boolean isDir = file.isDirectory();
%>
<b>获取当前文件的绝对路径地址:</b><%=path%><br>
<b>判断当前文件绝对路径的地址是否为一个目录</b><%=isDir%><br>
</body>
</html>
```

页面显示效果如图 9-3 所示。

图 9-3　File 类的常用方法案例页面显示

9.1.2　创建目录

File 对象调用方法 public boolean mkdir()创建一个目录。如果创建成功就返回 true，否则返回 false，若该目录已存在也返回 false。

下面的案例中使用该方法判断一个目录是否创建成功，获取到当前文件所在的绝对路径，并截取到主目录中，在主目录中创建一个目录名为“libs”的目录，最后通过 mkdir 判断目录是否创建成功。

Example9_2_file_method_mkdir.jsp

```
<%@ page import="java.io.File" %>
<%@ page contentType="text/html;charset=UTF-8" language="java" %>
<html>
<head>
```

```
<title>File 类的常用方法 mkdir</title>
</head>
<body>
<%
    String absPath = new File(application.getRealPath
(request.getRequestURI())).getParent();
    int index = absPath.indexOf("out");
    File dir = new File(absPath.substring(0, index) + "libs");
 %>
<p>在<% = dir %>目录中创建一个新的目录 libs,判断 libs 目录是否创建成功:<% = dir.mkdir
() %></p>
<p>libs 是否是目录文件?<% = dir.isDirectory() %></p>
</body>
</html>
```

页面显示效果如图 9-4 所示。

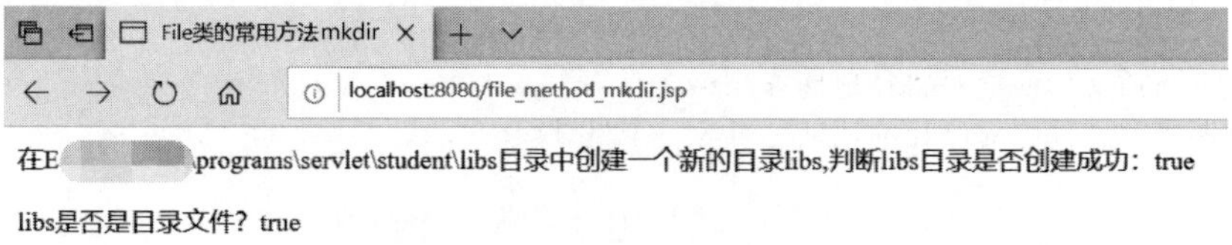

图 9-4 创建目录案例页面显示

9.1.3 列出目录中的文件

如果 File 对象是一个目录,可以通过调用下述方法返回该目录下的子目录和全部文件。

```
public String [] list()     //用字符串形式返回目录下的全部文件和目录的文件名
public File []listFiles() //用 File 对象形式返回目录下的全部文件和目录的绝对路径
```

9.1.4 列出指定类型的文件

对于目录下指定类型的文件,例如以.jsp、.txt 等为拓展名的文件,可以通过下述方法返回指定类型的文件信息。

```
public String [] list(FilenameFilter obj)
                                        //该方法用字符串形式返回目录下的指定类型的所有文件
public File []listFiles(FilenameFilter obj)
                                        //该方法用 File 对象返回目录下的指定类型的所有文件
```

下面的案例中使用列出指定类型文件的方法列出在当前 JSP 页面中含有后缀名为.jsp 的所有文件名称,但是在实现该方法时需要主要列出指定类型文件的参数需要为 FilenameFilter 类型的,所以在实现该方法时需要实现该接口并重写其中的 accept()方法。

```
Example9_3_file_method_listdir.jsp

<%@ page import = "java.io.*" %>
<%@ page contentType = "text/html;charset = UTF - 8" language = "java" %>
```

```
< html >
< head >
< title > File 类的列出文件</title>
</head>
< body >
<%!
    public class myFileFilter implements FilenameFilter {
        @Override
        public boolean accept(File dir, String name) {
            return name.endsWith(".JSP");
        }
    }
%>
<%
    String absPath = new File(application.getRealPath
(request.getRequestURI())).getParent();
    int index = absPath.indexOf("out");
    String path = absPath.substring(0, index) + "Web/";
    File dirsPath = new File(path);
    String[] file_name = dirsPath.list((FilenameFilter) new
myFileFilter());

    for (int i = 0; i < file_name.length; i++) {
        out.print("< br >" + file_name[i]);
    }
%>
</body>
</html>
```

页面显示效果如图 9-5 所示,列出了该文件所在目录下的文件名称。

图 9-5　列出指定类型文件案例页面显示

9.1.5 删除文件和目录

File 对象调用方法 public boolean delete()删除当前对象代表的文件或目录。如果对象表示的是一个目录，则该目录必须是空目录。若删除成功，则返回 true。

在线视频

9.2 读写文件常用流

Java 的 I/O 流提供一条通道程序，可以使用这条通道把源中的数据送给目的地，如图 9-6 所示。

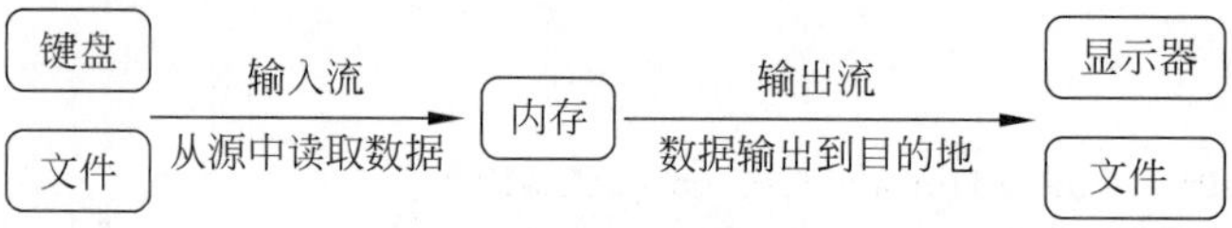

图 9-6 输入输出流简介

输入流的指向称作源，程序从指向源的输入流中读取源中的数据。输出流的指向是数据要去的目的地，程序通过向输出流中写入数据把信息传递到目的地。

9.2.1 字节流

Java.io 包提供大量的流类，其中最重要的四个抽象类为 InputStream、OutputStream、Reader、Writer。

1. 字节输入流

使用输入流通常包括以下 4 个基本步骤。

(1) 设定输入流的源。

(2) 创建指向源的输入流。

(3) 让输入流读取源中的数据。

(4) 关闭输入流。

字节输入流可以参考这样一个情景，商场里面的每天都需要进货和出货，对于保质时间比较短的商品需要每天更新和替换，那么可以想象货车每次都需要向商场内进货，将新鲜的商品运送到商场，这样的过程就是输入流的方式，而字节就好比货车，那么货车运送商品进入到商场里面不就可以类比到字节输入流了吗？通过这样的例子是不是能更好地记住字节输入流了呢？该思想的模拟情景如图 9-7 所示。

图 9-7 字节输入流模拟案例

1) 字节输入流构造方法创建指向文件的输入流

使用给定的文件名 name 创建 FileInputStream 流：

```
FileInputStream(String name);
```

使用 File 对象创建 FileInputStream 流：

```
FileInputStream(File file);
```

其中参数称为输入流的源。

```
File file = new File("hello_world.JSP");
try {
    FileInputStream fileInputStream = new FileInputStream(file);
} catch (IOException e) {
    System.out.println("error:" + e);
}
```

2）字节输入流——使用输入流读取字节

输入流的目的是提供读取源中数据的通道，程序可以通过这个通道读取源中的数据。

```
int read()                          //读取单个字节的数据，该方法返回字节值(0～255 的一个
                                    //整数)，如果未读出字节就返回 - 1
int read(byte b[ ])                 //试图读取 b.length 个字节到字节数组 b 中
int read(byte b[ ], int off, intlen)//试图读取 len 个字节到字节数组 b 中，参数 off 指定从字节数
                                    //组的某个位置开始存放读取的数据
```

3）字节输入流——关闭流

输入流都提供了关闭方法 close()。

2. 字节输出流

使用输出流通常包括以下 4 个基本步骤。

（1）给出输出流的目的地。

（2）创建指向目的地的输出流。

（3）让输出流把数据写入目的地。

（4）关闭输出流。

通过上面的字节输入流的情景案例同样也可以类比字节输出流的，每次从商场中取出要过期的商品，将该商品运输到处理地进行处理，其中货车同样也可类比到字节，将过期商品运送到处理地的过程就是输出流的方式，这样的方式类比字节输出流的方式相信读者也一定能够记住。该思想的模拟情景如图 9-8 所示。

图 9-8 字节输出流模拟案例

1）字节输出流——构造方法

使用给定的文件名 name 创建 FileOutputStream 流：

```
FileOutputStream(String name);
```

使用 File 对象创建 FileOutputStream 流：

```
FileOutputStream(File file);
```

其中上述构造方法的参数为输出流的目的地。

如果输出流指向的文件不存在，Java 就创建该文件，如果已经存在，输出流将刷新该文件，使其长度为 0。

2）字节输出流——选择是否具有刷新功能的构造方法

```
FileOutputStream(String name, boolean append);
FileOutputStream(File file, boolean append);
```

其中，若 append=true，输出流不会刷新，write()方法从文件末开始写入；若 append=false，输出流将刷新所指向的文件。

```
File file = new File("index.JSP");
try {
    FileOutputStream fileOutputStream = new FileOutputStream(file);
} catch (IOException e) {
    System.out.println("error:" + e);
}
```

3）字节输出流——使用输出流写字节

输出流的目的是提供通往目的地的通道，程序可以通过这个通道将程序中的数据写入目的地。

```
void write(int n)                       //输出流调用该方法向目的地写入单个字节
void write(byte b[])                    //输出流调用该方法向目的地写入一个字节数组
void write(byte b[],intoff,int len)     //给定字节数组中起始于偏移量 off 处取 len 个字节写到目的地
```

4）字节输出流——关闭流

在操作系统中把程序写到输出流上的那些字节保存到磁盘上之前，有时被存放在内存缓冲区中，通过调用 close()方法，可以保证操作系统把流缓冲区的内容写到它的目的地。

通过调用 close()方法关闭输出流可以把该流所用的缓冲区的内容冲洗掉，通常冲洗到磁盘文件上。

9.2.2 字符流

与 FileInputStream 和 FileOutputStream 相对应的是 FileReader 和 FileWriter 字符流，它们是 Reader 和 Writer 的子类，对应关系的简图如图 9-9 所示。

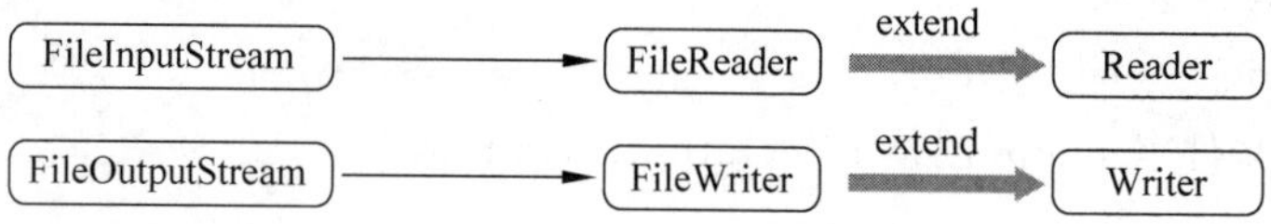

图 9-9 字符流的对应关系

可能读者会问字符流应该怎么记忆呢？有没有比较好的情景可以用来模拟字符流的功能呢？当然有。字符流的输入输出可以类比到轮渡，在跨越长江的时候可以选择长江大桥、铁路或者坐船，坐船又可以分为带人和带车的方式，船上携带的人或者车就可以类比成字符，从长江的出发地一头开向目的地一头可以看成是字符的输入流，从目的地一头开向出发

地一头可以看成是字符的输出流，如图 9-10 所示。

构造方法：

```
FileReader(String filename);
FileReader(File filename);
FileWriter(String filename);
FileWriter(File filename);
FileWriter(String filename,boolean append);
FileWriter(File filename,boolean append);
```

图 9-10　字符流模拟案例图示

9.2.3　缓冲流

BufferedReader 和 BufferedWriter 类创建的对象称为缓冲输入、输出流，二者增强了读写文件的能力。

但需要注意的是，二者的源和目的地必须是字符输入流和字符输出流。这里需要注意的是缓冲流与字符流的不同，字符流相当于对字符进行相关操作，其直接操作对象为字符，而缓冲流则相当于其上层类，缓冲流操作的对象是字符流，所以也可以把缓冲流看作是字符流的“父类”，但是没有严格意义上的子父类关系。

```
FileReader fileReader = new FileReader("index.jsp");                //创建字符输入流
BufferedReader bufferedReader = new BufferedReader(fileReader);     //创建缓冲输入流

FileWriter fileWriter = new FileWriter("index.jsp");                //创建字符输出流
BufferedWriter bufferedWriter = new BufferedWriter(fileWriter);     //创建缓冲输出流
```

BufferedReader 类和 BufferedWriter 类的构造方法分别是：

```
BufferedReader(Reader in);
BufferedWriter(Writer out);
```

这些类可以通过下列方法读取文本行。

```
readLine()                                     //读取一行
write(String s,int off, int len)               //把字符串 s 写到流中
newLine()                                      //写入一个回车符
```

注意：

(1) 可以把 BufferedReader 和 BufferedWriter 称为上层流，把它们指向的字符流称为底层流。

(2) Java 采用缓存技术将上层流和底层流连接。

底层字符输入流首先将数据读入缓存，BufferedReader 流再从缓存读取数据。

BufferedWriter 流将数据写入缓存，底层字符输出流会不断地将缓存中的数据写入到目的地。

(3) 当 BufferedWriter 流调用 flush()刷新缓存或调用 close()方法关闭时，底层流也会立刻将缓存的内容写入目的地。

在下面的案例中通过读写文件常用流方式读写磁盘中的文件，并将文件内容输出到页面中。通过 Example9_4_a_file_stream.jsp 页面提交需要读写文件的路径地址和文件名，

将数据提交到 Example9_4_c_streamServlet.java 类代码中,在类代码中获取数据信息并通过 File 类的文件常用流方式读取该路径下的文件,最后跳转到 Example9_4_b_file_stream_show.jsp 页面显示文件路径、文件名和文件的内容。在该案例中可能会出现文件路径不存在的情况,读者不妨根据下面的代码再编写如何处理文件不存在的情况。

注意:

在处理读写文件常用流的过程中需要注意读取文件的过程中可能出现内容乱码的情况,所以在处理的过程中需要注意对乱码情况的处理。

```
InputStreamReader inputStreamReader = new InputStreamReader(
newFileInputStream(file),"UTF-8");
```

Web.xml

```xml
< servlet >
< servlet - name > file_stream </servlet - name >
< servlet - class > com.controller.Example9_4_c_streamServlet
    </servlet - class >
</servlet >
< servlet - mapping >
< servlet - name > file_stream </servlet - name >
< url - pattern >/file_stream </url - pattern >
</servlet - mapping >
```

Example9_4_a_file_stream.jsp

```jsp
<%@ page import = "java.io.File" %>
<%@ page contentType = "text/html;charset = UTF - 8" language = "java" %>
< html >
< head >
< title >File 类的读写文件常用流</title >
</head >
< body >

< form action = "file_stream">
<b>输入文件的路径地址:</b>< input type = "text" name = "filepath">< br >
<b>输入文件的名称:</b>< input type = "text" name = "filename">< br >
< input type = "submit" value = "读取文件">
</form >
</body >
</html >
```

Example9_4_b_file_stream_show.jsp

```jsp
<%@ page import = "com.beans.Example9_4_d_streamBean" %>
<%@ page contentType = "text/html;charset = UTF - 8" language = "java" %>
< html >
< head >
< title >File 类的读写文件常用流</title >
</head >
< body >
```

```
<%
    Example9_4_d_streamBean streambean = (Example9_4_d_streamBean)
request.getAttribute("streambean");
 %>
<p>文件位置</p><% = streambean.getFilepath() %>
<p>文件名称</p><% = streambean.getFilename() %>
<p>文件内容</p>
<% = streambean.getContent() %>
</body>
</html>
```

Example9_4_c_streamServlet.java

```
@WebServlet(name = "streamServlet")
public class Example9_4_c_streamServlet extends HttpServlet {
    @Override
   protected void doPost(HttpServletRequest request, HttpServletResponse response) throws
ServletException, IOException {
          Example9_4_d_streamBean streambean = new
      Example9_4_d_streamBean();
          String filepath = request.getParameter("filepath");
          String filename = request.getParameter("filename");
          File file = new File(filepath, filename);
           InputStreamReader inputStreamReader = new InputStreamReader(new FileInputStream
(file),"UTF-8");
          BufferedReader bufferedReader = new BufferedReader
     (inputStreamReader);
          StringBuilder stringBuilder = new StringBuilder();
          String s = bufferedReader.readLine();
          while (s != null) {
              stringBuilder.append(s + "\n");
              s = bufferedReader.readLine();
          }
          String contens = new String(stringBuilder);
          streambean.setFilepath(filepath);
          streambean.setFilename(filename);
          streambean.setContent(contens);
          request.setAttribute("streambean",streambean);

          RequestDispatcher dispatcher = request.getRequestDispatcher
("Example9_4_b_file_stream_show.jsp");
          dispatcher.forward(request, response);
     }
     @Override
     protected void doGet(HttpServletRequest request, HttpServletResponse response) throws
ServletException, IOException {
          doPost(request, response);
     }
}
```

```
Example9_4_d_streamBean.java

public class Example9_4_d_streamBean {
    private String filepath,filename, content;

    public String getFilepath() {
        return filepath;
    }

    public void setFilepath(String filepath) {
        this.filepath = filepath;
    }

    public String getFilename() {
        return filename;
    }

    public void setFilename(String filename) {
        this.filename = filename;
    }

    public String getContent() {
        return content;
    }

    public void setContent(String content) {
        this.content = content;
    }
}
```

页面显示效果如图 9-11～图 9-13 所示，在初始界面中输入需要读写文件的绝对路径和文件名称，通过单击“读取文件”按钮提交到相应的类代码中，最后显示的效果包含该文件的位置、文件名称和文件的内容，其内容和文本本身内容完全相同。

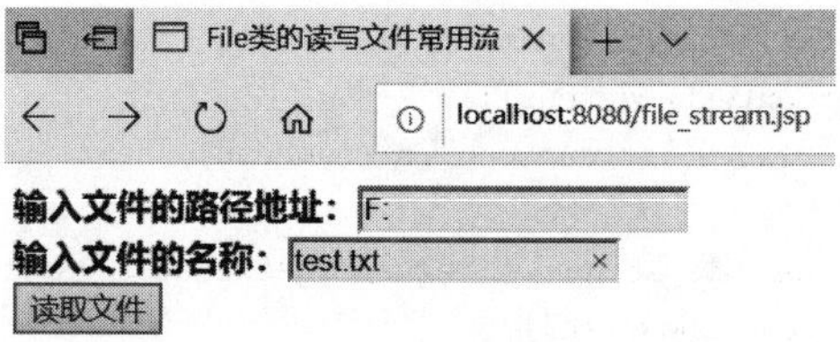

图 9-11 读写文件常用流案例页面显示

9.2.4 RandomAccessFile 类

RandomAccessFile 类创建的流与前面的输入、输出流不同，既不是输入流类 InputStream 类的子类，也不是输出流类 OutputStream 类的子类。

习惯上，仍称 RandomAccessFile 类创建的对象为一个流。RandomAccessFile 流的指

图 9-12　读写文件常用流案例读取文件页面显示

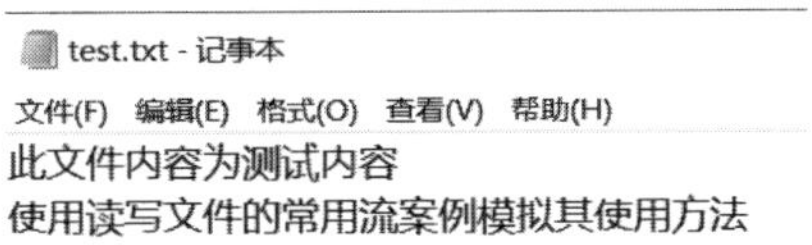

图 9-13　读写文件常用流案例中 test. txt 文件内容

向既可以作为源也可以作为目的地。

其构造方法如下。

RandomAccessFile 类的两个构造方法如下，该类的相关方法描述如图 9-14 所示。

方法	描述
readLine()	从文件中读取一个文本行
readUTF()	从文件中读取一个UTF字符串
seek(long a)	定位当前流在文件中的读写位置
write(byte b[])	写b.length个字节到文件
writeDouble(double v)	向文件写入一个双精度浮点值
writeInt(int v)	向文件写入一个int值
writeUTF(String s)	写入一个UTF字符串
getFilePointer()	获取当前流在文件中的读写位置

图 9-14　RandomAccessFile 类的常用方法

RandomAccessFile(String name,String mode)：其中，参数 name 为文件名，mode 可取“r”只读的方式，或者“rw”可读写的方式。

RandomAccessFile(File file,String mode)：其中，参数 file 为创建流的源，mode 可取“r”只读的方式，或者“rw”可读写的方式。

9.3　文件上传

在线视频

用户通过一个 JSP 页面上传文件给服务器时，该 JSP 页面必须包含一个 file 类型的表单，并且需要将 ENCTYPE 设置为 multipart/form-data。

```
<form action = "目的页面">
```

```
< input type = "file" name = "files">
</form >
```

在下面的案例中通过文件上传的方式模拟其使用方法,在 Example9_5_a_file_load.jsp 页面中选择文件并提交,将页面提交的内容发送到 Example9_5_b_file_load_accept.jsp 页面中,在该页面可以获取到提交的数据信息,即文件的地址,然后通过 File 类的读写操作将该文件读出并显示在页面中,如果文件能够正常显示则表明该文件上传成功。

```
Example9_5_a_file_load.jsp

<% @ page contentType = "text/html;charset = UTF - 8" language = "java" % >
< html >
< head >
< title > File 类的文件上传</title >
</head >
< body >
<p>选择一个文件进行上传测试</p >
< form action = "Example9_5_b_file_load_accept.jsp">
< input type = "file" name = "files">
< hr >
< form action = "目的页面">
< input type = "file" name = "files">
</form >
< input type = "submit" value = "提交">
</form >
</body >
</html >


Example9_5_b_file_load_accept.jsp

<% @ page import = "java.io. * " % >
<% @ page contentType = "text/html;charset = UTF - 8" language = "java" % >
< html >
< head >
< title > File 类的文件上传</title >
</head >
< body >
<%
    String path = request.getParameter("files");
    File file = new File(path);
    InputStreamReader inputStreamReader = new InputStreamReader(new FileInputStream(file),"UTF - 8");
    BufferedReader bufferedReader = new BufferedReader(inputStreamReader);
    StringBuilder stringBuilder = new StringBuilder();
    String s = bufferedReader.readLine();
    while (s != null) {
        stringBuilder.append(s + "\n");
        s = bufferedReader.readLine();
    }
    String contens = new String(stringBuilder);
```

```
% >
< p >文件地址为:</p><%=path%>
< p >文件内容为:</p>
<%=contens%>
</body>
</html>
```

9.4　文件下载

在线视频

JSP 内置对象 response 调用方法 getOutputStream() 可以获取一个指向用户的输出流,从而帮助用户下载文件。

当提供下载功能时,应使用 response 对象向用户发送 HTTP 头信息,response 调用 setHeader() 方法添加下载头的格式如下。

response.setHeader("Content-disposition","attachment;filename = "下载文件名");

在下面的案例中通过在 JSP 页面中选择相应的文件进行下载,通过类代码对文件进行处理,读取文件,并设置下载文件保存的名称,最后将文件发送给用户进行下载。

在设置 JSP 页面的过程中需要注意,select 选择标记需要提交磁盘中已经存在的文件,即 option 的属性值必须是存在文件的绝对路径才能供用户下载,在读取文件完成之后需要将输入输出流关闭。

```
Web.xml

< servlet >
< servlet - name > file_download </servlet - name >
    < servlet - class > com.controller.Example9_6_b_downloadServlet
    </servlet - class >
</servlet >
< servlet - mapping >
< servlet - name > file_download </servlet - name >
< url - pattern >/file_download </url - pattern >
</servlet - mapping >

Example9_6_a_file_download.jsp

<%@ page contentType = "text/html;charset = UTF - 8" language = "java" %>
< html >
< head >
< title > File 类的文件下载 </title >
</head >
< body >
< p >选择一个文件进行下载测试</p>
< form action = "file_download" method = "post">
< p >选择需要下载的文件</p>
< select name = "filename">
< option value = "f:/test.txt"> test.txt </option>
```

```
< option value = "f:/test. jsp"> test. JSP </option >
< option value = "f:/test. html"> test. html </option >
</ select >
< input type = "submit" value = "下载文件">
</ form >
</ body >
</ html >
```

Example9_6_b_downloadServlet.java

```java
@WebServlet(name = "downloadServlet")
public class Example9_6_b_downloadServlet extends HttpServlet {
    @Override
    protected void doPost(HttpServletRequest request, HttpServletResponse response) throws
ServletException, IOException {
        String filenames = request.getParameter("filename");
        String filename = filenames.substring(filenames.lastIndexOf("/") + 1);
        response.setContentType("application/x - download");
        filename = URLEncoder.encode(filename, "UTF - 8");
        response.addHeader("Content - Disposition", "attachment;filename = " + filename);
        OutputStream outputStream = null;
        FileInputStream fileInputStream = null;
        try {
            File file = new File(filenames);
            outputStream = response.getOutputStream();
            fileInputStream = new FileInputStream(file);
            byte[] b = new byte[1024];
            int i = 0;
            while ((i = fileInputStream.read(b)) > 0) {
                outputStream.write(b, 0, i);
            }
            outputStream.flush();
            outputStream.close();
        } catch (Exception e) {
            System.out.println("Error!");
            e.printStackTrace();
        } finally {
            if (fileInputStream != null) {
                fileInputStream.close();
            }
        }
    }

    @Override
    protected void doGet(HttpServletRequest request, HttpServletResponse response) throws
ServletException, IOException {
        doPost(request, response);
    }
}
```

页面显示效果如图 9-15～图 9-17 所示。在初始化的 JSP 页面中选择需要下载的文件，单击“下载文件”按钮将向类代码发送请求，获得来自 Servlet 的反馈后将提示下载对话框，即对于该文件的处理方式是打开、保存或者取消，在单击“打开”按钮之后将会显示出下载文件的具体内容。

图 9-15 文件下载案例页面显示

图 9-16 文件下载案例结果显示 1

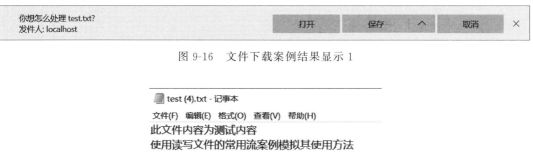

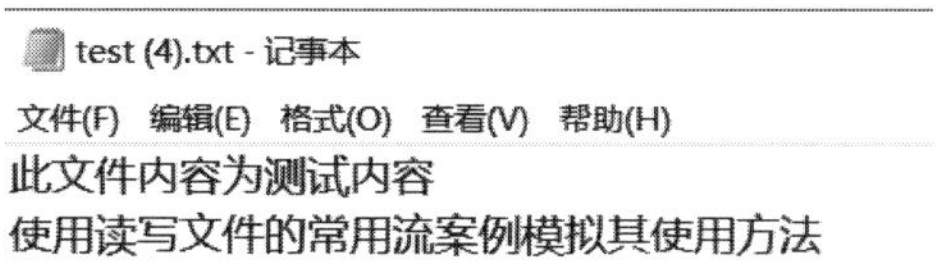

图 9-17 文件下载案例结果显示 2

9.5 上机案例

本章的内容到这里就介绍完毕了，读者掌握的程度如何呢？本章的内容在之后的学习和实践过程中非常重要，可能会有这样的情景：当我们注册完成一个网站的时候可以更新头像，或者对于人员管理的系统通常需要更改头像为个人照片等。对于这样的需求就需要用到文件上传和下载。

本章的上机案例可以仿照文件的上传案例修改成头像的上传和下载，在这个过程中需要思考一个问题，怎么才能让头像长期保存呢？对于文件、照片等类型应该如何保存？可以给读者一个方向——将其放置在数据库中，而如何存放才能更高效就得读者自己来思考了。

Example9_7_a_exam.jsp

```
<%@ page contentType="text/html;charset=UTF-8" language="java" %>
<html>
<head>
```

```
<title>上机案例</title>
</head>
<body>
<p>选择头像上传</p>
<form action = "Example9_7_b_exam.jsp">
<input type = "file" name = "files">
<hr>
<input type = "submit" value = "提交">
</form>
</body>
</html>
```

Example9_7_b_exam.jsp

```
<%@ page import = "java.io.File" %>
<%@ page contentType = "text/html;charset = UTF-8" language = "java" %>
<html>
<head>
    <title>上机案例</title>
</head>
<body>
<p>选择头像上传</p>
<%
    String path = request.getParameter("files");
    File file = new File(path);
%>
<img src = "<% = file.getAbsolutePath() %>" >
</body>
</html>
```

小结

(1) 输入流的指向称为源，程序从指向源的输入流中读取源中的数据。而输出流的指向是数据要去的目的地，程序通过向输出流中写入数据把信息送往目的地。

(2) FileInputStream 和 FileReader 流都顺序地读取文件，二者的区别是：FileInputStream 流以字节(byte)为单位读取文件，FileReader 流以字符(char)为单位读取文件。

(3) FileOutStream 流和 FileWriter 顺序地写文件，二者的区别是：FileOutStream 流以字节(byte)为单位写文件，FileWriter 流以字符(char)为单位写文件。

(4) RandomAccessFile 流的指向既可以作为源也可以作为目的地，在读写文件时可以调用 seek()方法改变读写位置。

本章小结可参考如图 9-18 所示的漫画。

文件的操作在实际开发过程中使用得也比较频繁，你对这部分知识点掌握得如何？
知道啊！我觉得getName()获取文件名称方法、getAbsolutePath()获取文件绝对路径方法、exists()判断文件是否存在方法和length()方法使用得比较频繁。
JSP通过Java的输入/输出流来实现文件的读写操作。常见的输入/输出流有字节和字符。缓冲流则是加强了文件的读写能力。
不错，总结得很好。那对于文件的上传和下载你有哪些收获呢？
File的常用方法你知道吗？主要有哪些方法可能在之后的项目中会用到？
主要的收获还是对之前的学习有了较多的改变，数据的存储不再只能存在于服务器，还能通过相应的处理将一些需要长期存在的数据储于数据库中，例如图片、文件等信息。

图 9-18 第 9 章小结

习题

1. 下列哪项是 Java 语言中所定义的字节流？（ ）

A. Output　　B. Reader　　C. Writer　　D. InputStream

2. 在输入流的 read()方法返回哪个值的时候表示读取结束？（ ）

A. 0　　B. 1　　C. −1　　D. null

3. 删除 File 实例所对应的文件的方法是（ ）。

A. mkdir　　B. existes　　C. delete　　D. isHidden

4. 为了实现自定义对象的序列化，该自定义对象必须实现哪个接口？（ ）

A. Volatile　　B. Serializable　　C. Runnable　　D. Transient

5. RandomAccessFile 类的两个构造方法分别是________和________。

6. File 对象调用________方法删除当前对象代表的文件或目录。如果对象表示的是一个目录，则该目录必须是空目录。删除成功返回________。

7. 用户通过一个 JSP 页面上传文件给服务器时，该 JSP 页面必须包含一个________类型的表单，并且需要将 ENCTYPE 设置为________。

8. 简述缓冲流的作用。

9. 简述读写文件流中的常用流。

10. 使用 JSP 的方式实现文件的上传和下载。

第10章 在JSP中使用XML

如果Web应用没有用到数据库独有的一些特性，而仅仅是查询数据而已，并且这些数据可能占用较大的存储空间，在这种情况下，如果选择用数据库来处理数据显然得不偿失，因为使用数据库要付出降低程序运行效率的代价。

当需要查询文件中的某些内容时，显然希望这种文件应当具有某种特殊的形式结构，即文件应当按照一定的标准来组织数据，这就是XML文件。

在线视频

10.1 XML文件基本结构

XML是Extensible Markup Language的缩写，称为可扩展标记语言。所谓可扩展是指XML允许用户按照XML的规则自定义标记。

XML文件是由标记构成的文本文件，使得XML文件能够很好地体现数据的结构和含义。

W3C推出XML的主要目的是使得Internet上的数据相互交流更方便，让文件的内容更加易懂。

```
tour.xml

<?xml version = "1.0" encoding = "UTF - 8" ?>
<旅游计划>
<第一站>
<出发地>合肥</出发地>
<抵达站>南京</抵达站>
</第一站>

<第二站>
<出发地>南京</出发地>
<抵达站>上海</抵达站>
</第二站>
</旅游计划>
```

其中，第一行为XML的声明，<旅游计划></旅游计划>为一对根标记，<第一站></第一

站>、<第二站></第二站>为子标记。

注意：

(1) 规范的 XML 文件应当用"XML 声明"开始，文件有且仅有一个根标记，其他标记都必须封装在根标记中。

(2) 根标记可以有若干个子标记，称为根标记的子标记。根标记的子标记还可以有子标记，以此类推。

(3) 如果一个标记仅包含文本，这样的标记称为叶标记。

(4) 非空标记必须由"开始标记"与"结束标记"组成，空标记没有"开始标记"和"结束标记"。

XML 文件的标记必须形成树形结构，即一个标记的子标记必须包含于该标记的开始标记和结束标记之间。简单地说，就是标记之间不允许出现交叉。

判断 XML 文件是否规范的处理方式如图 10-1 所示。

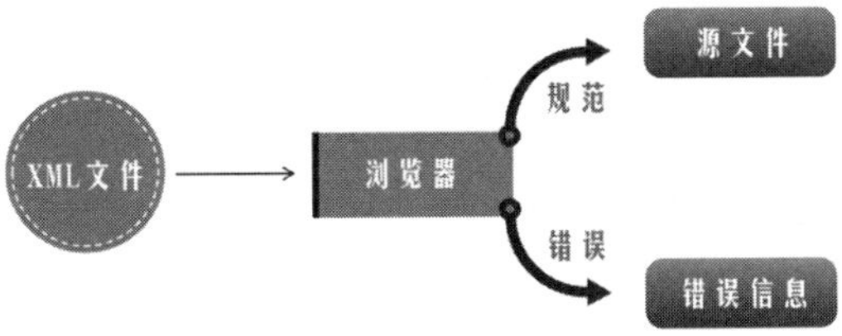

图 10-1　判断 XML 文件是否规范

W3C 吸取了 HTML 发展的教训，对 XML 指定了严格的语法标准。为了检查 XML 文件是否规范，一个简单的办法就是用浏览器打开 XML 文件，如果 XML 是规范的，浏览器将显示 XML 源文件，否则将显示出错信息。

10.2　XML 文件声明

关于 XML 声明的注意：

(1) 一个规范的 XML 文件应当以 XML 声明作为文件的第一行，在其前面不能有空白、其他的处理指令或注释。

(2) XML 声明以"<?xml"标识开始，以"?>"标识结束。以下是一个最基本的 XML 声明。

```
<?xml version = "1.0" ?>
```

(3) 一个简单的 XML 声明中可以只包含属性 version(目前该属性的值只可以取 1.0)，指出该 XML 文件使用的 XML 版本。

(4) XML 声明中也可以指定 encoding 属性的值，该属性规定 XML 文件采用哪种字符集进行编码。

如果在 XML 声明中没有指定 encoding 属性的值，那么该属性的默认值是 UTF-8。

```
<?xml version = "1.0" encoding = "UTF - 8" ?>
```

如果 encoding 属性的值为"UTF-8"，XML 文件必须选择 UTF-8 编码来保存。

如果在编写 XML 文件时只准备使用 ASCII 字符和汉字,也可以将 encoding 属性的值设置为 gb2312,这时 XML 文件必须使用 ANSI 编码保存。

如果在编写 XML 文件时只准备使用 ASCII 字符,也可以将 encoding 属性的值设置为 ISO-8859-1,但 XML 文件必须使用 ANSI 编码保存。

10.3　XML 标记

XML 文件是由标记构成的文本文件。标记的名称可以由字母、数字、下画线"_"、点号 "."或连字符"-"组成,但必须以字母或下画线开头,而且标记名称区分大小写,例如: < name > Garen </name >与< Name > Garen </Name >是完全不同的标记。

10.3.1　空标记

1. 空标记的定义

(1) 空标记就是不含有任何内容的标记,即不含有子标记或文本内容。

(2) 空标记不需要开始标记和结束标记。

(3) 空标记以"<"标识开始,以"/>"标识结束。

2. 基本格式

<空标记的名称　属性列表/>

或

<空标记的名称 />

例如:

< student name = "Garen"classes = "计算机 3 班" />

注意:

<和标记名称之间不要含有空格。

10.3.2　非空标记

非空标记定义如下。

(1) 由"开始标记"与"结束标记"组成,"开始标记"与"结束标记"之间是该标记所含有的内容。例如:

< name > Garen </name >

(2) 开始标记以"<"标识开始,用">"标识结束。

(3) 结束标记以"</"标识开始,用">"标识结束。

10.3.3　CDATA 段

(1) 标记内容中的文本数据中不可以含有左尖括号、右尖括号,以及符号、单引号和双引号这些特殊字符。如果标记内容中想使用这些特殊字符,办法之一是使用

CDATA 段。

（2）CDATA 段用"<![CDATA["作为段的开始,用"]]>"作为段的结束。段开始和段结束之间称为 CDATA 段的内容。CDATA 段中的内容可以包含任意的字符。

例如：

```
< hello >
<![CDATA[
< hello world >
    ]]>
</hello >
```

10.3.4　属性

属性是一个名值对,即属性必须由名字和值组成。属性必须在非空标记的开始标记或空标记中声明,用"="为属性指定一个值。

例如：

```
< IDEA environment = "Windows10" needing = "Java">
    编写代码程序
</IDEA >
```

10.4　XML

10.4.1　XML 定义

XML(eXtensible Markup Language,可扩展标记语言)是可以定义其他语言的语言,包括一组相关技术：XSL(可扩展样式语言)、XML 链接语言、XML 名称空间、XML 模式(Schema)等。

10.4.2　XML 的特点

（1）XML 把显示内容与显示格式分开。显示内容在 XML 文件中,显示方式在样式文件 CSS 或 XSL 中,使 XML 文件的制作者集中精力于数据本身。

（2）不同的样式文件,使相同的数据以不同的方式显示,以利于数据的重用。

（3）减少数据的传送量。

10.4.3　HTML 与 XML 对比

1. HTML

HTML 的优点是数据显示,信息如何在浏览器中展示；HTML 标记是给定的,用户不能增加新标记。

2. XML

XML 的优点是组织和描述数据，XML 文档基本上不涉及数据显示方式；XML 的标记是可扩展的，用户可以根据应用需要定义新的标记。

10.4.4 XML 文件的结构

1. 文件头

文件头是 XML 的说明部分，它描述了 XML 文档、版本号、编码信息和其他一些信息。

```
<?xml version = "1.0" encoding = "GB2312"?>
```

其中，<?…?>：处理指令，以“<?”开始，以“?>”结束。

xml：在“<?”后面的 xml 说明该文件是 XML 文件。

version="1.0"：遵循 XML 1.0 规范。

encoding="GB2312"：应用中文 GB2312 字符编码。

2. 文件体

文件体用来存放 XML 文件中被应用程序使用的信息。

3. 注释

XML 中注释在<!…>中。

10.4.5 XML 的功能

(1) 异种数据之间的交互。

(2) 数据的多样化显示。

(3) 分布式计算。

(4) 将数据内容与内容的表现方式分割。

10.4.6 XML 文档书写规则

1. 区分大小写

关键字如“xml”必须严格按照要求来书写。用户自定义的标记可以大小写混用，但是必须配对，例如：

```
< PerSon >和</PerSon >
< PerSon >和</person >
```

2. 文件第一行必须是 XML 声明

```
<?xml version = "1.0" encoding = "GB2312"?>
<?xml - stylesheet type = "text/css" href = "ex08_001.css"?>
< personlist >
  < person >
      <!-- person data -- >
      <?xml version = "1.0" encoding = "GB2312"?>
```

在线视频

```
<?xml - stylesheet type = "text/css" href = "ex08_001.css"?>
< personlist >
< person >
```

 # 10.5　DOM 解析器

使用 XML 解析器可以从 XML 文件中解析出所需要的数据。

DOM(Document Object Model,文档对象模型)是 W3C 制定的一套规范标准。DOM 规范的核心是按树形结构处理数据,该解析器的介绍如图 10-2 所示。

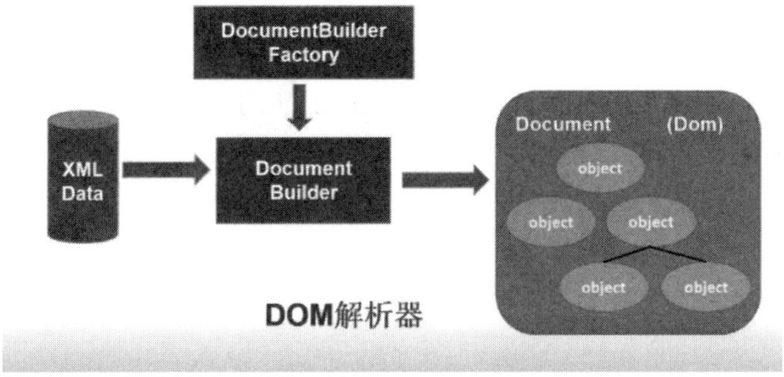

图 10-2　DOM 解析器

简单地说,DOM 解析器必须按照 DOM 规范在内存中按树形结构组织数据,DOM 解析器通过读入 XML 文件在内存中建立一个"树",也就是说,XML 文件的标记、标记的文本内容都会和内存中"树"的某个节点相对应。一个应用程序可以方便地操作内存中"树"的节点来处理 XML 文档,获取自己所需要的数据。

10.5.1　使用 DOM 解析器的基本步骤

(1) 使用 javax.xml.parsers 包中的 DocumentBuilderFactory 类调用其类方法 newInstance()实例化一个 DocumentBuilderFactory 对象。

```
DocumentBuilderFactory factory = DocumentBuilderFactory.newInstance();
```

(2) factory 对象调用 newDocumentBuilder()方法返回一个 DocumentBuilder 对象(称作 DOM 解析器)。

```
DocumentBuilder builder = factory.newDocumentBuilder();
```

(3) builder 对象调用 public Document parse(File f)方法解析参数 f 指定的文件,并返回一个实现了 Document 接口的实例,该实例被称作 Document 对象。

```
Document document = builder.parse(new File("tour.xml"));
```

10.5.2　Document 对象

DOM 解析器负责在内存中建立 Document 对象,即调用 parse()方法返回一个

Document 对象。

```
Document document = builder.parse(new File("tour.xml")) ;
```

parse()方法将整个被解析的 XML 文件封装成一个 Document 对象，即将 XML 文件和内存中的 Document 对象相对应。

1. 对象结构

（1）Document 对象就是一棵“树”，文件中的标记都和 Document 对象中的某个节点相对应。

（2）Element 类、Text 类和 CDATASection 类都是实现了 Node 接口的类，是比较重要的三个类，这些类的对象分别被称作 Document 对象中的 Element 节点、Text 节点和 CDATASection 节点。

（3）一个 Element 节点中还可含有 Element 节点、Text 节点和 CDATASection 节点。例如，Document 对象的根节点就是一个 Element 节点。

```
<?xml version = "1.0" encoding = "UTF - 8" ?>
< root >
< elementa >
        hello
</elementa >
< elementb >
< subelementb >
        World!
</subelementb >
<! [CDATA[
<你好>
         ]]>
      Hello World!
</elementb >
</root >
```

对象结构的树形图如图 10-3 所示。

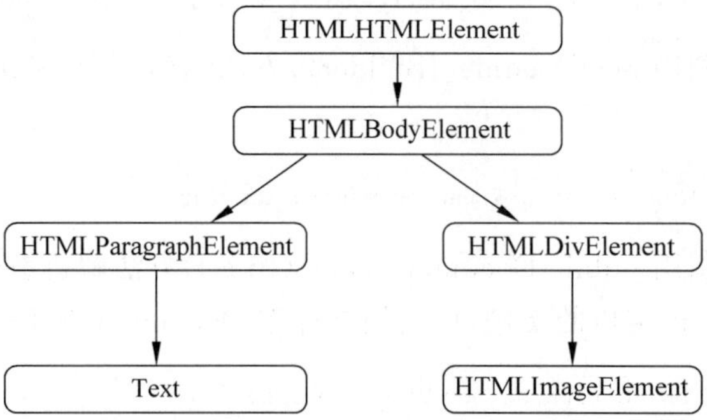

图 10-3　对象结构的树形图

2. Element 节点

Element 节点经常使用下列方法获取和该节点相关的信息。

（1）String getTagName()返回该节点的名称，该名称就是和此节点相对应的 XML 中的标记的名称。

（2）String getTextContent()返回当前节点的所有 Text 子孙节点中的文本内容，也就是返回相对应的 XML 文件中的标记及其子孙标记中含有的文本内容。

（3）String getAttribute(String name)返回节点中参数 name 的属性值，该属性值是和此节点对应的 XML 中标记中的属性值。

（4）Boolean hasAttribute(String name)判断当前节点是否有参数 name 指定的属性。

（5）NodeList getElementByTagName(String name)返回一个 NodeList 对象，该对象由当前节点的 Element 类型子孙节点组成，这些子孙节点的名字由参数 name 指定。

（6）NodeList getChildNodes()返回一个 NodeList 对象，该对象由当前节点的子节点组成。

3. Text 节点

Text 节点使用 String getWholeText()方法获取节点中的文本（包括其中的空白字符）。

4. CDATASection 节点

CDATASection 节点使用 String getWholeText()方法获取该节点中的文本，即 CDATA 段中的文本（包括其中的空白字符）。

下面的案例表示使用 DOM 解析器的方式操作。

```
Web.xml

< servlet >
< servlet - name > dom_student </servlet - name > < servlet - class > com.controller.Example10_1
_c_domServlet </servlet - class >
</servlet >
< servlet - mapping >
< servlet - name > dom_student </servlet - name >
< url - pattern >/dom_student </url - pattern >
</servlet - mapping >

Example10_1_a_dom_student.jsp

< % @ page contentType = "text/html;charset = UTF - 8" language = "java" %>
< html >
< head >
< title > DOM 解析器使用</title >
</head >
< body >
<p>使用 DOM 解析器</p>
< form action = "dom_student" method = "post">
<p>输入学号,查询该同学相关信息</p>
< input type = "text" name = "studentid">
< br >
```

```
< input type = "submit" value = "提交">
</form >
</body >
</html >
```

Example10_1_b_dom_student_show.jsp

```
< % @ page contentType = "text/html;charset = UTF - 8" language = "java"  % >
< html >
< head >
< title > DOM 解析器使用</title >
</head >
< body >
< %
    String contents = (String) request.getAttribute("stringBuilder");
 % >
< p >< % = contents % ></p >
</form >
</body >
</html >
```

Example10_1_c_domServlet.java

```
@WebServlet(name = "domServlet")
public class Example10_1_c_domServlet extends HttpServlet {
    @Override
    protected void doPost(HttpServletRequest request, HttpServletResponse response) throws
ServletException, IOException {
        response.setContentType("text/html;charset = utf - 8");
        PrintWriter out = response.getWriter();
        String studentid = request.getParameter("studentid");
        try{DocumentBuilderFactory factory = DocumentBuilderFactory.newInstance();
            DocumentBuilder builder = factory.newDocumentBuilder();
            //这里指的是 XML 文件的相对路径,对于本项目而言
            Document doc = builder.parse(new File("E:\\student.xml"));
            //获取根节点
            Element root = doc.getDocumentElement();
            //返回根节点的下一个 Element 子节点
            NodeList elementNodes = root.getElementsByTagName("学号");
            StringBuilder stringBuilder = new StringBuilder();
            for (int k = 0; k < elementNodes.getLength(); k++) {
                Node node = elementNodes.item(k);
                //再得到 node 节点的 number 属性的值
                String studentId = ((Element) node).getAttribute("number");
                if (studentId.equals(studentid)) {
                    //获取 node 的全部子节点
                    NodeList childNodes = node.getChildNodes();
                    for (int i = 0; i < childNodes.getLength(); i++) {
                        Node child = childNodes.item(i);
```

```
                        String nodeName = child.getNodeName();
                        String nodevalue = child.getFirstChild().getNodeValue();
                        String contentStr = child.getTextContent();
                        System.out.println(nodeName + nodevalue + contentStr);
                        stringBuilder.append(nodeName + "\t" + contentStr);
                    }
                }
            }
            request.setAttribute("stringBuilder",stringBuilder);
            RequestDispatcher rd = request.getRequestDispatcher("Example10_1_b_dom_student_
show.jsp");
            rd.forward(request, response);
        }
        catch(Exception e){
            System.out.println(e);
        }
    }

    @Override
    protected void doGet(HttpServletRequest request, HttpServletResponse response) throws
ServletException, IOException {
        doPost(request, response);
    }
}
```

Example10_1_d_student.xml

```
<?xml version = "1.0" encoding = "UTF - 8" ?>
<学生信息>
<学号 number = "2016013001">
<姓名>小猪</姓名>
<年龄> 23 </年龄>
<班级>计算机 3 班</班级>
<学院>计算机与信息学院</学院>
</学号>
<学号 number = "2016013002">
<姓名>小天</姓名>
<年龄> 22 </年龄>
<班级>计算机 2 班</班级>
<学院>计算机与信息学院</学院>
</学号>
</学生信息>
```

10.6 SAX 解析器

在线视频

如果 XML 文件较大，相应的 Document 对象就要占据较多的内存空间。

和 DOM 解析器不同的是，SAX 解析器不在内存中建立和 XML 文件相对应的树形结构数据，SAX 解析器的核心是事件处理机制。和 DOM 解析器相比，SAX 解析器占有的内存少，对于许多应用程序，使用 SAX 解析器来获取 XML 数据具有较高的效率。

10.6.1 使用 SAX 解析器的基本步骤

（1）使用 javax.xml.parsers 包中的 SAXParserFactory 类调用其类方法 newInstance()实例化一个 SAXParserFactory 对象。

```
SAXParserFactory factory = SAXParserFactory.newInstance();
```

（2）SAXParserFactory 对象调用 newSAXParser()方法返回一个 SAXParser 对象，称为 SAX 解析器。

```
SAXParser saxParser = factory.newSAXParser();
```

（3）saxParser 对象调用 public void parse(File f,DefaultHandler dh)方法解析参数 f 指定的 XML 文件。

```
saxParser.parse(new File("tour.xml"),handler) ;
```

10.6.2 SAX 解析器工作原理

（1）SAX 解析器调用 parse()方法解析 XML 文件，parse()方法的第 2 个参数 dh 是 DefaultHandler 类型，称为事件处理器。

（2）parse()方法在解析 XML 文件的过程中，根据从文件中解析出的数据产生相应的事件，并报告这个事件给事件处理器 dh，事件处理器 dh 就会处理所发现的数据，即处理器 dh 会根据相应的事件调用相应的方法来处理数据。

（3）parse()方法必须等待事件处理器处理完毕后才能继续解析文件、报告下一个事件。

该方法的工作原理如图 10-4 所示。

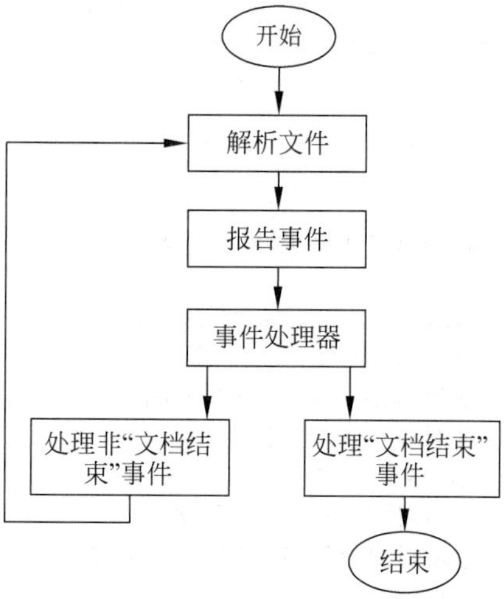

图 10-4 parse()方法的工作原理

10.6.3 事件的产生与处理

1. 文件开始事件与结束事件

当解析器开始解析 XML 文件时，就会报告“文件开始”事件给事件处理器，然后再陆续地报告其他的事件，最后报告“文件结束”事件。

解析器报告“文件开始”事件，事件处理器就会调用 startDocument()方法。

解析器报告“文件结束”事件，事件处理器就会调用 endDocument()方法。

2. 文件标记事件与结束标记事件

当解析器发现一个标记的开始标记时，报告开始事件给事件处理器，事件处理器调用 startElement()方法对发现的数据做出处理。

```
startElement(String url,String localName,String qName,Attributes attrs)
```

其中,参数 url 的取值是解析器发现的标记的名称空间,localName 表示标记的名称,qName 表示带前缀的标记名称,attrs 表示解析器发现的标记的全部属性。

解析器报告完该标记的"标记开始"事件后,一定还会报告该标记的"标记结束"事件,事件处理器就会调用 endElement() 方法进行处理。

```
endElement(String uri,String localName,String qName)
```

如果一个标记是空标记,解析器也报告"标记开始"事件和"标记结束"事件。

3. 文本数据事件

当解析器解析报告"文本数据"事件给处理器,事件处理器就会然后调用 characters()方法对解析的数据做出处理。

```
public void characters(char[] ch, int start, int length)
```

字符数组中 ch 存放的就是解析器解析出的文本数据,start 是数组 ch 中存放字符的起始位置,length 是存放的字符个数。

注意:

对于文本数据,解析器可能分成几个连续的"文本数据"报告给事件处理器。

下面的案例表示使用 SAX 解析器的方式操作。

```xml
Web.xml

<?xml version = "1.0" encoding = "UTF - 8" ?>
< articles >
< article category = "JSP">
< title > JSP 学习笔记</title >
< author >小猪</author >
< date > 2020 - 07 - 06 </date >
</article >
< article category = "Java">
< title > Java 学习笔记</title >
< author >小天</author >
< date > 2020 - 09 - 08 </date >
</article >
</articles >
```

```jsp
Example10_2_a_sax_notes.jsp

< % @ page import = "java.io.File" %>
< % @ page import = "javax.xml.parsers.SAXParserFactory" %>
< % @ page import = "javax.xml.parsers.SAXParser" %>
< % @ page import = "java.io.IOException" %>
< % @ page import = "com.controller.Example10_2_b_MySaxHandler" %>
< % @ page import = "javax.xml.parsers.ParserConfigurationException" %>
< % @ page contentType = "text/html;charset = UTF - 8" language = "java" %>
```

```
<html>
<head>
<title>SAX解析器使用</title>
</head>
<body>
<jsp:useBean id="saxBean" class="com.beans.Example10_2_c_saxBean"
scope="session"/>
<%
    File xmlFile = new File
("E:\\programs\\servlet\\student\\web\\WEB-INF\\notes.xml");
    //创建一个SAXParserFactory对象,通过单例模式创建,SAXParserFactory对象
    //相当于是SAXParser解析器的创建工程,通过SAXParserFactory.newInstance()方法
    //创建SAXParserFactory对象
    SAXParserFactory factory = SAXParserFactory.newInstance();
    try {
    //从SAXParserFactory得到SAXParser对象
      SAXParser saxparser = factory.newSAXParser();
    //解析文件内容
    try {
      saxparser.parse(xmlFile, new Example10_2_b_MySaxHandler());
    } catch (IOException e) {
    // TODO Auto-generated catch block
      e.printStackTrace();
    }
    } catch (ParserConfigurationException e) {
    // TODO Auto-generated catch block
      e.printStackTrace();
    }
  %>
<jsp:getProperty name="saxBean" property="article"/>
<jsp:getProperty name="saxBean" property="title"/>
<jsp:getProperty name="saxBean" property="author"/>
<jsp:getProperty name="saxBean" property="date"/>
</body>
</html>
```

Example10_2_b_MySaxHandler.java

```
public class Example10_2_b_MySaxHandler extends DefaultHandler {
    //内容
    private String content;
    Example10_2_c_saxBean saxbean = new Example10_2_c_saxBean();
    //事件发生时元素中的字符
    @Override
    public void characters(char[] ch, int start, int length) throws SAXException {
        content = new String(ch, start, length);
    }
    //当解析到元素的结束标签时触发
    @Override
```

```
    public void endElement(String uri, String localName, String qName) throws SAXException {
        //如果是标题
        if ("title".equals(qName)) {
            saxbean.setTitle("title\t" + content);
        }else if ("author".equals(qName)) {
            //如果是作者
            saxbean.setAuthor("anthor\t" + content);
        }else if ("date".equals(qName)) {
            //如果是日期
            saxbean.setDate("date\t" + content);
        }
    }
    //当解析到元素的开始标签时触发
    @Override
    public void startElement (String uri, String localName, String qName, Attributes
attributes) throws SAXException {
        if ("article".equals(qName)) {
            //如果节点名称为article,则输出article元素属性category
            saxbean.setArticle("\n" + attributes.getValue("category"));
        }
    }
}
```

Example10_2_c_saxBean.java

```
public class Example10_2_c_saxBean {
    private String title,article,author, date;
    public String getTitle() {
        return title;
    }

    public void setTitle(String title) {
        this.title = title;
    }
    public String getArticle() {
        return article;
    }

    public void setArticle(String article) {
        this.article = article;
    }

    public String getAuthor() {
        return author;
    }

    public void setAuthor(String author) {
        this.author = author;
    }
```

```
    public String getDate() {
        return date;
    }

    public void setDate(String date) {
        this.date = date;
    }
}
```

10.7 DOM与SAX解析器的区别

从操作上看,DOM 解析器是将所有文件读取到内存中,形成 DOM 树,如果文件量过大,则无法使用;而 SAX 解析器需要顺序读入所需要的文件内容,不会一次性全部读取,不受文件大小限制。

从访问限制上看,DOM 解析器是 DOM 树在内存中形成,可随意存放或读取文件树的任何部分,没有次数限制;而 SAX 解析器由于采用部分读取,只能对文件按顺序从头到尾解析,不支持对文件的随意读取。

从修改数据上看,DOM 解析器可以任意修改文件树;而 SAX 解析器不能进行任意修改。

从复杂度上看,DOM 解析器易于理解,易于开发;而 SAX 解析器的开发比较复杂,需要用户自定义事件处理器。

从对象模型上看,DOM 解析器中系统为使用者自动建立 DOM 树,XML 对象模型由系统提供;而 SAX 解析器需要开发人员更加灵活,可用 SAX 建立自己的 XML 模型。

DOM 解析适合于对文件进行修改和随机存取的操作,但不适合大文件的操作。

SAX 解析采用部分读取的方式,所以可以处理大型文件,而且只需要从文件中读取特定内容。SAX 解析可以由用户建立自己的对象模型。

可以通过一个日常生活中的情景来帮助读者理解两个解析器的区别。当我们去自助餐厅吃饭的时候需要找到对应的座位,然后拿起盘子去自己想吃的食品旁取,而不需要等待后厨做好我们想吃的食品,可以一边走动一边拿起需要吃的食物,但是因为每个人用的容器有限不能一次性拿太多食物,那这样的过程是不是和 SAX 解析器的操作和访问限制很相似呢?模拟情景可见图 10-5。

通过上面的 SAX 解析器的模拟情景读者是不是对其记忆更加深刻了呢?其实 DOM 解析器对应的日常情景就是餐馆了,当我们进入餐馆点餐时每次需要根据菜单上已有的菜品进行点菜,但是因为不知道菜品的口味、份量等信息一次性点了很多菜,占据了大多数内存,但是我们可以对已点的菜品任意地添加或者引入更多的菜品,这样的过程是不是和 DOM 解析器的操作和访问限制很相似呢?读者是不是对 DOM 解析器和 SAX 解析器的区别更加熟悉和了解了呢?该解析器的模拟情景如图 10-6 所示。

图 10-5 自助餐模拟情景

图 10-6 餐馆模拟情景

10.8 XML 和 CSS

在线视频

(1) W3C 为显示 XML 中所有标记所含有的文本数据发布了一个建议规范：CSS(层叠样式表)。

(2) 为了让 XML 使用层叠样式表显示其中的文本数据，XML 文件必须使用操作指令：

```
<?xml - stylesheet href = "样式表的 URL"type = "text/css" ?>
```

(3) 将当前 XML 文件关联到某个层叠样式表，样式表的 URI 如果是一个文件的名字，该文件必须和 XML 文件在同一目录中，如果是一个 URL，必须是有效且可访问的。

```
<?xml - stylesheethref = "show.css"type = "text/css"?>
<?xml - stylesheethref = "http://www.yahoo.com/show.css"type = "text/css" ?>
```

10.8.1 样式表

在 CSS 中，最重要的概念就是样式表。样式表是一组规则，通过这组规则告诉浏览器用什么样式来显示文本。例如，告诉浏览器使用什么样的字体、颜色和页边距来显示文本。一个样式表的格式如下。

```
文本代表
{
    样式规则
}
```

对于 XML 文件，样式表中的“文本代表”可以是标记的名称；样式表中的“样式规则”是若干个用分号分隔的“属性名：属性值”。例如，样式表：

```
name
{
    display:block;
    font - size:30px;
    background - color: #fff;
}
```

用来显示标记“name”的文本内容，其中的“display：block；”告知浏览器将标记“< name >…

</name>"所标记的文本内容显示在一个"块区域"。

如果有多个标记的内容需要用完全一样的方式来显示,"文本代表"也可以是这些标记的名称用逗号分隔的字符串。例如:

```
name,sex,birthday
{
    display:block;
    font-size:30px;
    background-color: #fff;
}
```

一个层叠样式表就是由若干个样式表组成的文本文件(扩展名为.css),该文本文件可以使用 ANSI 或 UTF-8 编码来保存。

注意:

文本代表中不要含有非 ASCII 字符,早期的 IE 6.0 不支持这样的样式表。

10.8.2　文本显示方式

文本的显示方式可以分为块方式、行方式、按列表方式以及不显示四种显示方式,其设置方法如图 10-7 所示。

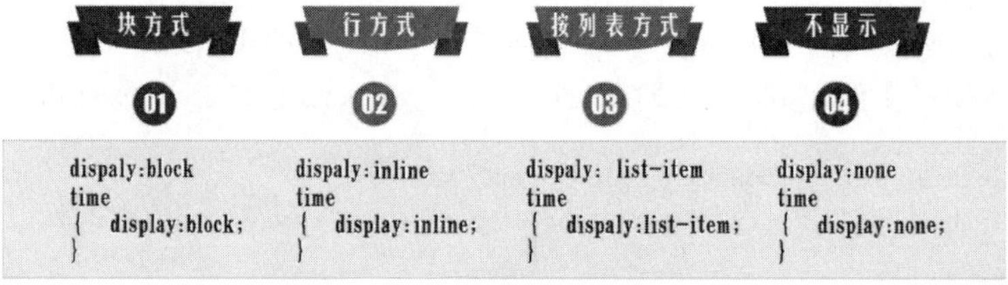

图 10-7　文本显示方式设置

10.8.3　字体

与字体有关的属性包括 font-family、font-style、font-variant、font-weight、font-size,相关的属性如图 10-8 所示。

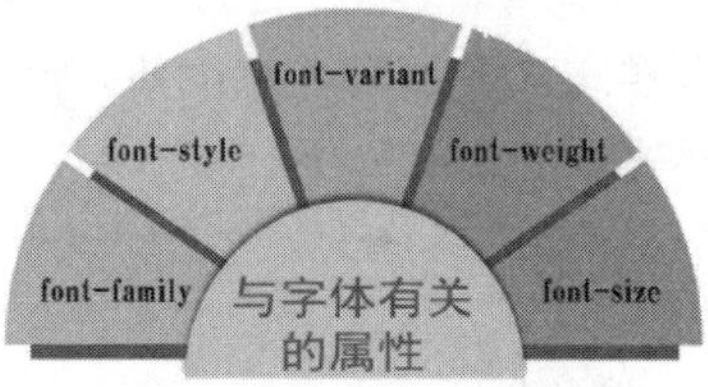

图 10-8　字体属性设置

10.8.4　文本样式

与文本样式有关的属性包括 text-align、text-indent、text-transform、text-decoration、vertical-align、line-height。

text-align:设置文本的对齐方式。

text-indent:设置文本首行的缩进量。

text-transform:设置是否将文本中的字母全部大写、全部小写、首字母大写。

text-decoration:设置是否将文本加画线。

vertical-align:设置文本的垂直对齐方式。

line-height:设置文本间的间距。

10.8.5　显示数学公式和化合物分子式

数学公式和化合物分子式中经常涉及字符的上标和下标。XML 文件通过与 CSS 样式表文件相关联，可以将某个字符的显示位置设置成另一个字符的上标或下标位置。

下面的案例通过将 XML 和 CSS 相结合的方式为 XML 的各个节点赋予相应的 CSS 样式，更好地显示其效果。分别对 XML 文件中各个节点设置属性，在 JSP 页面中单击超链接显示 XML 文件，显示后的效果为 CSS 样式表修饰过的效果。

```
Example10_3_a_xml_css.xml

<?xml version = "1.0" encoding = "UTF-8" ?>
<?xml-stylesheet type = "text/css" href = "xml_css.css"?>
<info>
<number number = "2016013001">
<name>小张</name>
<age>23</age>
<classes>计算机 3 班</classes>
<college>计算机与信息学院</college>
</number>
<number number = "2016013002">
<name>小天</name>
<age>22</age>
<classes>计算机 2 班</classes>
<college>计算机与信息学院</college>
</number>
</info>


Example10_3_b_xml_css.css

info{
    background-color: #ffffff;
    width: 100%;
}
number{
    display: block;
    margin-bottom: 30pt;
    margin-left: 0;
}
name{
    color: #369;
    font-size: 20px;
    font-weight: bold;
}
age{
    color: #557;
    font-size: 15px;
}
```

```
classes{
    color: #0000FF;
    font - size: 20px;
}
college {
    display: block;
    color: #000000;
    margin - left: 20px;
}
```

Example10_3_c_xml_css.jsp

```jsp
<% @ page contentType = "text/html;charset = UTF - 8" language = "java" %>
< html >
< head >
< title > XML 和 CSS </title>
</head >
< body >
< a href = "Example 10_3_a_xml_css.xml">显示 JSP 和 css 结合</a>
</body >
</html >
```

页面效果如图 10-9 和图 10-10 所示。

图 10-9　XML 和 CSS 结合案例初始化页面显示

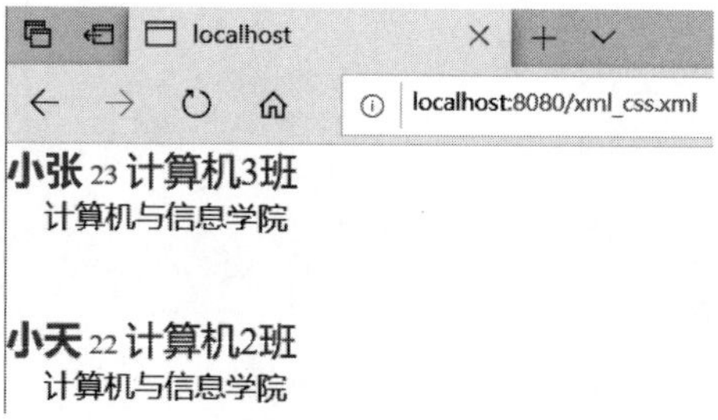

图 10-10　XML 和 CSS 结合案例超链接页面显示

 ## 10.9　上机案例

本章的内容到这里就介绍完成了,对于本章中存在的一些问题请读者不要忘了解决。在本章中介绍了 XML 的规范和使用过程,此文件在后面很多实际开发过程中尤为重要,对于一些框架的学习和使用,使用 XML 添加注解等方式都体现了其重要性。

在本章的上机案例中介绍 XML 在 Spring 框架中的使用过程,读者可以做一个简单的了解,以方便后面的学习过程,在实践过程中可以更加方便快捷地开发。

applicationContext.xml

```xml
<?xml version = "1.0" encoding = "UTF - 8"?>
< beans xmlns = "http://www.springframework.org/schema/beans"
        xmlns:xsi = "http://www.w3.org/2001/XMLSchema - instance"
        xsi:schemaLocation = "http://www.springframework.org/schema/beans http://www.
springframework.org/schema/beans/spring - beans.xsd">

< bean id = "airplane01" class = "com.beibei.factory.AirPlaneStaticFactory"
        factory - method = "getAirPlane">
< constructor - arg value = "哈哈哈哈"/>
</bean>
</beans>
```

AirPlaneInstanceFactory.java

```java
public class AirPlaneInstanceFactory {
    //实例工厂
    public AirPlane getAirPlane(String jzName) {
        System.out.println("Instance 方法 …");
        AirPlane airPlane = new AirPlane();
        airPlane.setFdj("taixing");
        airPlane.setFjsName("lfy");
        airPlane.setJzName(jzName);
        airPlane.setPersonNum(300);
        airPlane.setYc("199.98m");
        return airPlane;
    }
}
```

AirPlane.java

```java
public class AirPlane {
    private String fdj;
    private String yc;
    private Integer personNum;
    private String jzName;
    private String fjsName;

    public String getFdj() {
        return fdj;
    }

    public void setFdj(String fdj) {
        this.fdj = fdj;
    }
```

```
    public String getYc() {
        return yc;
    }

    public void setYc(String yc) {
        this.yc = yc;
    }

    public Integer getPersonNum() {
        return personNum;
    }

    public void setPersonNum(Integer personNum) {
        this.personNum = personNum;
    }

    public String getJzName() {
        return jzName;
    }

    public void setJzName(String jzName) {
        this.jzName = jzName;
    }

    public String getFjsName() {
        return fjsName;
    }

    public void setFjsName(String fjsName) {
        this.fjsName = fjsName;
    }
    @Override
    public String toString() {
        return "AirPlane{" +
"fdj='" + fdj + '\'' +
", yc='" + yc + '\'' +
", personNum=" + personNum +
", jzName='" + jzName + '\'' +
", fjsName='" + fjsName + '\'' +
                '}';}
}
```

小结

（1）XML 文件是由标记构成的文本文件。XML 文件有且仅有一个根标记，其他标记都必须封装在根标记中。文件的标记必须是树形结构，非空标记必须由“开始标记”与“结束标记”组成，空标记没有“开始标记”和“结束标记”。

（2）DOM 解析器在内存中按树形结构组织数据，DOM 解析器通过读入 XML 文件在内存中建立一棵“树”，XML 文件的标记、标记的文本内容都会和内存中“树”的某个节点相对应。

（3）SAX 解析器根据从文件中解析出的数据产生相应的事件，并报告这个事件给事件处理器，事件处理器就会处理所发现的数据。

（4）通过将 XML 文件和一个 CSS 样式表文件相关联，可以方便地显示 XML 文件中的标记所含有的文本。

本章的小结可参考如图 10-11 所示的漫画。

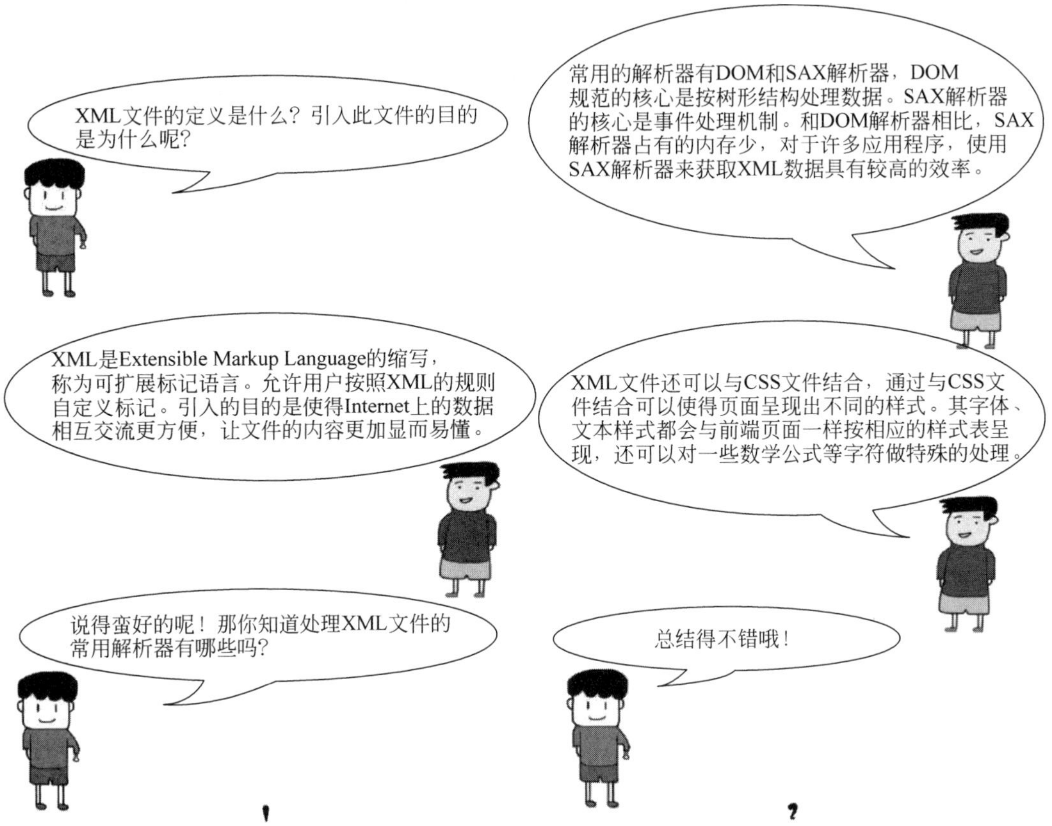

图 10-11　第 10 章小结

习题

1. XML 采用以下哪种数据组织结构？（　　）

   A. 星状结构　　B. 线状结构　　C. 树形结构　　D. 网状结构

2. 下列关于 XML 文档中根元素的说法不正确的是（　　）。

   A. 每一个结构完整的 XML 文档中有且只有一个根元素

   B. 根元素完全包括文档中其他所有元素

   C. 根元素的起始标记要放在其他所有元素的起始标记之前，而根元素的结束标记

要放在其他所有元素的结束标记之后

D. 根元素不能包含属性节点

3. 以下说法不符合 XML 语法规则的是(　　)。

A. 标记头和标记末的大小写一致　　B. 元素之间要正确嵌套

C. 结束标记可有可无　　D. 每个 XML 文档只能有一个根元素

4. 以下关于 SAX 的说法正确的是(　　)。

A. 使用 SAX 可修改 XML　　B. SAX 是事件驱动型 XML 解析器

C. SAX 是对象模型 XML 解析器　　D. 以上答案都不对

5. DOM 解析中,下面(　　)方法可以获得 XML 文档节点树的根元素节点。

A. getDocumentElement()　　B. getPublic()

C. getEntities()　　D. getWholeContents()

6. ________是解决 XML 元素多义性和名字冲突问题的方案。

7. XML 元素由________、________和两者之间的内容三部分组成。

8. <? xml version="1.0" encoding="gb2312">是________。

9. 简述什么是 XML。

10. 编写一个案例使用 DOM 解析 XML。

第11章

SSM项目整合案例

在线视频

11.1 项目需求分析

本章项目案例使用新的框架知识完成案例的搭建，实现对公司员工的个人信息（如员工的姓名、性别、邮箱和部门信息）展示、添加、修改和删除等操作。使用SSM框架，即Spring+SpringMVC+MyBatis结合，本案例不需要完成过多复杂的逻辑内容，只需完成简单的增删改查即可。

技术要求：Spring+SpringMVC+MyBatis。

数据库：MySQL 8.0.21。

前端框架：jQuery+Bootstrap。

服务器：Tomcat 8.5.57。

Java版本：JDK 1.8。

开发工具：IntelliJ IDEA。

11.2 技术介绍

11.2.1 Spring

Spring是一个轻量级控制反转（Inversion of Control，IoC）和面向切面（Aspect Oriented Programming，AOP）的容器框架。Spring是为了解决企业应用开发的复杂性而创建的一个轻量级Java开发框架，它使用基本的JavaBean代替EJB，并提供了更多的企业应用功能，使用的范围是任何Java应用，该框架的概述图如图11-1所示。

控制反转——Spring通过一种称作控制反转（IoC）的技术促进了松耦合。当应用了IoC，一个对象依赖的其他对象会通过被动的方式传递进来，而不是这个对象自己创建或者查找依赖对象。

面向切面——Spring提供了面向切面编程的丰富支持，允许通过分离应用的业务逻辑与系统级服务进行内聚性的开发。应用对象只实现它们应该做的，即完成业务逻辑。它们

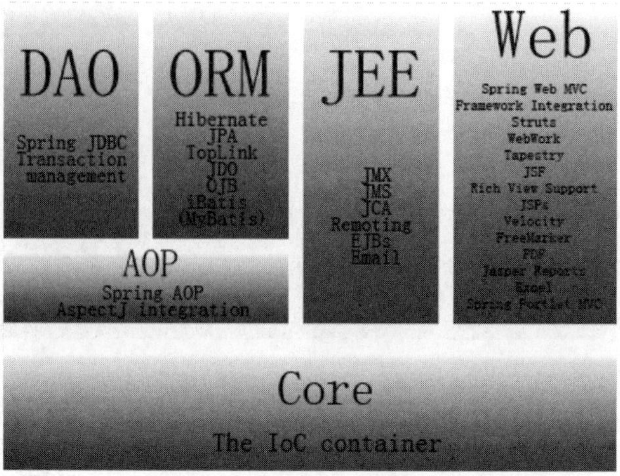

图 11-1 Spring 框架概述图

并不负责其他的系统级关注点,例如日志或事务支持。

这个框架的优点是:

(1) 面向接口编程,而不是针对类编程。Spring 将使用接口的复杂度降低到零。

(2) 代码应该易于测试。Spring 框架会帮助用户使代码的测试更加简单。

(3) JavaBean 提供了应用程序配置的最好方法。

11.2.2 SpringMVC

SpringMVC 是一种基于 MVC 设计模式的使用请求-响应模型的轻量级 Web 框架。MVC 的含义在之前也有介绍过,它是 Web 开发领域的一种设计模式,是 Model、View 与 Controller 三个英文单词的首字母缩写,表示在 Web 开发中资源分类的三个部分。

(1) Model(模型):表示处理业务逻辑数据。被模型返回的数据是中立的,模型与数据格式无关,由于应用于模型的代码只需写一次就可以被多个视图重复使用,所以其减少了代码的重用性。

(2) View(视图):用户可见并与之交互的可视化界面,例如,由 HTML 元素组成的网页界面,或者软件的客户端界面。在视图中其实没有真正的处理发生,它只是作为一种输出数据并允许用户操纵的方式。

(3) Controller(控制器):控制器接受用户的输入并调用模型和视图去完成用户的需求,控制器本身不需要输出任何东西和做任何处理。它只是接收请求并决定调用哪个模型构件处理请求,然后再确定用哪个视图来显示返回的数据。

该框架的概念图如图 11-2 所示。

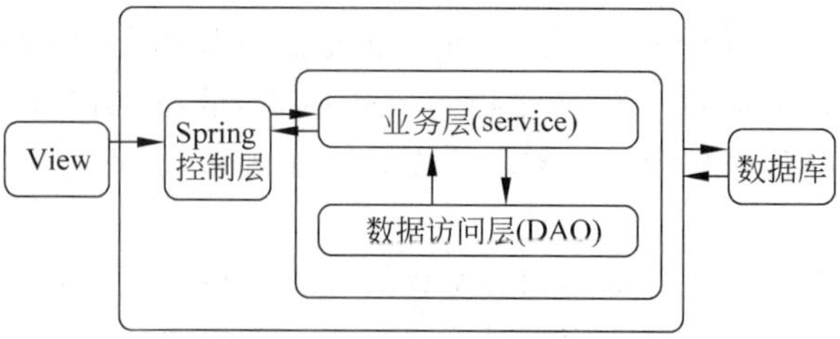

图 11-2 SpringMVC 概念图

SpringMVC 的优点：

（1）分工明确，扩展灵活，作为 Spring 的一部分，可与 Spring 的其他框架集成。

（2）支持数据的验证、数据格式化、数据绑定机制。

（3）支持 RESTful 风格，文件的上传、下载功能简单。

11.2.3　MyBatis

MyBatis 是一款目前较为流行的持久层 ORM 框架，它支持自定义 SQL、存储过程以及高级映射。MyBatis 免除了几乎所有的 JDBC 代码以及设置参数和获取结果集的工作，无需 JDBC 的注册驱动、创建 Connection 连接等烦琐过程，减少了 JDBC 代码，使得开发者只需要专注于 SQL 语句即可。在三层框架开发中，MyBatis 的作用在数据访问层，对数据库访问的开发过程变得简单、高效。

每个 MyBatis 应用程序主要都是使用 SqlSessionFactory 实例的，一个实例可以通过 SqlSessionFactoryBuilder 获得。SqlSessionFactoryBuilder 可以从一个 XML 配置文件或者一个预定义的配置类的实例获得。

MyBatis 的优点是：

（1）简单易学，不需要第三方依赖支持，易于使用，通过阅读文档和源代码，可以较为完全地掌握其设计思路和实现。

（2）解除 SQL 与程序代码之间的耦合性，通过提供 DAO 层，将业务逻辑和数据访问逻辑分离，易于维护，易于单元测试，提高了可维护性。

（3）提供了 XML 标签的方式，支持编写动态 SQL 语句。

11.3　搭建 SSM 框架

11.3.1　导包

本次案例使用 Maven 项目开发，Maven 是专门用于构建和管理 Java 相关项目的工具，可以对 Java 项目进行构建、依赖管理，关于其导包过程可以直接在 pom. xml 文件中导入相应的依赖。

需要 Spring 相关的 JAR 包，即有 Spring 与 Web 相关的 spring-webmvc、Spring 与 JDBC 相关的 JAR 包、Spring 面向切面编程的 JAR 包、Spring 测试相关的包等。

```
<!-- spring - jdbc -->
<!-- https://mvnrepository.com/artifact/org.springframework/spring - jdbc -->
< dependency >
< groupId > org.springframework </groupId >
< artifactId > spring - jdbc </artifactId >
< version > 4.3.18.RELEASE </version >
</dependency >

<!-- spring - test -->
```

```
<!-- https://mvnrepository.com/artifact/org.springframework/spring-test -->
<dependency>
<groupId>org.springframework</groupId>
<artifactId>spring-test</artifactId>
<version>4.3.18.RELEASE</version>
<scope>test</scope>
</dependency>

<!-- Spring 面向切面编程 -->
<!-- https://mvnrepository.com/artifact/org.springframework/spring-aspects -->
<dependency>
<groupId>org.springframework</groupId>
<artifactId>spring-aspects</artifactId>
<version>4.3.17.RELEASE</version>
</dependency>

<!-- webmvc, spring -->
<!-- https://mvnrepository.com/artifact/org.springframework/spring-webmvc -->
<dependency>
<groupId>org.springframework</groupId>
<artifactId>spring-webmvc</artifactId>
<version>4.3.17.RELEASE</version>
</dependency>

<!-- Spring 核心包 -->
<!-- https://mvnrepository.com/artifact/org.springframework/spring-core -->
<dependency>
<groupId>org.springframework</groupId>
<artifactId>spring-core</artifactId>
<version>4.3.17.RELEASE</version>
</dependency>
```

MyBatis 相关的 JAR 包，有用于逆向工程的 JAR 包、MyBatis 与 Spring 整合的 JAR 包等。

```
<!-- mybatis -->
<!-- https://mvnrepository.com/artifact/org.mybatis/mybatis -->
<dependency>
<groupId>org.mybatis</groupId>
<artifactId>mybatis</artifactId>
<version>3.4.6</version>
</dependency>

<!-- MyBatis 所需的 jar 包, mbg -->
<!-- https://mvnrepository.com/artifact/org.mybatis.generator/mybatis-generator-core -->
<dependency>
<groupId>org.mybatis.generator</groupId>
<artifactId>mybatis-generator-core</artifactId>
```

```
<version>1.3.5</version>
</dependency>

<!-- MyBatis 整合 Spring 的适配包 -->
<!-- https://mvnrepository.com/artifact/org.mybatis/mybatis-spring -->
<dependency>
<groupId>org.mybatis</groupId>
<artifactId>mybatis-spring</artifactId>
<version>1.3.2</version>
</dependency>
```

还有在案例中需要用到的其他包，例如，连接 MySQL 数据库的 JAR 包、返回 JSON 数据的 JAR 包、jstl、junit 等。

```
<!-- 数据库连接池、驱动 -->
<!-- https://mvnrepository.com/artifact/c3p0/c3p0 -->
<dependency>
<groupId>com.mchange</groupId>
<artifactId>c3p0</artifactId>
<version>0.9.5.2</version>
</dependency>
<!-- https://mvnrepository.com/artifact/mysql/mysql-connector-java -->
<dependency>
<groupId>mysql</groupId>
<artifactId>mysql-connector-java</artifactId>
<version>8.0.21</version>
</dependency>
<!-- 引入 pageHelper 分页插件 -->
<dependency>
<groupId>com.github.pagehelper</groupId>
<artifactId>pagehelper</artifactId>
<version>5.0.0</version>
</dependency>

<dependency>
<groupId>junit</groupId>
<artifactId>junit</artifactId>
<version>4.12</version>
<scope>test</scope>
</dependency>

<!-- 返回 JSON 的数据格式支持,Jackson -->
<!-- https://mvnrepository.com/artifact/com.fasterxml.jackson.core/jackson-databind -->
<dependency>
<groupId>com.fasterxml.jackson.core</groupId>
<artifactId>jackson-databind</artifactId>
<version>2.9.5</version>
</dependency>
```

```
<!-- jackson -->
<dependency>
<groupId>com.fasterxml.jackson.core</groupId>
<artifactId>jackson-core</artifactId>
<version>2.9.5</version>
</dependency>
<!-- 数据校验 303 支持.Tomcat 7 以上服务器直接导入 -->
<!-- https://mvnrepository.com/artifact/org.hibernate/hibernate-validator -->
<dependency>
<groupId>org.hibernate</groupId>
<artifactId>hibernate-validator</artifactId>
<version>5.4.1.Final</version>
</dependency>

<!-- jstl,servlet-api,junit -->
<!-- https://mvnrepository.com/artifact/jstl/jstl -->
<dependency>
<groupId>jstl</groupId>
<artifactId>jstl</artifactId>
<version>1.2</version>
</dependency>

<!-- https://mvnrepository.com/artifact/javax.servlet/javax.servlet-api -->
<dependency>
<groupId>javax.servlet</groupId>
<artifactId>javax.servlet-api</artifactId>
<version>3.0.1</version>
<scope>provided</scope>
</dependency>

<!-- https://mvnrepository.com/artifact/junit/junit -->
<dependency>
<groupId>org.junit.jupiter</groupId>
<artifactId>junit-jupiter-api</artifactId>
<version>RELEASE</version>
<scope>compile</scope>
</dependency>
<dependency>
<groupId>junit</groupId>
<artifactId>junit</artifactId>
<version>RELEASE</version>
<scope>compile</scope>
</dependency>
```

11.3.2 相关文件配置

(1) 配置 Web.xml 文件,相关代码如下。

```xml
<?xml version = "1.0" encoding = "UTF-8"?>
<web-app xmlns = "http://xmlns.jcp.org/xml/ns/javaee"
        xmlns:xsi = "http://www.w3.org/2001/XMLSchema-instance"
        xsi:schemaLocation = "http://xmlns.jcp.org/xml/ns/javaee
http://xmlns.jcp.org/xml/ns/javaee/web-app_4_0.xsd"
        version = "4.0">
<welcome-file-list>
<welcome-file>index.jsp</welcome-file>
</welcome-file-list>


<!-- 1.启动 Spring 与 MyBatis 容器 -->
<!-- Spring 容器启动 -->
<context-param>
<!-- <listener> -->
<!-- <listener-class>org.springframework.web.context.ContextLoaderListener</listener-
class> -->
<!-- </listener> -->
<param-name>contextConfigLocation</param-name>
<param-value>classpath:spring/applicationContext-*.xml</param-value>
</context-param>
<!-- Spring 监听器 -->
<listener>
<listener-class>org.springframework.web.context.ContextLoaderListener</listener-class>
</listener>
<!-- 防止 Spring 内存溢出监听器 -->
<listener>
<listener-class>org.springframework.web.util.IntrospectorCleanupListener</listener-
class>
</listener>
<!-- 2.配置 SpringMVC 的前端拦截器,拦截所有请求 -->
<servlet>
<servlet-name>dispatcher</servlet-name>
<servlet-class>org.springframework.web.servlet.DispatcherServlet</servlet-class>
<load-on-startup>1</load-on-startup>
</servlet>
<servlet-mapping>
<servlet-name>dispatcher</servlet-name>
<url-pattern>/</url-pattern>
</servlet-mapping>


<!-- 3.字符编码过滤器,在所有过滤器之前 -->
<filter>
<filter-name>CharacterEncodingFilter</filter-name>
<filter-class>org.springframework.web.filter.CharacterEncodingFilter</filter-class>
<init-param>
<param-name>encoding</param-name>
<param-value>utf-8</param-value>
</init-param>
<init-param>
```

```
< param - name > forceRequestEncoding </param - name >
< param - value > true </param - value >
</init - param >
< init - param >
< param - name > forceResponseEncoding </param - name >
< param - value > true </param - value >
</init - param >
</filter >
< filter - mapping >
< filter - name > CharacterEncodingFilter </filter - name >
< url - pattern >/ * </url - pattern >
</filter - mapping >

<!-- 使用 rest 风格的 URI,将普通的 post 请求转为指定的 delete 或 put 请求 -->
< filter >
< filter - name > HiddenHttpMethodFilter </filter - name >
< filter - class > org. springframework. web. filter. HiddenHttpMethodFilter </filter - class >
</filter >
< filter - mapping >
< filter - name > HiddenHttpMethodFilter </filter - name >
< url - pattern >/ * </url - pattern >
</filter - mapping >

<!-- 用于直接 AJAX 发送 put 请求 -->
< filter >
< filter - name > HttpPutFormContentFilter </filter - name >
< filter - class > org. springframework. web. filter. HttpPutFormContentFilter </filter - class >
</filter >
< filter - mapping >
< filter - name > HttpPutFormContentFilter </filter - name >
< url - pattern >/ * </url - pattern >
</filter - mapping >

</web - app >
```

（2）配置 Spring 容器文件 applicationContext-dao. xml,相关代码如下。

```
<?xml version = "1.0" encoding = "UTF - 8"?>
< beans xmlns = "http://www. springframework. org/schema/beans"
        xmlns:xsi = "http://www. w3. org/2001/XMLSchema - instance"
        xmlns:context = "http://www. springframework. org/schema/context"
        xmlns:aop = "http://www. springframework. org/schema/aop"
xmlns:tx = "http://www. springframework. org/schema/tx"
        xsi:schemaLocation = "http://www. springframework. org/schema/beans
http://www. springframework. org/schema/beans/spring - beans. xsd
http://www. springframework. org/schema/context
http://www. springframework. org/schema/context/spring - context. xsd
http://www. springframework. org/schema/aop
http://www. springframework. org/schema/aop/spring - aop. xsd
http://www. springframework. org/schema/tx
http://www. springframework. org/schema/tx/spring - tx. xsd">
```

```xml
<!-- 页面逻辑,扫描包 -->
<context:component-scan base-package="top.beibei">
<context:exclude-filter type="annotation" expression="org.springframework.stereotype.
Controller"></context:exclude-filter>
</context:component-scan>

<!-- 数据源、事务控制 -->
<!-- 加载配置文件 -->
<context:property-placeholder location="classpath:properties/*.properties"></context:
property-placeholder>
<!-- Spring 的配置文件,主要配置和业务逻辑相关的 -->
<!-- 数据库连接池 -->
<bean id="pooledDataSource"
class="com.mchange.v2.c3p0.ComboPooledDataSource"


destroy-method="close">
<property name="jdbcUrl" value="${jdbc.jdbcUrl}"></property>
<property name="driverClass" value="${jdbc.driverClass}"></property>
<property name="user" value="${jdbc.user}"></property>
<property name="password" value="${jdbc.password}"></property>
</bean>

<!-- Spring 配置与 MyBatis 的整合 -->
<bean id="sqlSessionFactory"
class="org.mybatis.spring.SqlSessionFactoryBean">
<!-- 指定 MyBatis 全局配置文件的位置 -->
<property name="configLocation"
value="classpath:mybatis/myBatis-config.xml"></property>
<!-- 数据源 -->
<property name="dataSource" ref="pooledDataSource"></property>
<!-- 指定 MyBatis、mapper 文件的位置 -->
<property name="mapperLocations"
value="classpath:mapper/*.xml"></property>
</bean>

<!-- 配置扫描器,将 MyBatis 接口的实现加入到 IoC 容器中 -->
<bean class="org.mybatis.spring.mapper.MapperScannerConfigurer">
<!-- 扫描所有的 DAO 接口的实现,加入到 IOC 容器中 -->
<property name="basePackage" value="top.beibei.dao"></property>
</bean>

<!-- 配置执行批量 SQLSession -->
<bean id="sqlSession" class="org.mybatis.spring.SqlSessionTemplate">
<constructor-arg name="sqlSessionFactory" ref="sqlSessionFactory"/>
<!-- 执行器类型为批量 -->
<constructor-arg name="executorType" value="BATCH"></constructor-arg>
</bean>
```

```xml
<!-- 事务控制的配置 -->
<bean id = "transactionManager"
class = "org.springframework.jdbc.datasource.DataSourceTransactionManager">
<!-- 控制数据源 -->
<property name = "dataSource" ref = "pooledDataSource"></property>
</bean>
<!-- 开启基于注解的事务,或者使用 XML 配置事务 -->
<aop:config>
<!-- 切入点表达式 -->
<aop:pointcut expression = "execution( * top.beibei.service.. * (..))"
id = "txpoint"></aop:pointcut>
<!-- 配置事务增强 -->
<aop:advisor pointcut - ref = "txpoint"
advice - ref = "txAdvice"></aop:advisor>
</aop:config>


<!-- 配置事务增强,事务如何切入 -->
<tx:advice id = "txAdvice" transaction - manager = "transactionManager">
<tx:attributes>
<!-- 所有方法都是事务方法 -->
<tx:method name = " * "></tx:method>
<!-- 以 get 开始的所有方法 -->
<tx:method name = "get * " read - only = "true"></tx:method>
</tx:attributes>
</tx:advice>


</beans>
```

（3）配置 SpringMVC 容器文件 dispatcher-servlet.xml,相关代码如下。

```xml
<?xml version = "1.0" encoding = "UTF - 8"?>
<beans xmlns = "http://www.springframework.org/schema/beans"
        xmlns:xsi = "http://www.w3.org/2001/XMLSchema - instance"
        xmlns:context = "http://www.springframework.org/schema/context"
        xmlns:mvc = "http://www.springframework.org/schema/mvc"
        xsi:schemaLocation = "http://www.springframework.org/schema/beans
http://www.springframework.org/schema/beans/spring - beans.xsd
http://www.springframework.org/schema/context
http://www.springframework.org/schema/context/spring - context.xsd
http://www.springframework.org/schema/mvc
http://www.springframework.org/schema/mvc/spring - mvc.xsd">


<!-- SpringMVC 的配置文件,包含网站的跳转逻辑的控制,配置 -->
<context:component - scan base - package = "top.beibei" use - default - filters = "false">
<!-- 只扫描控制器 -->
<context:include - filter type = "annotation"
expression = "org.springframework.stereotype.Controller"></context:include - filter>
</context:component - scan>
```

```xml
<!-- 避免 IE 执行 AJAX 时,返回 JSON 出现下载文件 -->
<bean id="mappingJacksonHttpMessageConverter" class="org.springframework.http.
converter.json.MappingJacksonHttpMessageConverter">
<property name="supportedMediaTypes">
<list>
<value>text/html;charset=UTF-8</value>
</list>
</property>
</bean>
<!-- 启动 SpringMVC 的注解功能,完成请求和注解 POJO 的映射 -->
<bean class="org.springframework.web.servlet.mvc.annotation.AnnotationMethodHandlerAdapter">
<property name="messageConverters">
<list>
<ref bean="mappingJacksonHttpMessageConverter" /><!-- JSON 转换器 -->
</list>
</property>
</bean>
<!-- 配置视图解析器,方便页面返回 -->
<bean class="org.springframework.web.servlet.view.InternalResourceViewResolver">
<property name="prefix" value="/WEB-INF/views/"/>
<property name="suffix" value=".jsp"/>
</bean>
<!-- 配置文件上传,如果没有使用文件上传可以不用配置,当然如果不配,那么配置文件中也不必
引入上传组件包 -->
<bean id="multipartResolver" class="org.springframework.web.multipart.commons.
CommonsMultipartResolver">
<!-- 默认编码 -->
<property name="defaultEncoding" value="utf-8" />
<!-- 文件大小最大值 -->
<property name="maxUploadSize" value="10485760000" />
<!-- 内存中的最大值 -->
<property name="maxInMemorySize" value="40960" />
</bean>
<!-- 两个标准配置 -->
<!-- 将 SpringMVC 不能处理的请求交给 Tomcat -->
<mvc:default-servlet-handler></mvc:default-servlet-handler>
<!-- 能支持 SpringMVC 更高级的一些功能:JSR303 校验,快捷 AJAX,映射的请求 -->
<mvc:annotation-driven></mvc:annotation-driven>
</beans>
```

（4）配置 MyBatis 容器文件 myBatis-config.xml,相关代码如下。

```xml
<?xml version="1.0" encoding="UTF-8" ?>
<!DOCTYPE configuration
        PUBLIC "-//mybatis.org//DTD Config 3.0//EN"
"http://mybatis.org/dtd/mybatis-3-config.dtd">
<configuration>
<settings>
```

```
< setting value = "true" name = "mapUnderscoreToCamelCase"></setting>
</settings>

< typeAliases >
< package name = "top.beibei.beans"></package>
</typeAliases>

< plugins >
< plugin interceptor = "com.github.pagehelper.PageInterceptor">
<!-- 分页参数合理化!重要,不可能达到不存在的页面 -->
< property name = "reasonable" value = "true"/>
</plugin>
</plugins>
</configuration>
```

（5）配置数据库连接池配置文件 db.properties,相关代码如下。

```
jdbc.  jdbcUrl  =  jdbc:  mysql://localhost:  3306/test  _  ssm?  useUnicode  =
true&useJDBCCompliantTimezoneShift = true&useLegacyDatetimeCode = false&serverTimezone
 = UTC
jdbc.driverClass = com.mysql.cj.jdbc.Driver
jdbc.user = root
jdbc.password = 123456
```

11.3.3　相关文件

在该项目案例中需要引入一些 CSS、Bootstrap、jQuery 等文件,静态文件的目录结构如图 11-3 所示。

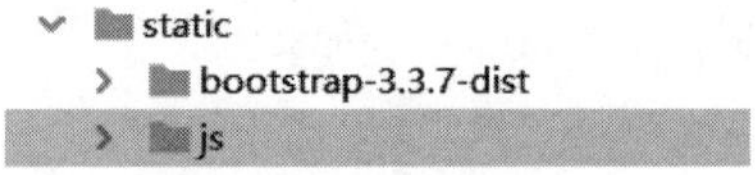

图 11-3　静态文件

 ## 11.4　主界面设计

主界面中包含数据库查询到的员工信息,通过列表展示用户的详细信息,包含员工的姓名、性别、邮箱和部门名称等,界面如图 11-4 所示。

主界面的布局采用表格形式,第一栏为标题,占据页面的所有宽度;第二栏为“新增”“删除”按钮,其占据页面的所有宽度并居右显示;下方为表格信息,每页显示 5 条数据,并可查看到数据库中包含的总记录数、当前页码等信息;在页面的中下部分为分页条信息。

“添加员工”对话框中显示用户需要输入的信息,其中包含员工姓名、邮箱、性别和部门,界面显示如图 11-5 所示。

SSM上机案例总结

	#	empName	gender	email	deptName	操作
☐	1	张三	男	11122323@qq.com	项目部	编辑 删除
☐	2	小王	女	23121@163.com	美工部	编辑 删除
☐	3	小四	女	98989123@qq.com	运营部	编辑 删除
☐	4	盖伦	男	78781723@163.com	开发部	编辑 删除
☐	5	小猪	男	xiaozhu@163.com	开发部	编辑 删除

新增 删除

当前第1页,总2页,总6条记录

首页 « 1 2 » 末页

图 11-4　主界面图示

添加员工　　　×

empName: empName

email: beibei@163.com

gender: ⦿男 ○女

gender: 开发部

关闭 保存

图 11-5　"添加员工"对话框

删除功能为选中某个用户或者全选所有用户后删除该用户的信息,并在数据库中删除此用户,界面显示如图 11-6 所示。

localhost:8080 显示

确认删除【张三】吗?

确定 取消

图 11-6　删除功能提示框

11.4.1　列表显示

(1) 列表显示的主界面 HTML 代码如下。

```
<!-- 标题 -->
<div class="row">
<div class="col-md-12">
<h1>SSM上机案例总结</h1>
</div>
</div>
```

```
<!-- 按钮 -->
< div class = "row">
< div class = "col - md - 4 col - md - offset - 8">
< button class = "btn btn - primary" id = "emp_add_model_btn">新增</button>
< button class = "btn btn - danger" id = "emp_delete_all_btn">删除</button>
</div>
</div>
<!-- 显示表格数据 -->
< div class = "row">
< div class = "col - md - 12">
< table class = "table table - hover" id = "emps_table">
< thead >
< tr >
< th >< input type = "checkbox" id = "check_all"></th>
< th ># </th>
< th > empName </th>
< th > gender </th>
< th > email </th>
< th > deptName </th>
< th >操作</th>
</tr >
</thead >
< tbody >
</tbody >
</table >
</div >
</div >
```

（2）列表显示的主界面 JS 逻辑代码如下。

```
function build_emps_table(result) {
        //清空 table 表格的数据
        $ ("# emps_table tbody").empty();
        var emps = result.extend.pageInfo.list;
        $ .each(emps, function (index, item) {
            // alert(item.empName);
            var checkbox = $ ("< td >< input type = 'checkbox' class = 'check_item'/></td>")
            var empIdTd = $ ("< td ></td >").append(item.empId);
            var empNameTd = $ ("< td ></td >").append(item.empName);
            var gender = item.gender == 'M' ? "男" : "女";
            var empGenderTd = $ ("< td ></td >").append(gender);
            var empEmailTd = $ ("< td ></td >").append(item.email);
            var deptNameTd = $ ("< td ></td >").append(item.department.deptName);

            var editBtn = $ ("< button ></button >").addClass("btn btn - primary btn - sm
edit_btn")
                    .append( $ ("< span ></span >")).addClass("glyphicon glyphicon - pencil").
append("编辑");
```

```
            //自定义属性,获取 id
            editBtn.attr("edit_id", item.empId);
            //删除
            var delBtn = $("<button></button>").addClass("btn btn-danger btn-sm
delete_btn")
                  .append($("<span></span>")).addClass("glyphicon glyphicon-trash").
append("删除");
            //自定义删除属性的 id
            delBtn.attr("del_id", item.empId);
            var btnTd = $("<td></td>").append(editBtn).append("").append(delBtn);
            //单个 append
            $("<tr></tr>")
                  .append(checkbox)
                  .append(empIdTd)
                  .append(empNameTd)
                  .append(empGenderTd)
                  .append(empEmailTd)
                  .append(deptNameTd)
                  .append(btnTd)
                  .appendTo("#emps_table tbody");
      })
}
```

（3）列表显示的员工 JavaBean 代码如下，其中包含后端的数据校验，使用的是
hibernate-validator 的数据校验 JAR 包。

```
public class Employee {
    private Integer empId;

    /**
     * pattern自定义校验准则
     */
    @Pattern(regexp = "(^[a-zA-Z0-9_-]{6,16}$)|(^[\\u2E80-\\u9FFF]{2,5})",
            message = "用户名必须为6~16位数字和字母的组合或2~5位中文")
    private String empName;

    private String gender;

//Java中单斜杠不能翻译为对应的格式,而是相当于转义字符
    @Pattern(regexp = "^[a-z\\d]+(\\.[a-z\\d]+)*@([\\da-z](-[\\da-z])?)+
(\\.{1,2}[a-z]+)+$",
            message = "邮箱格式不正确")
    private String email;

    private Integer dId;

//查询员工信息可查询到部门信息
    private Department department;
```

```
public Department getDepartment() {
    return department;
}

public void setDepartment(Department department) {
    this.department = department;
}

public Integer getEmpId() {
    return empId;
}

public void setEmpId(Integer empId) {
    this.empId = empId;
}

public String getEmpName() {
    return empName;
}

public void setEmpName(String empName) {
    this.empName = empName == null ? null : empName.trim();
}

public String getGender() {
    return gender;
}

public void setGender(String gender) {
    this.gender = gender == null ? null : gender.trim();
}

public String getEmail() {
    return email;
}

public void setEmail(String email) {
    this.email = email == null ? null : email.trim();
}

public Integer getdId() {
    return dId;
}

public void setdId(Integer dId) {
    this.dId = dId;
}
```

```
    public Employee(Integer empId, String empName, String gender, String email, Integer dId)
{
        super();
        this.empId = empId;
        this.empName = empName;
        this.gender = gender;
        this.email = email;
        this.dId = dId;
    }

    public Employee() {
        super();
    }
}
```

(4) 列表显示的部门信息 JavaBean 代码如下。

```
public class Department {
    private Integer deptId;

    private String deptName;

    public Integer getDeptId() {
        return deptId;
    }

    public void setDeptId(Integer deptId) {
        this.deptId = deptId;
    }

    public String getDeptName() {
        return deptName;
    }

    public void setDeptName(String deptName) {
        this.deptName = deptName == null ? null : deptName.trim();
    }

    public Department() {
        super();
    }

    public Department(Integer deptId, String deptName) {
        this.deptId = deptId;
        this.deptName = deptName;
    }
}
```

(5) 员工相关逻辑对应的 DAO 层代码如下。

```java
public interface EmployeeMapper {
    long countByExample(EmployeeExample example);

    int deleteByExample(EmployeeExample example);

    int deleteByPrimaryKey(Integer empId);

    int insert(Employee record);

    int insertSelective(Employee record);

    List < Employee > selectByExample(EmployeeExample example);

    Employee selectByPrimaryKey(Integer empId);

    List < Employee > selectByExampleWithDept(EmployeeExample example);

    Employee selectByPrimaryKeyWithDept(Integer empId);

    int updateByExampleSelective(@ Param("record") Employee record, @ Param("example")
EmployeeExample example);

    int updateByExample(@ Param("record") Employee record, @ Param("example") EmployeeExample
example);

    int updateByPrimaryKeySelective(Employee record);

    int updateByPrimaryKey(Employee record);
}
```

（6）员工相关逻辑对应的 mapper 文件代码如下。

```xml
<?xml version = "1.0" encoding = "UTF - 8"?>
<! DOCTYPE mapper PUBLIC " - //mybatis. org//DTD Mapper 3. 0//EN"" http://mybatis. org/dtd/
mybatis - 3 - mapper. dtd">
< mapper namespace = "top. beibei. dao. EmployeeMapper">
< resultMap id = "BaseResultMap" type = "top. beibei. beans. Employee">
< id column = "emp_id" jdbcType = "INTEGER" property = "empId" />
< result column = "emp_name" jdbcType = "VARCHAR" property = "empName" />
< result column = "gender" jdbcType = "CHAR" property = "gender" />
< result column = "email" jdbcType = "VARCHAR" property = "email" />
< result column = "d_id" jdbcType = "INTEGER" property = "dId" />
</resultMap >
< resultMap id = "WithDeptResultMap" type = "top. beibei. beans. Employee">
< id column = "emp_id" jdbcType = "INTEGER" property = "empId" />
< result column = "emp_name" jdbcType = "VARCHAR" property = "empName" />
< result column = "gender" jdbcType = "CHAR" property = "gender" />
< result column = "email" jdbcType = "VARCHAR" property = "email" />
```

```
<result column="d_id" jdbcType="INTEGER" property="dId" />
<!-- 指定联合查询出的部门信息 -->
<association property="department" javaType="top.beibei.beans.Department">
<id column="dept_id" jdbcType="INTEGER" property="deptId"></id>
<result column="dept_name" jdbcType="VARCHAR" property="deptName"></result>
</association>
</resultMap>

<sql id="Example_Where_Clause">
<where>
<foreach collection="oredCriteria" item="criteria" separator="or">
<if test="criteria.valid">
<trim prefix="(" prefixOverrides="and" suffix=")">
<foreach collection="criteria.criteria" item="criterion">
<choose>
<when test="criterion.noValue">
                and ${criterion.condition}
</when>
<when test="criterion.singleValue">
                and ${criterion.condition} #{criterion.value}
</when>
<when test="criterion.betweenValue">
                and ${criterion.condition} #{criterion.value} and #{criterion.secondValue}
</when>
<when test="criterion.listValue">
                and ${criterion.condition}
<foreach close=")" collection="criterion.value" item="listItem" open="(" separator
=",">#{listItem}
</foreach>
</when>
</choose>
</foreach>
</trim>
</if>
</foreach>
</where>
</sql>
<sql id="Update_By_Example_Where_Clause">
<where>
<foreach collection="example.oredCriteria" item="criteria" separator="or">
<if test="criteria.valid">
<trim prefix="(" prefixOverrides="and" suffix=")">
<foreach collection="criteria.criteria" item="criterion">
<choose>
<when test="criterion.noValue">
                and ${criterion.condition}
</when>
<when test="criterion.singleValue">
```

```
                    and ${criterion.condition} #{criterion.value}
</when>
<when test="criterion.betweenValue">
                    and ${criterion.condition} #{criterion.value} and #{criterion.secondValue}
</when>
<when test="criterion.listValue">
                    and ${criterion.condition}
<foreach close=")" collection="criterion.value" item="listItem" open="(" separator
=",">
                        #{listItem}
</foreach>
</when>
</choose>
</foreach>
</trim>
</if>
</foreach>
</where>
</sql>
<sql id="Base_Column_List">
    emp_id, emp_name, gender, email, d_id
</sql>
<sql id="WithDept_Column_List">
    e.emp_id, e.emp_name, e.gender, e.email, e.d_id,d.dept_id,d.dept_name
</sql>
<!-- List<Employee> selectByExampleWithDept(EmployeeExample example); -->

<!-- Employee selectByPrimaryKeyWithDept(Integer empId); -->

<!-- 查询员工带上部门信息 -->
<select id="selectByExampleWithDept" resultMap="WithDeptResultMap">
    select
<if test="distinct">
      distinct
</if>
<include refid="WithDept_Column_List" />
    from tbl_emp e
    left join tbl_dept d on e.d_id=d.dept_id
<if test="_parameter != null">
<include refid="Example_Where_Clause" />
</if>
<if test="orderByClause != null">
      order by ${orderByClause}
</if>

</select>
<select id="selectByPrimaryKeyWithDept" resultMap="WithDeptResultMap">
    select
<include refid="Base_Column_List" />
```

```
        from tbl_emp e
        left join tbl_dept d on e.d_id = d.dept_id
        where emp_id = #{empId,jdbcType = INTEGER}

    </select>
    <select id = "selectByExample" parameterType = "top.beibei.beans.EmployeeExample" resultMap
    = "BaseResultMap">
        select
    <if test = "distinct">
          distinct
    </if>
    <include refid = "Base_Column_List" />
        from tbl_emp
    <if test = "_parameter != null">
    <include refid = "Example_Where_Clause" />
    </if>
    <if test = "orderByClause != null">
          order by ${orderByClause}
    </if>
    </select>
    <select id = "selectByPrimaryKey" parameterType = "java.lang.Integer" resultMap =
    "BaseResultMap">
        select
    <include refid = "Base_Column_List" />
        from tbl_emp
        where emp_id = #{empId,jdbcType = INTEGER}
    </select>
    <delete id = "deleteByPrimaryKey" parameterType = "java.lang.Integer">
        delete from tbl_emp
        where emp_id = #{empId,jdbcType = INTEGER}
    </delete>
    <delete id = "deleteByExample" parameterType = "top.beibei.beans.EmployeeExample">
        delete from tbl_emp
    <if test = "_parameter != null">
    <include refid = "Example_Where_Clause" />
    </if>
    </delete>
    <insert id = "insert" parameterType = "top.beibei.beans.Employee">
        insert into tbl_emp (emp_id, emp_name, gender,
          email, d_id)
        values (#{empId, jdbcType = INTEGER}, #{empName, jdbcType = VARCHAR}, #{gender,
    jdbcType = CHAR},
          #{email,jdbcType = VARCHAR}, #{dId,jdbcType = INTEGER})
    </insert>
    <insert id = "insertSelective" parameterType = "top.beibei.beans.Employee">
        insert into tbl_emp
    <trim prefix = "(" suffix = ")" suffixOverrides = ",">
    <if test = "empId != null">
          emp_id,
```

```
    </if>
    < if test = "empName != null">
            emp_name,
    </if>
    < if test = "gender != null">
            gender,
    </if>
    < if test = "email != null">
            email,
    </if>
    < if test = "dId != null">
            d_id,
    </if>
    </trim>
    < trim prefix = "values (" suffix = ")" suffixOverrides = ",">
    < if test = "empId != null">
            #{empId, jdbcType = INTEGER},
    </if>
    < if test = "empName != null">
            #{empName, jdbcType = VARCHAR},
    </if>
    < if test = "gender != null">
            #{gender, jdbcType = CHAR},
    </if>
    < if test = "email != null">
            #{email, jdbcType = VARCHAR},
    </if>
    < if test = "dId != null">
            #{dId, jdbcType = INTEGER},
    </if>
    </trim>
    </insert>
    < select id = "countByExample" parameterType = "top. beibei. beans. EmployeeExample" resultType
    = "java. lang. Long">
        select count( * ) from tbl_emp
    < if test = "_parameter != null">
    < include refid = "Example_Where_Clause" />
    </if>
    </select>
        < update id = "updateByExampleSelective" parameterType = "map">
        update tbl_emp
    < set >
    < if test = "record. empId != null">
            emp_id = #{record. empId, jdbcType = INTEGER},
    </if>
    < if test = "record. empName != null">
            emp_name = #{record. empName, jdbcType = VARCHAR},
    </if>
    < if test = "record. gender != null">
```

```
            gender = #{record.gender,jdbcType=CHAR},
    </if>
    <if test="record.email != null">
            email = #{record.email,jdbcType=VARCHAR},
    </if>
    <if test="record.dId != null">
            d_id = #{record.dId,jdbcType=INTEGER},
    </if>
    </set>
    <if test="_parameter != null">
    <include refid="Update_By_Example_Where_Clause" />
    </if>
    </update>
    <update id="updateByExample" parameterType="map">
        update tbl_emp
        set emp_id = #{record.empId,jdbcType=INTEGER},
          emp_name = #{record.empName,jdbcType=VARCHAR},
          gender = #{record.gender,jdbcType=CHAR},
          email = #{record.email,jdbcType=VARCHAR},
          d_id = #{record.dId,jdbcType=INTEGER}
    <if test="_parameter != null">
    <include refid="Update_By_Example_Where_Clause" />
    </if>
    </update>
    <update id="updateByPrimaryKeySelective" parameterType="top.beibei.beans.Employee">
        update tbl_emp
    <set>
    <if test="empName != null">
            emp_name = #{empName,jdbcType=VARCHAR},
    </if>
    <if test="gender != null">
            gender = #{gender,jdbcType=CHAR},
    </if>
    <if test="email != null">
            email = #{email,jdbcType=VARCHAR},
    </if>
    <if test="dId != null">
            d_id = #{dId,jdbcType=INTEGER},
    </if>
    </set>
        where emp_id = #{empId,jdbcType=INTEGER}
    </update>
    <update id="updateByPrimaryKey" parameterType="top.beibei.beans.Employee">
        update tbl_emp
        set emp_name = #{empName,jdbcType=VARCHAR},
          gender = #{gender,jdbcType=CHAR},
          email = #{email,jdbcType=VARCHAR},
          d_id = #{dId,jdbcType=INTEGER}
        where emp_id = #{empId,jdbcType=INTEGER}
    </update>
    </mapper>
```

（7）部门相关逻辑对应的 mapper 文件代码如下。

```xml
<?xml version = "1.0" encoding = "UTF - 8"?>
<! DOCTYPE mapper PUBLIC " - //mybatis. org//DTD Mapper 3. 0//EN""http://mybatis. org/dtd/
mybatis - 3 - mapper. dtd">
< mapper namespace = "top. beibei. dao. DepartmentMapper">
< resultMap id = "BaseResultMap" type = "top. beibei. beans. Department">
< id column = "dept_id" jdbcType = "INTEGER" property = "deptId" />
< result column = "dept_name" jdbcType = "VARCHAR" property = "deptName" />
</resultMap >
< sql id = "Example_Where_Clause">
< where >
< foreach collection = "oredCriteria" item = "criteria" separator = "or">
< if test = "criteria. valid">
< trim prefix = "(" prefixOverrides = "and" suffix = ")">
< foreach collection = "criteria. criteria" item = "criterion">
< choose >
< when test = "criterion. noValue">
                    and $ {criterion. condition}
</when >
< when test = "criterion. singleValue">
                    and $ {criterion. condition} # {criterion. value}
</when >
< when test = "criterion. betweenValue">
                    and $ {criterion. condition} # {criterion. value} and # {criterion. secondValue}
</when >
< when test = "criterion. listValue">
                    and $ {criterion. condition}
< foreach close = ")" collection = "criterion. value" item = "listItem" open = "(" separator
 = ",">
                        # {listItem}
</foreach >
</when >
</choose >
</foreach >
</trim >
</if >
</foreach >
</where >
</sql >
< sql id = "Update_By_Example_Where_Clause">
< where >
< foreach collection = "example. oredCriteria" item = "criteria" separator = "or">
< if test = "criteria. valid">
< trim prefix = "(" prefixOverrides = "and" suffix = ")">
< foreach collection = "criteria. criteria" item = "criterion">
< choose >
< when test = "criterion. noValue">
                    and $ {criterion. condition}
```

```
    </when>
    <when test = "criterion.singleValue">
                    and ${criterion.condition} #{criterion.value}
    </when>
    <when test = "criterion.betweenValue">
                    and ${criterion.condition} #{criterion.value} and #{criterion.secondValue}
    </when>
    <when test = "criterion.listValue">
                    and ${criterion.condition}
    <foreach close = ")" collection = "criterion.value" item = "listItem" open = "(" separator
    = ",">
                        #{listItem}
    </foreach>
    </when>
    </choose>
    </foreach>
    </trim>
    </if>
    </foreach>
    </where>
    </sql>
    <sql id = "Base_Column_List">
        dept_id, dept_name
    </sql>
    <select id = "selectByExample" parameterType = "top.beibei.beans.DepartmentExample"
    resultMap = "BaseResultMap">
        select
    <if test = "distinct">
            distinct
    </if>
    <include refid = "Base_Column_List" />
        from tbl_dept
    <if test = "_parameter != null">
    <include refid = "Example_Where_Clause" />
    </if>
    <if test = "orderByClause != null">
            order by ${orderByClause}
    </if>
    </select>
    <select id = "selectByPrimaryKey" parameterType = "java.lang.Integer" resultMap =
    "BaseResultMap">
        select
    <include refid = "Base_Column_List" />
        from tbl_dept
        where dept_id = #{deptId,jdbcType = INTEGER}
    </select>
    <delete id = "deleteByPrimaryKey" parameterType = "java.lang.Integer">
        delete from tbl_dept
        where dept_id = #{deptId,jdbcType = INTEGER}
```

```
</delete>
<delete id="deleteByExample" parameterType="top.beibei.beans.DepartmentExample">
    delete from tbl_dept
<if test="_parameter != null">
<include refid="Example_Where_Clause" />
</if>
</delete>
<insert id="insert" parameterType="top.beibei.beans.Department">
    insert into tbl_dept (dept_id, dept_name)
    values (#{deptId,jdbcType=INTEGER}, #{deptName,jdbcType=VARCHAR})
</insert>
<insert id="insertSelective" parameterType="top.beibei.beans.Department">
    insert into tbl_dept
<trim prefix="(" suffix=")" suffixOverrides=",">
<if test="deptId != null">
        dept_id,
</if>
<if test="deptName != null">
        dept_name,
</if>
</trim>
<trim prefix="values (" suffix=")" suffixOverrides=",">
<if test="deptId != null">
        #{deptId,jdbcType=INTEGER},
</if>
<if test="deptName != null">
        #{deptName,jdbcType=VARCHAR},
</if>
</trim>
</insert>
<select id="countByExample" parameterType="top.beibei.beans.DepartmentExample"
resultType="java.lang.Long">
    select count(*) from tbl_dept
<if test="_parameter != null">
<include refid="Example_Where_Clause" />
</if>
</select>
<update id="updateByExampleSelective" parameterType="map">
    update tbl_dept
<set>
<if test="record.deptId != null">
        dept_id = #{record.deptId,jdbcType=INTEGER},
</if>
<if test="record.deptName != null">
        dept_name = #{record.deptName,jdbcType=VARCHAR},
</if>
</set>
<if test="_parameter != null">
<include refid="Update_By_Example_Where_Clause" />
```

```
</if>
</update>
<update id = "updateByExample" parameterType = "map">
    update tbl_dept
    set dept_id = #{record.deptId,jdbcType = INTEGER},
      dept_name = #{record.deptName,jdbcType = VARCHAR}
<if test = "_parameter != null">
<include refid = "Update_By_Example_Where_Clause" />
</if>
</update>
<update id = "updateByPrimaryKeySelective" parameterType = "top.beibei.beans.Department">
    update tbl_dept
<set>
<if test = "deptName != null">
        dept_name = #{deptName,jdbcType = VARCHAR},
</if>
</set>
    where dept_id = #{deptId,jdbcType = INTEGER}
</update>
<update id = "updateByPrimaryKey" parameterType = "top.beibei.beans.Department">
    update tbl_dept
    set dept_name = #{deptName,jdbcType = VARCHAR}
    where dept_id = #{deptId,jdbcType = INTEGER}
</update>
</mapper>
```

（8）列表显示的主界面控制器层代码如下。

```
/**
 * 用JSON返回类型处理数据
 * 导入jackson包处理
 * @param pn
 * @return
 */
@RequestMapping("/emps")
@ResponseBody
public Msg getEmpsWithJson(@RequestParam(value = "pn",defaultValue = "1")Integer pn){
        PageHelper.startPage(pn,5);
//startPage后面紧跟的这个查询就是一个分页查询
        List<Employee> emp = employeeService.getAll();
        //用PageInfo对结果进行包装,可查询所有页面信息
//封装了详细的分页信息,包括查询出的数据,pageInfo参数中传入list和连续显示的页数
        PageInfo page = new PageInfo(emp,5);
        return Msg.success().add("pageInfo",page);
}
```

（9）列表显示的主界面业务层代码如下。

```
/**
  * 查询所有员工
  * @return
  */
public List<Employee> getAll() {
    return employeeMapper.selectByExampleWithDept(null);
}
```

(10) 项目中使用到的返回值类型类定义代码如下。

```
public class Msg {

//状态码
    private int code;
//状态信息
    private String msg;

//返回给浏览器的信息
    private Map<String,Object> extend = new HashMap<String,Object>();

    public static Msg success(){
        Msg result = new Msg();
        result.setCode(100);
        result.setMsg("操作成功");
        return result;
    }

    public static Msg fail(){
        Msg result = new Msg();
        result.setCode(200);
        result.setMsg("操作失败");
        return result;

    }

    public Msg add(String key,Object value){
        this.getExtend().put(key,value);
        return this;
    }

    public int getCode() {
        return code;
    }

    public void setCode(int code) {
        this.code = code;
    }
```

```
    public String getMsg() {
        return msg;
    }

    public void setMsg(String msg) {
        this.msg = msg;
    }

    public Map < String, Object > getExtend() {
        return extend;
    }

    public void setExtend(Map < String, Object > extend) {
        this.extend = extend;
    }
}
```

11.4.2 编辑功能

表格中的编辑功能指的是单击“编辑”后可弹出对话框，该对话框中显示用户可以需要修改的信息。编辑功能根据用户单击的所在栏显示相应用户的信息，其中姓名无法修改。

（1）编辑功能 HTML 页面代码如下。

```
< div class = "modal fade" id = "empUpdateModel" tabindex = " - 1" role = "dialog" aria -
labelledby = "myUpdateModalLabel">
< div class = "modal - dialog" role = "document">
< div class = "modal - content">
< div class = "modal - header">
< button type = "button" class = "close" data - dismiss = "modal" aria - label = "Close">
< span aria - hidden = "true"> &times;</span >
</button >
< h4 class = "modal - title" id = "myUpdateModalLabel">员工修改</h4 >
</div >
< div class = "modal - body">
< form class = "form - horizontal">
< div class = "form - group">
< label for = "empName_update_static" class = "col - sm - 2 control - label"> empName </label >
< div class = "col - sm - 10">
< p class = "form - control - static" id = "empName_update_static"></p >
</div >
</div >
< div class = "form - group">
< label for = "email_update_input" class = "col - sm - 2 control - label"> email </label >
< div class = "col - sm - 10">
< input type = "text" name = "email" class = "form - control" id = "email_update_input"
                                    placeholder = "beibei@163. com">
< span class = "help - block"></span >
```

```
</div>
</div>
<div class="form-group">
<label for="email_add_input" class="col-sm-2 control-label">gender</label>
<div class="col-sm-10">
<label class="radio-inline">
<input type="radio" name="gender" id="gender1_update_input"
value="M" checked="checked">男
</label>
<label class="radio-inline">
<input type="radio" name="gender" id="gender2_update_input" value="F"> 女
</label>
</div>
</div>
<div class="form-group">
<label for="dept_update_select" class="col-sm-2 control-label">gender</label>
<div class="col-sm-4">
<%-- 部门提供部门的 id 即可,通过获取数据库内容进行填充 --%>
<select class="form-control" name="dId" id="dept_update_select">

</select>
</div>
</div>

</form>
</div>
<div class="modal-footer">
<button type="button" class="btn btn-default" data-dismiss="modal">关闭</button>
<button type="button" class="btn btn-primary" id="emp_update_btn">更新</button>
</div>
</div>
</div>
</div>
```

（2）编辑功能 JS 代码如下。

```
$(document).on("click", ".edit_btn", function () {
        // alert("edit");
        //查询部门信息
        getDepts("#empUpdateModel select");
        //查询员工信息
        getEmp($(this).attr("edit_id"));

        //员工 id 传递给对话框"更新"按钮
        $("#emp_update_btn").attr("edit_id", $(this).attr("edit_id"));
        $("#empUpdateModel").modal({
            backdrop: "static"
        })
```

```
    })
function getEmp(id) {
        $.ajax({
            url: "${APP_PATH}/emp/" + id,
            type: "GET",
            success: function (result) {
                var empEle = result.extend.emp;
                $("#empName_update_static").text(empEle.empName);
                $("#email_update_input").val(empEle.email);
                $("#empUpdateModel input[name=gender]").val([empEle.gender]);
                $("#empUpdateModel select").val([empEle.dId]);

            }
        })
    }

//单击更新员工信息
$("#emp_update_btn").click(function () {
    //1.邮箱验证
    var email = $("#email_update_input").val();
    var regEmail = /^[a-z\d]+(\.[a-z\d]+)*@([\da-z](-[\da-z])?)+(\.{1,2}[a-
z]+)+$/;
    if (!regEmail.test(email)) {
        show_validate_msg("#email_update_input", "error", "邮箱格式不正确")
        return false;
    } else {
        show_validate_msg("#email_update_input", "success", "");
    }
    // 2.发送 AJAX,保存
    $.ajax({
        url: "${APP_PATH}/emp/" + $(this).attr("edit_id"),
        type: "PUT",
        //带的数据
        data: $("#empUpdateModel form").serialize(),
        success: function (result) {
            // 1.关闭模态框
            $("#empUpdateModel").modal("hide");
            //2. 回到本页面
            toPage(currentPage);
        }
    })
})
```

（3）编辑功能控制器层代码如下。

```
/**
  * 根据 id查询员工
    * @param id
```

```
  * @return
  */
@RequestMapping(value = "/emp/{id}",method = RequestMethod.GET)
@ResponseBody
public Msg getEmp(@PathVariable("id")Integer id){
    Employee employee = employeeService.getEmp(id);
    return Msg.success().add("emp",employee);
}
```

(4) 编辑功能业务层代码如下。

```
/**
  * 按 id 查询员工
  */
public Employee getEmp(Integer id) {
    Employee employee = employeeMapper.selectByPrimaryKey(id);
    return employee;
}
```

11.4.3 删除功能

(1) 删除功能 JS 代码如下。

```
//单个删除
$(document).on("click", ".delete_btn", function () {
    //1.弹出询问是否删除
    var empName = $(this).parents("tr").find("td:eq(2)").text();
    var empId = $(this).attr("del_id");
    if (confirm("确认删除【" + empName + "】吗?")) {
        $.ajax({
            url: "${APP_PATH}/emp/" + empId,
            type: "DELETE",
            success: function (result) {
                alert(result.msg);
                toPage(currentPage);
            }
        })
    }
})
//单击"全部删除"
$("#emp_delete_all_btn").click(function () {

    //遍历每一个 check 选框
    var empNames = "";
    //获取 id 的值,用于连接
    var del_idstr = "";
    $.each($(".check_item:checked"), function () {
```

```
        // alert( $ (this).parents("tr").find("td:eq(2)").text());
        //获取员工的值
        empNames += $ (this).parents("tr").find("td:eq(2)").text() + ",";
        del_idstr += $ (this).parents("tr").find("td:eq(1)").text() + "-";
    })
    //取出名字多余的
    empNames = empNames.substring(0, empNames.length - 1);
    //取出 id 多余的
    del_idstr = del_idstr.substring(0, del_idstr.length - 1);
    if (confirm("确认删除【" + empNames + "】吗?")) {
        $ .ajax({
            url: "${APP_PATH}/emp/" + del_idstr,
            type: "DELETE",
            success: function (result) {
                alert(result.msg);
                toPage(currentPage);
            }
        })
    }
})
```

(2) 删除功能逻辑层代码如下。

```
/**
  * 单个删除和批量删除合二为一
  * @param ids
  * @return
  */
@RequestMapping(value = "/emp/{ids}",method = RequestMethod.DELETE)
@ResponseBody
public Msg deleteEmp(@PathVariable("ids")String ids){
    if(ids.contains("-")){
        //批量删除,用 list 集合,传给 mapper 的 andempIdIn 方法
        List<Integer> del_ids = new ArrayList<>();
        String[] strings = ids.split("-");
        for(String string:strings){
            del_ids.add(Integer.parseInt(string));
        }
        employeeService.deleteBatch(del_ids);

    }else {
        Integer id = Integer.parseInt(ids);
        employeeService.deleteEmp(id);
    }

    return Msg.success();
}
```

(3) 删除功能业务层代码如下。

```
/**
  * 删除员工
  * @param id
  */
public void deleteEmp(Integer id) {
    employeeMapper.deleteByPrimaryKey(id);
}
public void deleteBatch(List<Integer> ids) {
    EmployeeExample employeeExample = new EmployeeExample();
    EmployeeExample.Criteria criteria = employeeExample.createCriteria();
    criteria.andEmpIdIn(ids);
    employeeMapper.deleteByExample(employeeExample);
}
```

11.4.4 添加功能

(1) 添加功能 HTML 页面代码如下。

```
<!-- 员工添加信息,Modal -->
<div class="modal fade" id="empAddModel" tabindex="-1" role="dialog" aria-labelledby
="myModalLabel">
<div class="modal-dialog" role="document">
<div class="modal-content">
<div class="modal-header">
<button type="button" class="close" data-dismiss="modal" aria-label="Close"><span
aria-hidden="true">&times;</span>
</button>
<h4 class="modal-title" id="myModalLabel">添加员工</h4>
</div>
<div class="modal-body">
<form class="form-horizontal">
<div class="form-group">
<label for="empName_add_input" class="col-sm-2 control-label">empName</label>
<div class="col-sm-10">
<input type="text" name="empName" class="form-control" id="empName_add_input"
                                       placeholder="empName">
<span class="help-block"></span>
</div>
</div>
<div class="form-group">
<label for="email_add_input" class="col-sm-2 control-label">email</label>
<div class="col-sm-10">
<input type="text" name="email" class="form-control" id="email_add_input"
                                       placeholder="beibei@163.com">
<span class="help-block"></span>
</div>
</div>
<div class="form-group">
```

```html
< label for = "email_add_input" class = "col - sm - 2 control - label"> gender </label>
< div class = "col - sm - 10">
< label class = "radio - inline">
< input type = "radio" name = "gender" id = "gender1_add_input" value = "M" checked = "checked"
> 男
</label>
< label class = "radio - inline">
< input type = "radio" name = "gender" id = "gender2_add_input" value = "F"> 女
</label>
</div>
</div>
< div class = "form - group">
< label for = "email_add_input" class = "col - sm - 2 control - label"> gender </label>
< div class = "col - sm - 4">
<% -- 部门提供部门的 id 即可,通过获取数据库内容进行填充 -- %>
< select class = "form - control" name = "dId" id = "dept_add_select">

</select>
</div>
</div>


</form>
</div>
< div class = "modal - footer">
< button type = "button" class = "btn btn - default" data - dismiss = "modal">关闭</button>
< button type = "button" class = "btn btn - primary" id = "emp_save_btn">保存</button>
</div>
</div>
</div>
</div>
```

（2）添加功能 JS 代码如下。

```javascript
//单击"新增"按钮弹出对话框
$("# emp_add_model_btn").click(function () {
    //清除表单数据(表单重置,数据和样式)
    // $("# empAddModel form")[0].reset();
    reset_form("# empAddModel form");
    //发送 AJAX 请求,查出部门信息
    getDepts("# empAddModel select");
    //弹出对话框
    $("# empAddModel").modal({
        backdrop: "static"
    })
})

function getDepts(ele) {
    //清空下拉列表数据
```

```
        $(ele).empty();
        $.ajax({
            url: "${APP_PATH}/depts",
            type: "GET",
            success: function (result) {
                // extend: {depts: [{deptId: 1, deptName: "开发部"}, {deptId: 2,deptName: "开
                // 发部"}, {deptId: 3, deptName: "开发部"}, … ]}
                // msg: "返回成功"
                // $("#dept_add_select").append("")
                $.each(result.extend.depts, function () {
                    var optionEle = $("<option></option>").append(this.deptName).attr
("value", this.deptId);
                    optionEle.appendTo(ele);
                })

            }

        })
    }
```

(3) 添加功能校验用户输入数据 JS 代码如下。

```
    function validate_add_form() {
            //1.获取数据,使用正则
            var empName = $("#empName_add_input").val();
            //正则
            var regName = /(^[a-zA-Z0-9_-]{6,16}$)|(^[\u2E80-\u9FFF]{2,5})/;
            // alert(regName.test(empName));
            if (!regName.test(empName)) {
                // alert("用户名可为 2~5 位中文或 6~16 位英文");
                show_validate_msg("#empName_add_input", "error", "用户名可为 2~5 位中文或
6~16 位英文");
                return false;
            } else {
                show_validate_msg("#empName_add_input", "success", "")
            }

            var email = $("#email_add_input").val();
            var regEmail = /^[a-z\d]+(\.[a-z\d]+)*@([\da-z](-[\da-z])?)+(\.{1,2}
[a-z]+)+$/;
            if (!regEmail.test(email)) {
                // alert("邮箱格式不正确");
                show_validate_msg("#email_add_input", "error", "邮箱格式不正确")
                return false;
            } else {
                show_validate_msg("#email_add_input", "success", "");
            }
            return true;
```

```
    }

    //校验信息
    function show_validate_msg(ele, status, msg) {
        //清除当前元素原有 class
        $(ele).parent().removeClass("has-success has-error");
        $(ele).next("span").text("");
        if ("success" == status) {
            $(ele).parent().addClass("has-success");
            $(ele).next("span").text("");
        } else {
            $(ele).parent().addClass("has-error");
            $(ele).next("span").text(msg);
        }
    }

    //change 时间表示状态框改变时
    $("#empName_add_input").change(function () {
        //发送 AJAX 检查用户名是否可用
        var empName = this.value;
        $.ajax({
            url: "${APP_PATH}/checkuser",
            data: "empName=" + empName,
            type: "POST",
            success: function (result) {
                if (result.code == 100) {
                    show_validate_msg("#empName_add_input", "success", "用户名可用");
                    $("#emp_save_btn").attr("ajax-va", "success");
                } else {
                    show_validate_msg("#empName_add_input", "error", result.extend.va_
msg);
                    $("#emp_save_btn").attr("ajax-va", "error");
                }
            }
        })
    })
```

（4）添加功能保存数据 JS 代码如下。

```
//单击保存员工信息
$("#emp_save_btn").click(function () {
    //1.对话框中填写表单数据发送到服务器
    //对提交的数据进行校验
    if (!validate_add_form()) {
return false;}
    //判断之间的 AJAX 判断用户名是否通过,若通过则发送请求
    if (($(this).attr("ajax-va")) == "error") {
        return false;}
```

```
    //2.发送 AJAX 请求保存员工
    $.ajax({
        url: "${APP_PATH}/emp",
        type: "POST",
        //发送给服务的数据,获取表单里面的数据
        data: $("#empAddModel form").serialize(),
        success: function (result) {
            //返回验证信息
            if (result.code == 100) {
                // 1.关闭对话框
                $("#empAddModel").modal("hide");
                //2. 到最后一页
                //发送 AJAX 显示最后一页数据,可为最大数
                //其二可为总记录数
                toPage(total_record);
            } else {
                if (undefined != result.extend.errorFieldMap.email) {
                    //显示邮箱错误信息
                     show_validate_msg("#email_add_input", "error", result.extend.
errorFieldMap.email)
                }
                if (undefined != result.extend.errorFieldMap.empName) {
                    show_validate_msg("#empName_add_input", "error", result.extend.
errorFieldMap.empName);
                }
            }
        }
    })
})
```

（5）添加功能校验数据控制器层代码如下。

```
/**
  * 检查用户名是否重复
  * @param empName
  * @return
  */
@RequestMapping("/checkuser")
@ResponseBody
public Msg checkuser(@RequestParam("empName")String empName){
    //判断用户名是否合法
    String regx = "(^[a-zA-Z0-9_-]{6,16}$)|(^[\\u2E80-\\u9FFF]{2,5})";
    if(!empName.matches(regx)) {
        return Msg.fail().add("va_msg","用户名必须为6～16位数字和字母的组合或2～5位
中文");
    }
    //校验重复性
    boolean ckUser = employeeService.checkuser(empName);
```

```
        if(ckUser){
            return Msg.success();
        }else {
            return Msg.fail().add("va_msg","用户名不可用");
        }
    }
```

（6）添加功能校验数据业务层代码如下。

```
    //检验用户名
    public boolean checkuser(String empName) {
        EmployeeExample employeeExample = new EmployeeExample();
        EmployeeExample.Criteria criteria =  employeeExample.createCriteria();
        criteria.andEmpNameEqualTo(empName);
        long count =  employeeMapper.countByExample(employeeExample);
        return count == 0;
    }
```

（7）添加功能保存数据控制器层代码如下。

```
    /**
     * 员工保存
     * 1.支持 JSR303 校验
     * 2.导入 hibernat - Validator
     * valid 校验后台的数据,result 返回结果数据
     * BindingResult 封装校验的结果
     * @param employee
     * @return
     */
    @RequestMapping(value  =  "/emp",method  =  RequestMethod.POST)
    @ResponseBody
    public Msg saveEmp(@Valid Employee employee, BindingResult result){
        if(result.hasErrors()){
            Map<String,Object> map = new HashMap<String, Object>();
            //检验失败,返回失败
            List<FieldError> errors =  result.getFieldErrors();
            for(FieldError fieldError:errors){
                map.put(fieldError.getField(),fieldError.getDefaultMessage());
            }
            return Msg.fail().add("errorFieldMap",map);
        }else {
            employeeService.saveEmp(employee);
            return Msg.success();
        }
    }
```

（8）添加功能保存数据业务层代码如下。

```
public void saveEmp(Employee employee) {
    employeeMapper.insertSelective(employee);
}
```

11.4.5 分页条功能

(1) 分页条功能 HTML 页面代码如下。

```
<!-- 显示分页信息 -->
<div class = "row">
<!-- 分页文字信息 -->
<div class = "col - md - 6" id = "page_info_area"></div>
<!-- 分页条信息 -->
<div class = "col - md - 6" id = "page_nav_area">
</div>
</div>
```

(2) 分页条功能 JS 代码如下。

```
//解析分页条
function build_page_nav(result) {
    //清空分页条信息
    $("#page_nav_area").empty();

    var ul = $("<ul></ul>").addClass("pagination");
    //构建元素
    var firstPageLi = $("<li></li>").append($("<a></a>").append("首页").attr
("href", "#"));
    var prePageLi = $("<li></li>").append($("<a></a>").append("<span><span>").
append("&laquo;"));
    //如果有首页或前一页
    if (result.extend.pageInfo.hasPreviousPage == false) {
        firstPageLi.addClass("disabled");
        prePageLi.addClass("disabled");
    } else {
        //为元素添加翻页事件
        firstPageLi.click(function () {
            toPage(1);
        })
        prePageLi.click(function () {
            toPage(result.extend.pageInfo.pageNum - 1);
        })
    }

    //构建元素
    var nextPageLi = $("<li></li>").append($("<a></a>").append("<span><span>").
append("&raquo;"));
```

```
    var lastPageLi = $("<li></li>").append($("<a></a>").append("末页").attr("
href", "#"));
    if (result.extend.pageInfo.hasNextPage == false) {
        nextPageLi.addClass("disabled");
        lastPageLi.addClass("disabled");
    } else {
        nextPageLi.click(function () {
            toPage(result.extend.pageInfo.pageNum + 1);
        })

        lastPageLi.click(function () {
            toPage(result.extend.pageInfo.pages);
        })
    }

    //添加首页和前一页
    ul.append(firstPageLi).append(prePageLi);
    //index 为索引,item 为当前元素
    $.each(result.extend.pageInfo.navigatepageNums, function (index, item) {
        var numLi = $("<li></li>").append($("<a></a>").append("<span><span>").
append(item));

        //给当前页添 class 为 active
        if (item == result.extend.pageInfo.pageNum) {
            numLi.addClass("active");
        }
        //单页添加单击事件
        numLi.click(function () {
            toPage(item);
        })
        //添加分页条
        ul.append(numLi);
    })
    //添加下一页和末页
    ul.append(nextPageLi).append(lastPageLi);

    var navEle = $("<nav></nav>").append(ul);
    navEle.appendTo("#page_nav_area");
}

//清空表单样式和数据
function reset_form(ele) {
    //清空数据
    $(ele)[0].reset();
    //清空表单样式
    $(ele).find("*").removeClass("has-success has-error");
    $(ele).find(".help-block").text("");
}
```

11.5 数据库设计

在本案例中使用 MySQL 数据库建立了两张表，分别为员工表和部门表。员工表中记录有员工的个人信息，部门表中有目前已有的部门数据，同时为员工表建立了主外键关系，通过 d_id 指向部门表查询当前用户的部门名称。

员工表的设计如图 11-7 所示，其中，emp_id 为主键且为自动递增，表中含有员工的姓名、性别、邮箱等信息。

名	类型	长度	小数点	不是 null	
emp_id	int	0	0	☑	🔑1
emp_name	varchar	255	0	☑	
gender	char	1	0	☐	
email	varchar	255	0	☐	
d_id	int	0	0	☐	

图 11-7　员工表设计

员工表创建的 SQL 语句如下，其中限制有数据类型、长度等。

```
CREATE TABLE `tbl_emp` (
  `emp_id` int NOT NULL AUTO_INCREMENT,
  `emp_name` varchar(255) NOT NULL,
  `gender` char(1) DEFAULT NULL,
  `email` varchar(255) DEFAULT NULL,
  `d_id` int DEFAULT NULL,
  PRIMARY KEY (`emp_id`),
  KEY `fk_emp_dept` (`d_id`),
  CONSTRAINT `fk_emp_dept` FOREIGN KEY (`d_id`) REFERENCES `tbl_dept` (`dept_id`)
) ENGINE = InnoDB AUTO_INCREMENT = 7 DEFAULT CHARSET = utf8;
```

部门表的设计如图 11-8 所示，其中，dept_id 为主键且为自动递增，与之前的员工表 d_id 关联，该表中仅含有部门名称信息，用于为员工表建立拓展信息。

名	类型	长度	小数点	不是 null	
dept_id	int	0	0	☑	🔑1
dept_name	varchar	255	0	☐	

图 11-8　部门表设计

部门表创建的 SQL 语句如下。

```
CREATE TABLE `tbl_dept` (
  `dept_id` int NOT NULL,
  `dept_name` varchar(255) DEFAULT NULL,
  PRIMARY KEY (`dept_id`)
) ENGINE = InnoDB DEFAULT CHARSET = utf8;
```

小结

通过整合上述各个功能模块，将项目部署于本地并配置相关的环境将可以呈现出主界面设计中的图像，希望读者可以在练习案例的过程中提升自我编程能力，与企业、工作等环境衔接融洽。

图书资源支持

感谢您一直以来对清华版图书的支持和爱护。为了配合本书的使用，本书提供配套的资源，有需求的读者请扫描下方的“书圈”微信公众号二维码，在图书专区下载，也可以拨打电话或发送电子邮件咨询。

如果您在使用本书的过程中遇到了什么问题，或者有相关图书出版计划，也请您发邮件告诉我们，以便我们更好地为您服务。

我们的联系方式：

地　　址：北京市海淀区双清路学研大厦 A 座 714

邮　　编：100084

电　　话：010-83470236　010-83470237

客服邮箱：2301891038@qq.com

QQ：2301891038（请写明您的单位和姓名）

资源下载：关注公众号“书圈”下载配套资源。

资源下载、样书申请

书圈

图书案例

清华计算机学堂

观看课程直播